新世纪电子信息与自动化系列课程改革教材
国家精品课程"智能控制"配套教材
国家精品资源共享课程"智能控制"配套教材

智能控制导论

（第二版）

蔡自兴　编著

U0194809

中国水利水电出版社
www.waterpub.com.cn

内 容 提 要

本书介绍智能控制的基本概念、原理、技术与应用。全书共10章，第1章介绍智能控制的概况，第2章至第10章逐一研究了递阶控制、专家控制、模糊控制、神经控制、学习控制、进化控制与免疫控制、多真体控制、网络控制和复合智能控制等系统。第二版进行了较大更新，加强了模糊控制和神经控制的计算，充实了网络控制内容，对其他各章也做了一些调整与增删。本书内容系统、全面、新颖、精练，反映出国内外智能控制研究和应用的最新进展，是一本智能控制的导论性教材。

本书可作为高等学校自动化、电气工程与自动化、智能科学与技术、测控工程、信息工程、机电工程和电子工程等专业本科生的智能控制类课程的教材，也可供从事智能控制与智能系统研究、设计、开发和应用的科技工作者参考，还可作为大专院校和高等职业技术学院相关专业的教材或教学参考书。

本书配有电子教案，读者可以从中国水利水电出版社网站和万水书苑免费下载，网址为： http://www.waterpub.com.cn/softdown/ 和 http://www.wsbookshow.com。

图书在版编目（CIP）数据

智能控制导论 / 蔡自兴编著. -- 2版. -- 北京：
中国水利水电出版社，2013.11（2017.8 重印）
新世纪电子信息与自动化系列课程改革教材
ISBN 978-7-5170-1320-4

Ⅰ. ①智… Ⅱ. ①蔡… Ⅲ. ①智能控制—高等学校—
教材 Ⅳ. ①TP273

中国版本图书馆CIP数据核字(2013)第249783号

策划编辑：宋俊娥　　责任编辑：张玉玲　　封面设计：李　佳

书　　名	新世纪电子信息与自动化系列课程改革教材 智能控制导论（第二版）
作　　者	蔡自兴　编著
出版发行	中国水利水电出版社 （北京市海淀区玉渊潭南路1号D座　100038） 网址：www.waterpub.com.cn E-mail：mchannel@263.net（万水） 　　　　sales@waterpub.com.cn 电话：（010）68367658（发行部）、82562819（万水）
经　　售	北京科水图书销售中心（零售） 电话：（010）88383994、63202643、68545874 全国各地新华书店和相关出版物销售网点
排　　版	北京万水电子信息有限公司
印　　刷	三河市鑫金马印装有限公司
规　　格	184mm×260mm　16开本　14.25印张　370千字
版　　次	2007年5月第1版　2007年5月第1次印刷 2013年11月第2版　2017年8月第2次印刷
印　　数	3001—5000册
定　　价	27.00元

新世纪电子信息与自动化系列课程改革教材

编审委员会

新世纪电子信息与自动化系列课程改革教材

总　　序

电子信息与自动化系列课程是专业适用面很广的课程系列。随着电子信息时代的到来，特别是进入 21 世纪之后，我国各级各类本科院校相当多的理工科专业都或多或少地开设了该系列课程中的课程。因此，提高该系列课程的教学水平、教学质量，对于提高我国高等教育水平和质量，增强当代大学生应用先进的信息技术解决专业领域问题的能力和业务素质，具有特殊重要的意义。而教材是课程内容和课程体系的知识载体，对课程改革和建设既有龙头作用，又有推动作用，所以要提高课程教学水平和质量，关键是要有高水平、高质量的教材。

正是基于上述认识，中国水利水电出版社推动成立了"新世纪电子信息与自动化系列课程改革教材"编审委员会，在经过近两年时间的深入调查研究的基础上，策划提出了本系列教材的编写、出版计划。

本系列教材总的定位是面向各级各类高等院校的本科教学，重点是一般本科院校的教学。整个教材系列大体分为电子信息与通信、计算机基础教育和测控技术与自动化三类，共约 50 本主体教材，它们既自成体系，具有信息类学科的系统性、完整性，又有相对独立性。参加本系列教材编写的作者全部是一些重点大学长期从事相关课程教学的教授、副教授，大多是所在单位的学科学术带头人或学术骨干，不少还是全国知名专家教授、国家级教学名师和教育部有关"教指委"专家、国家级精品课程负责人等，他们不仅有丰富的教学经验，而且有丰富的相关领域的科研经验，对有关课程的内涵、特点、内容相关性及应用等都有较深刻的认识和切身体验。这对编写、出版好本系列教材是十分有利的条件。

本系列教材在编写时均遵循了以下指导思想：

（1）**正确处理先进性和基础性的关系，努力实现两者的统一。**

作为进入新世纪的新编信息类教材，既注意在原有同类教材的基础上推陈出新，努力反映学科技术的最新成就，使之具有鲜明的时代特征和先进水平，又注重符合教学规律、教学特点，突出基本原理、基本知识、基本方法和基本技术技能的阐述，着力培养学生应用基础知识分析、解决问题的创新思维能力和将来独立获取、掌握新知识，跟踪相关学科技术发展的能力。

（2）**正确处理理论与实践的关系，切实贯彻理论与实践紧密结合的原则。**

本系列教材绝大多数都是理论与实际结合紧密、实用性很强的课程教材，因此特别强调从应用的角度组织内容，在重视理论系统性的同时，尤其突出实践性、应用性，使学生学了以后懂得有什么用、怎么用。在教材内容阐释时，积极引入"案例"，将基本知识单元、知识点的讲解融入典型案例的解决和研究过程中，以培养学生解决工程实际问题的能力作为突破口。

（3）**遵循"宽编窄用"的内容选取原则和模块化的内容组织原则。**

凡教育部课程"教指委"制定了教学基本内容及要求的课程，所编教材均覆盖基本内容，满足基本要求；其他教材的内容选取也都尽量符合多数学校和国内外同行专家的共识。在此基础上再改革创新，努力从继承与发展的结合上来准确把握（取舍）内容。模块化的内容组织主要有利于适应不同专业、不同层次、不同学时数的教学组织和安排。

（4）努力贯彻素质教育与创新教育的思想，尽量采用"问题牵引"、"任务驱动"的编写方式，融入启发式教学方法。

各知识单元尽量以实际问题、工程实例引出相关知识点，在启发学生分析、解决问题及实例的过程中，讲清原理和概念，提炼解决问题的思路和方法，着力培养学生的创新思维意识、习惯和能力，提高学生思考、分析、解决工程实际问题的素质和能力。

（5）注重内容编排的科学严谨性和文字叙述的准确生动性，务求好教好学。

在内容组织上，除条理清晰、逻辑严谨外，还尽量做到重点突出、难点分散、循序渐进，使学生易于理解。在文字叙述上，不仅概念准确、语言流畅，而且力求富有启发性、互动性、感染性、思想性，重视运用形象思维方法和通俗易懂语言，深入浅出地叙述复杂概念，说明难点问题。

（6）立足于形成立体配套的教材体系，以适应现代化教育教学方法手段的需要。

每本教材编写出版后都配套制作有 PowerPoint 电子教案，可从中国水利水电出版社网站上免费下载。大部分主教材出版后还将相继出版配套的辅助教材（包括教学辅导、习题解答、实验教程等），有的还将推出相应的多媒体教学资源库、CAI 课件和课程网站，为教师备课、教学和学生自主性、个性化学习提供更多更好的支持。

总之，本系列教材是近年来各位作者及所在学校、学科课程教学改革和科学研究成果的结晶，在内容上、体系上、模式上有一定创新。我相信，它的出版将对推动我国高校电子信息与自动化系列课程的改革发挥积极的作用。

但是，由于电子信息与自动化类学科的内涵十分丰富，课程覆盖面很广，在组织策划本系列教材时难免有挂一漏万和不妥之处，所编教材质量也未必都能如愿，恳请广大读者多提宝贵意见，以使本系列教材渐趋合理、完善。

邹逢兴

2005 年 6 月

第二版前言

《智能控制导论》第一版出版至今已有 6 个年头。为了反映国内外智能控制的最新进展，满足国内智能控制科学研究和课程教学的需要，有必要对该书进行修订。

《智能控制导论》第二版介绍智能控制的基本原理及其应用，着重讨论智能控制几个主要系统的原理、方法及应用。所涉及的智能控制系统依次为递阶控制、专家控制、模糊控制、神经控制、学习控制、进化控制与免疫控制、多真体控制、网络控制、复合智能控制等系统。本次修订时，对全书进行了较大更新，特别突出了计算智能（软计算），加强了模糊控制与神经控制的计算和 Matlab 工具的应用指导，充实了网络控制的内容，对其他各章也做了一些调整与增删，例如把"网络控制"和"多真体控制"分别扩展独立成章，删去"其他智能控制"和"展望智能控制"两章，把"仿人控制"并入"复合控制"，把"展望智能控制"的部分内容调入第 1 章"概述"等。在保持本书固有特色的基础上，精炼了内容，增加了训练，吸收了新知识，更加适合作为本科生教材，有利于提高课程教学水平和本科生培养质量。

本书是国家精品课程和国家精品资源共享课程"智能控制"的配套教材，可作为高等院校自动化、电气工程与自动化、智能科学与技术、测控工程、机电工程、电子工程等专业本科生智能控制类课程的教材，也可供从事智能控制和智能系统研究、设计、应用的科技工作者阅读与参考。

值此新版问世之际，想向广大读者汇报我的智能控制著作编著与出版的历程。本书是我在国内外出版的智能控制著作的第 9 个版本：①智能控制（全国统编教材），电子工业出版社，1990；②Intelligent Control：Principles，Techniques and Applications，World Scientific Publishers，1997；③智能控制——基础及应用，国防工业出版社，1998；④智能控制，第 2 版，电子工业出版社，2004；⑤人工智能控制（研究生用书），化学工业出版社，2005；⑥智能控制原理与应用，清华大学出版社，2007；⑦智能控制导论，中国水利水电出版社，2007；⑧智能控制原理与应用，第 2 版，清华大学出版社，2013；⑨智能控制导论，第 2 版，中国水利水电出版社，2013。这些智能控制著作的编著与出版，得到众多专家、学者和相关部门领导、同仁的支持与帮助，受到高校广大师生和其他读者的热情欢迎和普遍使用，为我国智能控制学科建设、课程建设和人才培养做出了应有贡献。谨对各位专家、领导、编辑、师生和其他读者致以衷心感谢！

在第二版修订出版过程中，继续得到许多专家和同仁的有力帮助。中国水利水电出版社宋俊娥编辑等为本书的编辑和出版付出辛勤劳动；国内外许多智能控制专著、教材和论文的作者为本书提供了丰富的营养，使我们受益匪浅。在此对所有这些支持与帮助表示诚挚感谢！

本书由蔡自兴编著。肖晓明、余伶俐、谷明琴、郭璠和李昭协助第 4 章、第 5 章和第 9 章的修订。

本书的出版也是献给龙年九十月（2012 年 11 月和 12 月）先后出生的我的小孙女和小孙子的一份礼物，他们的平安诞生和健康成长使我们感到欣慰与温馨。

由于修订时间比较匆忙，一些新资料未能及时收集与消化，本书难免存在一些不足之处，诚恳欢迎和衷心感谢广大专家、高校师生和其他读者提出宝贵意见，供下次修订时参考与借鉴。

蔡自兴

2013 年 8 月于美国西雅图

第一版前言

地球上的生物经历了长期的和不断的进化历程，并最终得到进化的最新高级产品—人类。人类经过长期进化，通过自然竞争和自然选择，成为当今最有智慧的高级生物种群。人类的进化归根结底是智能的进化，而智能反过来又为人类的进一步进化服务。我们学习与研究智能系统、智能机器人和智能控制，其目的就在于创造和应用智能技术和智能系统为人类进步服务。因此，可以说，对智能控制的钟情、期待、开发和应用，是科技发展和人类进步的必然。

我自1988年应征《智能控制》教材招标，开始编写智能控制教材至今将近20年了。随着智能控制学科的发展，在从对智能控制知之较少到知之较多的过程中，我所编著的智能控制教材也从写的较薄到写的较厚，其篇幅和深度已远远超过本科教学要求。因此，多年来我一直存在编写一本比较简练的本科生智能控制教材的愿望。现在，中国水利水电出版社和邹逢兴教授盛情邀请我写一本比较适用的智能控制本科生教材，为我提供了实现愿望的机会。

本书定名为《智能控制导论》，是一本智能控制的导论性教材。本书介绍智能控制的基本概念、原理、技术与应用，共十章。第一章介绍智能控制的概况，包括智能控制的起源与发展、智能控制的定义、特点、结构和分类，尤其是智能控制的学科结构理论。第二章至第六章逐一研究了递阶控制、专家控制、模糊控制、神经控制和学习控制，第七章讨论进化控制和免疫控制，第八章叙述复合智能控制，第九章探讨仿人控制、基于MAS的控制及基于Web的控制，第十章论述智能控制进一步研究的问题，并展望智能控制的发展方向。本书内容系统、全面、新颖、精练，反映出国内外智能控制研究和应用的最新进展。

本书作为高等学校自动化、自动控制、机电工程和电子工程类等专业本科生的智能控制教材，也可供从事智能控制、人工智能与智能系统研究、开发和应用的科技工作者参考，还可作为大专院校和高等职业技术学院有关专业的教学参考书使用。对于研究生课程，请使用本教材的姊妹篇《智能控制原理与应用》一书。本智能控制精品课程的网址为：http://netclass.csu.edu.cn/jpkc2006/ic/index.htm。

本书相当大一部分内容是作者及其指导的博士研究生们合作研究的成果。我主持的国家级研究课题组成员、国家精品课程《智能控制》教研组成员和我所指导的研究生们为本书做出特别贡献。本教材的编写得到众多专家的亲切关怀指导和广大读者的热情支持帮助。中南大学及其信息科学与工程学院的有关领导和师生对本书写作给予许多帮助。中国水利水电出版社的有关领导和责任编辑也为本书的编辑出版付出了辛勤劳动。国家自然科学基金委员会及、国家教育部新世纪网络课程建设工程和国家精品课程工程以及湖南省教育厅精品课程工程对本项研究提供了重要支持。在此，谨向他们表示诚挚的感谢。

今年是我从事信息科学研究50周年和从事高等教育45周年。愿借本书出版的机会，向所有教导过我的老师，向所有教育、鼓励、支持和帮助过我的领导、朋友和亲人，向所有与我合作和交流过的同行和合作者，向所有我的学生们表示最诚挚的感谢。

本书的编著和出版是献给我的两位新问世的可爱孙子的最好礼物。我满怀喜悦地祝贺他们的诞生，衷心地祝愿他们茁壮成长。

虽然智能控制已取得长足进展，但她仍然是一门十分年轻的学科，作者对许多问题并未深入研究。由于编写时间较紧，作者水平有限，书中一定存有不足之处，希望各位专家、教授和广大读者批评指正。

蔡自兴

2007年2月17日于长沙岳麓山

目　　录

第 1 章

概述

梦想总是伴随人类的发展而存在。例如，人类梦想发明各种机械工具和动力机器，协助甚至代替人们从事各种体力劳动。18 世纪第一次工业革命中，瓦特发明的蒸汽机开辟了人类利用机器动力代替人力和畜力的新纪元。此后，显著减轻体力劳动和实现生产过程自动化才成为可能。人类又梦想发明各种智能工具和智能机器，协助甚至代替人们从事各种脑力劳动。20 世纪 40 年代计算机的发明和 50 年代人工智能的出现开辟了人类利用智能机器代替自身脑力劳动的新纪元。此后，显著减轻脑力劳动和实现生产过程智能化才成为可能。

人类在发展过程中总要不断有所创新、有所发明、有所前进、与时俱进。自动控制也不例外。我们将从本书看到自动控制近半个世纪以来取得的长足进展。

人工智能（Artificial Intelligence，AI）学科自 1956 年建立以来，已走过半个多世纪的路程。人工智能的发展已引起众多学科和不同专业背景学者们的日益重视，成为一门广泛的交叉和前沿科学。现代计算机的发展使人工智能获得进一步的应用，人工智能的研究将在越来越多的领域超越人类智能，并将为发展人类的物质文明和精神文明做出更大贡献。

人工智能已经促进自动控制向着它的当今最高层次——智能控制（Intelligent Control）发展。智能控制代表了自动控制的最新发展阶段，也是应用计算机模拟人类智能，实现人类脑力劳动和体力劳动自动化的一个重要领域。

本章首先讨论智能控制的产生与发展概况；接着叙述智能控制的定义、特点、一般结构与分类；进而归纳人工智能的学派理论和计算方法及其对智能控制的影响；然后探讨智能控制的学科结构理论，最后介绍本书的主要内容和编排。

1.1　智能控制的产生与发展

智能控制的产生和发展反映了当代自动控制的发展趋势，是历史的必然。智能控制已发展成为自动控制的一个新的里程碑，发展成为一种日臻完善和广泛应用的控制新手段。

1.1.1　自动控制面临的机遇与挑战

自动控制在 20 世纪 40 年代至 80 年代取得长足进展。在自动控制领域，20 世纪 40 年代至 60 年代，主要研究线性控制和非线性控制机理，这类控制器的设计主要建立在频域理论模型基础上。从 60 年代至 80 年代，控制系统快速发展，出现了许多新的理论创新，包括应用了状态空间法，发展了强有力的可控性和可观测性概念，以及演化了最优控制和随机控制理论等。在这个时期，最优性、自适应性、自学习和鲁棒性等得以引用，不过这时的控制方法论仍然极大地依赖于基于模型的方法，受控装置和随机环境的模型是由它们的物理特性建立的，而且通过离线和在线参数估计。

自动控制科学已对整个科学技术的理论和实践做出重要贡献，并为人类的生产、经济、社会、工作和生活带来巨大利益。然而，现代科学技术的迅速发展和重大进步已对控制和系统科学提出新的更高的要求，自动控制理论和工程正面临新的发展机遇和严峻挑战。传统控制理论，包括经典反馈控制、近代控制和大系统理论等，在应用中遇到不少难题。多年来，自动控制一直在寻找新的出路。

自动控制科学面临的困难及其智能化出路说明：自动控制既面临严峻挑战，又存在良好机遇。自动控制正是在这种挑战与机遇并存的情况下不断发展的。

传统控制理论在应用中面临的难题包括：

（1）传统控制系统的设计与分析是建立在精确的系统数学模型基础上的，而实际系统由于存在复杂性、非线性、时变性、不确定性和不完全性等，一般无法获得精确的数学模型。

（2）研究这类系统时，必须提出并遵循一些比较苛刻的假设，而这些假设在应用中往往与实际不相吻合。

（3）对于某些复杂的和包含不确定性的对象，根本无法以传统数学模型来表示，即无法解决建模问题。

（4）为了提高性能，传统控制系统可能变得很复杂，从而增加了设备的投入和维修费用，降低系统的可靠性。

（5）应用要求进行创新，提出新的控制思想，进行新的集成开发，以解决未知环境中复杂系统的控制问题。

自动控制发展现阶段存在一些挑战是基于下列原因的：

（1）科学技术间的相互影响和相互促进，例如生命科学、计算机、人工智能和超大规模集成电路等技术。

（2）当前和未来应用的需求，例如空间技术、海洋工程、基因工程和机器人技术等应用要求。

（3）基本概念和时代思潮发展水平的推动，例如离散事件驱动、高速信息公路、分布式系统、网络系统、非传统模型和人工神经网络的连接机制等。

面对这一挑战，自动控制工作者的任务是：

（1）扩展视野，着力创新，发展新的控制概念和控制方法，采用非完全模型控制系统。

（2）采用开始时知之甚少和不甚正确的，但可以在系统工作过程中加以在线改进，使之知之较多和日臻正确的系统模型。

（3）采用离散事件驱动的动态系统和本质上完全断续的系统。

（4）不仅要进行控制系统与计算机系统的结合，而且要实现控制科学与系统科学及生命科学的结合。

从这些任务可以看出，系统与信息理论以及人工智能思想和方法将深入建模过程，不把模型视为固定不变的，而是不断演化的实体。所开发的模型不仅含有解析与数值，而且包含定性和符号数据及仿生算法。它们是因果性的和动态的，高度非同步的和非解析的，甚至是非数值的。对于非完全已知的系统和非传统数学模型描述的系统，必须建立包括控制律、控制算法、控制策略、控制规则和协议等理论。实质上，这就是要建立智能化控制系统模型或者建立传统解析和智能方法的混合（集成）控制模型，而其核心就在于实现控制器的智能化。

上述领域面临问题的解决，不仅需要发展控制理论与方法，而且需要开发与应用计算机科学与工程及生命科学的最新成果。

人工智能的产生和发展正在为自动控制系统的智能化提供有力支持。人工智能影响了许多具有不同背景的学科，它的发展已促进自动控制向着更高的水平——智能控制发展。人工智能和计算机科学界已经提出一些方法、示例和技术，用于解决自动控制面临的难题。例如，简化处理松散结构的启发式软件方法（专家系统外壳、面向对象程序设计和再生软件等）；基于角色（Actor）或真体（Agent）和本体的处理超大规模系统的软件模型；模糊信息处理与控制技术；进化计算、遗传算法、自然计算以及基于信息论和人工神经网络的控制思想和方法等。

综上所述，自动控制既面临严峻挑战，又存在良好的发展机遇。为了解决面临的难题，一方面要推进控制硬件、软件和智能的结合，实现控制系统的智能化；另一方面要实现自动控制科学与计算机科学、信息科学、系统科学、生命科学以及人工智能的结合，为自动控制提供新思想、新方法和新技术，创立边缘交叉新学科，推动智能控制的发展。

1.1.2　智能控制的发展和学科的建立

人工智能已经促进自动控制向着它的当今最高层次——智能控制发展。智能控制是人工智能和自动控制的重要部分和研究领域，并被认为是通向自主机器递阶道路上自动控制的顶层。图 1.1 表示自动控制的发展过程和通向智能控制路径上控制复杂性增加的过程。从图 1.1 可知，这条路径的最远点是智能控制，至少在当前是如此。智能控制涉及高级决策并与人工智能密切相关。

智能控制思潮第一次出现于 20 世纪 60 年代，几种智能控制的思想和方法得以提出和发展。60 年代中期，自动控制与人工智能开始交接。1965 年，著名的美籍华裔科学家傅京孙（K.S.Fu）首先把人工智能的启发式推理规则用于学习控制系统；1971 年他又论述了人工智能与自动控制的交接关系。由于傅先生的重要贡献，他已成为国际公认的智能控制的先行者和奠基人。

模糊控制是智能控制的又一活跃研究领域。扎德（Zadeh）于 1965 年发表了他的著名论文"模糊集合"（fuzzy sets），为模糊控制打下基础。此后，在模糊控制的理论探索和实际应用两个方面都进行了大量研究，并取得一批令人感兴趣的成果。值得一提的是，自从 70 年代以来，模糊控制的应用研究获得广泛开展，并取得一批令人感兴趣的成果。

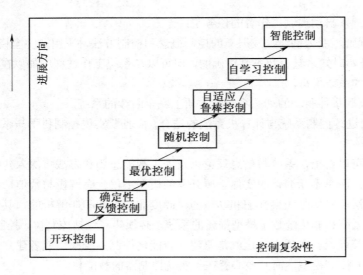

图 1.1　自动控制的发展过程

1967 年，利昂兹（Leondes）等人首次正式使用"智能控制"一词。这一术语的出现要比"人工智能"晚 11 年，比"机器人"晚 47 年。初期的智能控制系统采用一些比较初级的智能方法，如模式识别和学习方法等，而且发展速度十分缓慢。

近十多年来，随着人工智能和机器人技术的快速发展，对智能控制的研究出现一股新的热潮。各种智能决策系统、专家控制系统、学习控制系统、模糊控制、神经控制、主动视觉控制、智能规划和故障诊断系统等已被应用于各类工业过程控制系统、智能机器人系统和智能化生产（制造）系统。

萨里迪斯（Saridis）对智能控制系统的分类做出贡献。他把智能控制发展道路上的最远点标记为人工智能。他认为，人工智能能够提供最高层的控制结构，进行最高层的决策。他领导的研究小组建立的智能机器理论采用"精度随智能降低而提高"原理和三级递阶结构，即组织级、协调级和执行级。这些思想成为递阶智能控制的基础。虽然递阶控制的应用实例较少，但递阶控制思想已渗透到其他智能控制系统，成为这些智能控制的有机组成部分。

阿尔布斯（Albus）等开发出一个分层控制理论，它能够表示学习，并提供复杂情况下学习的反射响应。此外，他还提出了问题求解和规划功能，这些功能通常与人工智能领域内的最高层智能作用有关，并含有用于纠正中间各控制层次错误的专家系统规则。

奥斯特洛姆（Åström）、迪席尔瓦（de Silva）、周其鉴、蔡自兴、霍门迪梅洛（Homen de Mello）和桑德森（Sanderson）等于 80 年代分别提出和发展了专家控制、基于知识的控制、仿人控制、专家规划和分级规划等。例如，奥斯特洛姆等 1986 年的论文"专家控制"（Expert Control）就是很有影响的，并促进了专家控制的发展。

麦卡洛克和皮特茨于 1943 年提出的脑模型，其最初动机在于模仿生物的神经系统。随着超大规模集成电路（VLSI）、光电子学和计算机技术的发展，人工神经网络（ANN）已引起更为广泛的注意。近十多年来，基于神经元控制的理论和机理已获进一步开发和应用。神经控制器具有并行处理、执行速度快、鲁棒性好、自适应性强和适宜应用等优点，因而具有广泛的应用前景。以神经控制器为基础而构成的神经控制系统已在非线性和分布式控制系统以及学习系统中得到不少成功应用。

近年来，以计算智能为基础的一些新的智能控制方法和技术已被先后提出。这些新的智能控制系统有仿人控制系统、进化控制系统和免疫控制系统等。把源于生物进化的进化计算机制与传统反馈机制相结合，实现一种新的控制——进化控制；而把自然免疫系统的机制和计算方法用于控制，则可构成免疫控制。进化控制和免疫控制是两种新的智能控制方案，其研究推动智能控制的进一步发展。

随着智能控制新学科形成的条件逐渐成熟，1985 年 8 月，IEEE 在美国纽约召开了第一届智能控制学术讨论会。会上集中讨论了智能控制原理和智能控制系统的结构。1987 年 1 月，在美国费城由 IEEE 控制系统学会与计算机学会联合召开了智能控制国际会议（ISIC）。这是有关智能控制的第一次国际会议，显示出智能控制的长足进展。这次会议及其后续相关事件表明，智能控制作为一门独立学科已正式在国际上建立起来。近 20 年来，世界各地成千上万具有不同专业背景的研究者投身于智能控制研究行列，并取得很大成就。这也是对人工智能研究的一种促进。

近 20 年来，国内对智能控制的研究取得显著进展，相关学术组织不断出现，学术会议经常召开，已成立了一些学术团体，如中国人工智能学会智能控制专业委员会及智能机器人专业委员会，中国自动化学会智能自动化专业委员会等。与智能控制相关的刊物，如《模式识别与人工智能》和《智能系统学报》等也先后创刊。我国从事智能控制研究和应用的科教人员已成为国际智能控制一支活跃的主力军。这些情况表明，智能控制作为一门独立的新学科，也已在我国建立起来了。

智能控制作为一门新的学科登上国际科学舞台和大学讲台，是控制科学与工程界以及信息科学界的一件大事，具有十分重要的科学意义和长远影响：

（1）为解决传统控制无法解决的问题找到一条新的途径。多年来，自动控制一直在寻找新的出路。现在看来，出路之一就是实现控制系统的智能化，即智能控制。

（2）促进自动控制向着更高水平发展。智能控制的产生和发展正反映了当代自动控制的发展趋势。智能控制已发展成为自动控制的一个新的里程碑，并获得日益广泛的应用。

（3）激发学术界的思想解放，推动科技创新。智能控制采用非数学模型、非数值计算、生物激励机制和混合广义模型，并可与反馈机制相结合组成灵活多样的控制系统和控制模式，激励人们解放思想，大胆创新。

（4）为实现脑力劳动和体力劳动的自动化——智能化做出贡献。智能控制已使一些过去无法实现自动化的劳动实现了智能自动化。

（5）为多种学派合作树立了典范。与人工智能学科相比，智能控制学科具有较大的包容性，没有出现过激烈的对立和争论。

1.2　智能控制的基本知识

本节讨论智能控制的基本知识，包括智能控制的定义、特点及智能控制系统的分类和一般结构等问题。

1.2.1　智能控制的定义与特点

正如人工智能和机器人学及其他一些高新技术学科一样，智能控制至今尚无一个公认的统一的定义。然而，为了探究本学科的概念和技术，开发智能控制新的性能和方法，比较不同研究者和不同国家的成果，就要求对智能控制有某些共同的理解。

1. 智能控制的定义

下面提出的关于智能控制的定义有待于进一步讨论，并在讨论中集思广益，求得完善。

定义 1.1   自动控制

自动控制是能按规定程序对机器或装置进行自动操作或控制的过程。简单地说，不需要人工干预的控制就是自动控制。例如，一个装置能够自动接收检测到的过程物理变量，自动进行计算，然后对过程进行自动调节就是自动控制装置。反馈控制、最优控制、随机控制、自适应控制、学习控制、模糊控制和进化控制等均属于自动控制。

定义 1.2   智能机器

智能机器能够在定形或不定形，熟悉或不熟悉，已知或未知的环境中自主地或交互地执行各种拟人任务（Anthropomorphic Tasks）的机器。

定义 1.3   智能控制

智能控制是采用智能化理论和技术驱动智能机器实现其目标的过程。或者说，智能控制是一类无需人的干预就能够独立地驱动智能机器实现其目标的自动控制。所述智能化理论和技术包括传统人工智能和所谓"计算智能"的理论和技术。对自主机器人的控制就是一例。

定义 1.4   智能控制系统（Intelligent Control Systems）

用于驱动智能机器以实现其目标而无需操作人员干预的系统叫智能控制系统。智能控制系统的理论基础是人工智能、控制论、运筹学和信息论等学科的交叉。

2. 智能控制的特点

智能控制具有下列特点：

（1）同时具有以知识表示的非数学广义模型和以数学模型（含计算智能模型与算法）表示的混合控制过程，或者是模仿自然和生物行为机制的计算智能算法，也往往是那些含有复杂性、不完全性、模糊性或不确定性以及不存在已知算法的过程，并以知识进行推理，以启发式策略和智能算法来引导求解过程。

（2）智能控制的核心在高层控制，即组织级。高层控制的任务在于对实际环境或过程进行组织，即决策和规划，实现广义问题求解。为了实现这些任务，需要采用符号信息处理、启发式程序设计、仿生计算、知识表示以及自动推理和决策等相关技术。这些问题的求解过程与人脑的思维过程或生物的智能行为具有一定的相似性，即具有不同程度的"智能"。当然，低层控制级也是智能控制系统必不可少的组成部分。

（3）智能控制系统的设计重点不在常规控制器上，而在智能机模型或计算智能算法上。

（4）智能控制的实现，一方面要依靠控制硬件、软件和智能的结合，实现控制系统的智能化；另一方面要实现自动控制科学与计算机科学、信息科学、系统科学、生命科学以及人工智能的结合，为自动控制提供新思想、新方法和新技术。

（5）智能控制是一门边缘交叉学科。实际上，智能控制涉及更多的相关学科。智能控制的发展需要各相关学科的配合与支持，同时也要求智能控制工程师是个知识工程师（Knowledge Engineer）。自动控制必须与人工智能相结合，才能有更大的发展。

（6）智能控制是一个新兴的研究领域。智能控制学科建立才 25 年，仍处于青年时期，无论在理论上还是在实践上它都还不够成熟、不够完善，需要进一步探索与开发。研究者需要寻找更好的新的智能控制相关理论对现有理论进行修正，以期使智能控制得到更快更好的发展。

1.2.2　智能控制器的一般结构

智能控制器的设计具有下列特点：

（1）具有以微积分（DIC）表示和以技术应用语言（LTA）表示的混合系统方法，或具有仿生、仿人算法表示的系统。

（2）采用不精确的和不完全的装置分级（递阶）模型。

（3）含有多传感器递送的分级和不完全的外系统知识，并在学习过程中不断加以辨识、整理和更新。

（4）把任务协商作为控制系统以及控制过程的一部分来考虑。

在上述讨论的基础上给出智能控制器的一般结构，如图 1.2 所示。

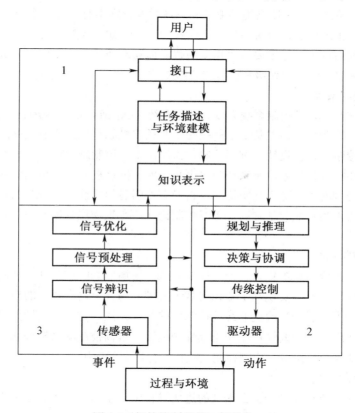

图 1.2　智能控制器的一般结构

已经开发出许多智能控制理论与技术用于具体控制系统，如分级控制理论、递阶控制器设计的熵（Entropy）方法、智能逐级增高而精度逐级降低原理以及控制器设计的仿生和拟人方法等。在这些应用范例中，取得不少具有潜在应用前景的成果，如群控理论、模糊理论、系统理论和免疫控制等。许多控制理论的研究是针对控制系统应用的：自学习与自组织系统、神经网络、基于知识的系统（Knowledge-Based Systems）、语言学和认知控制器以及进化控制等。

以图 1.2 为基础，提出了各类的多种智能控制器方案。

1.2.3　智能控制系统的分类

分类学与科学学研究科学技术学科的分类问题，本是十分严谨的学问，但对于一些新学科却很难恰切地对其进行分类或归类。例如，至今多数学者把人工智能看作计算机科学的一个分支；但从科学长远发展的角度看，已经有人把人工智能归类于智能科学（Intelligence Science）的一个分支。智能控制也尚无统一的分类方法，目前主要按其作用原理进行分类，可分为下列几种系统：

（1）递阶控制系统。

递阶智能控制（Hierarchically Intelligent Control）是在研究早期学习控制系统的基础上，并从工程控制论的角度总结人工智能与自适应、自学习和自组织控制的关系之后而逐渐形成的，也是智能控制的最早理论之一。递阶智能控制还与系统学及管理学有密切关系。

由萨里迪斯提出的分级递阶智能控制方法作为一种认知和控制系统的统一方法论，其控制智能是根据分级管理系统中十分重要的"精度随智能提高而降低"的原理而分级分配的。这种递阶智能控制系统是由组织级、协调级和执行级三级组成的。

（2）专家控制系统。

另一种比较重要的智能控制系统为专家控制系统（Expert Control System，ECS），它是把专家系统技术和方法与控制机制，尤其是工程控制论的反馈机制有机结合而建立的。专家控制系统已广泛应用于故障诊断、工业设计和过程控制，为解决工业控制难题提供一种新的方法，是实现工业过程控制的重要技术。专家控制系统一般由知识库、推理机、控制规则集和控制算法等组成。专家系统与智能控制的关系是十分密切的。它们有着明显的共性，所研究的问题一般都具有不确定性，都是以模仿人类智能为基础的。工程控制论（还有生物控制论）与专家系统的结合形成了专家控制系统。

（3）模糊控制系统。

模糊控制是一类应用模糊集合理论的控制方法。模糊控制的有效性可从两个方面来考虑：一方面，模糊控制提供了一种实现基于知识（基于规则）的甚至语言描述的控制规律的新机理；另一方面，模糊控制提供了一种改进非线性控制器的替代方法，这些非线性控制器一般用于控制含有不确定性和难以用传统非线性控制理论处理的装置。模糊控制器由模糊化、规则库、模糊推理和模糊判决4个功能模块组成。模糊控制已获得十分广泛的应用。

（4）学习控制系统。

学习是人类的主要智能之一。在人类的进化过程中，学习功能起着十分重要的作用。学习控制正是模拟人类自身各种优良的控制调节机制的一种尝试。

学习作为一种过程，它通过重复各种输入信号，并从外部校正该系统，从而使系统对特定输入具有特定响应。自学习就是不具有外来校正的学习，没有给出关于系统反应正确与否的任何附加信息。因此，学习控制系统可概括如下：学习控制系统是一个能在其运行过程中逐步获得受控过程及环境的非预知信息，积累控制经验，并在一定的评价标准下进行估值、分类、决策和不断改善系统品质的自动控制系统。

（5）神经控制系统。

基于人工神经网络的控制（ANN Based Control）简称神经控制（Neurocontrol），是智能控制的一个较新的研究方向。20世纪80年代后期以来，随着人工神经网络研究的复苏和发展，对神经控制的研究也十分活跃。这方面的研究进展主要在神经网络自适应控制和模糊神经网络控制及其在机器人控制中的应用上。

神经控制是个很有希望的研究方向。由于神经网络具有一些适合于控制的特性和能力，如并行处理能力、非线性处理能力、通过训练获得学习能力、自适应能力等。因此，神经控制特别适用于复杂系统、大系统和多变量系统的控制。

（6）仿生控制系统。

从某种意义上说，智能控制就是仿生和拟人控制，模仿人和生物的控制机构、行为和功能所进行的控制就是拟人控制和仿生控制。神经控制、进化控制、免疫控制等都是仿生控制，而递阶控制、专家控制、学习控制和仿人控制等则属于拟人控制。

在模拟人的控制结构的基础上，进一步研究和模拟人的控制行为与功能，并把它用于控制系统，实现控制目标，就是仿人控制。仿人控制综合了递阶控制、专家控制和基于模型控制的特点，实际上可以把它看做一种混合控制。

生物群体的生存过程普遍遵循达尔文的物竞天择、适者生存的进化准则。群体中的个体根据对环境的适应能力而被大自然所选择或淘汰。生物通过个体间的选择、交叉、变异来适应大自然环境。把进化计算，特别是遗传算法机制和传统的反馈机制用于控制过程，则可实现一种新的控制——进化控制。

自然免疫系统是一个复杂的自适应系统，能够有效地运用各种免疫机制防御外部病原体的入侵。通过进化学习，免疫系统对外部病原体和自身细胞进行辨识。把免疫控制和计算方法用于控制系统，即可构成免疫控制系统。

（7）网络控制系统。

随着计算机网络技术、移动通信技术和智能传感技术的发展，计算机网络已迅速发展成为世界范围内广大软件用户的交互接口，软件技术也阔步走向网络化，通过现代高速网络为客户提供各种网络服务。计算机网络通信技术的发展为智能控制用户界面向网络靠拢提供了技术基础，智能控制系统的知识库和推理机也都逐步和网络智能接口交互起来。于是，网络控制系统（NCS，Networked Control Systems）就应运而生。网络控制系统是指在某个区域内一些现场检测、控制及操作设备和通信线路的集合，以提供设备之间的数据传输，使该区域内不同地点的设备和用户实现资源共享及协调操作与控制。

（8）复合智能控制系统。

把几种不同的智能控制机理和方法集成起来而构成的控制称为集成（Integrated）智能控制或复合（Compound）智能控制，其系统则称为集成智能控制系统。集成智能控制能够集各智能控制方法之长处，不失为一种控制良策。模糊神经控制、神经学习控制、神经专家控制、自学习模糊神经控制、遗传神经控制、进化模糊控制、进化学习控制等都属于集成智能控制。此外，把智能控制与传统控制（包括经典 PID 控制和近代控制）有机地组合起来，也可构成复合智能控制系统，能够集智能控制方法和传统控制方法各自的长处，弥补各自的短处，取长补短，也是一种很好的控制策略。例如，PID 模糊控制、神经自适应控制、神经自校正控制、神经最优控制、模糊鲁棒控制等就是典型例子。

严格地说，各种智能控制都有反馈机制起作用，因此都可看作复合智能控制。

1.3　人工智能的学派理论与计算方法

1.3.1　人工智能的学派理论及其对智能控制的影响

人工智能具有不同的学派，他们在人工智能的发展历史、人工智能理论与技术路线等方面存在不同观点，并进行了长期的争论。

1. 人工智能的主要学派

人工智能的学派主要有下列三家：

（1）符号主义，又称为逻辑主义、心理学派或计算机学派，其原理主要为物理符号系统（即符号操作系统）假设和有限合理性原理。

（2）连接主义，又称为仿生学派或生理学派，其原理主要为神经网络及神经网络间的连接机制与学习算法。

（3）行为主义，又称进化主义或控制论学派，其原理为控制论及感知—动作型控制系统。

以上三个人工智能学派将长期共存与合作，取长补短，并走向融合和集成，为人工智能的发展做出贡献。

人工智能尚未形成一个统一的理论体系，甚至也没有统一的人工智能定义。人工智能各学派对于 AI 的基本理论问题，诸如定义、基础、核心、要素、认知过程、学科体系以及人工智能与人类智能的关系等，均有不同观点。下面仅简介他们在理论上的观点。

（1）符号主义。认为人工智能源于数理逻辑，人的认知基元是符号，而且认知过程即符号操作过程。它认为人是一个物理符号系统，计算机也是一个物理符号系统，因此，能够用计算机来模拟人的智能行为，即用计算机的符号操作来模拟人的认知过程。也就是说，人的思维是可操作的。它还认为，知识是信息的一种形式，是构成智能的基础。人工智能的核心问题是知识表示、知识推理和知识运用。知识可用符号表示，也可用符号进行推理，因而有可能建立起基于知识的人类智能和机器智能的统一理论体系。

（2）连接主义。认为人工智能源于仿生学，特别是人脑模型的研究，人的思维基元是神经元，而不是符号处理过程。它对物理符号系统假设持反对意见，认为人脑不同于电脑，并提出连接主义的大脑工作模式，用于取代符号操作的电脑工作模式。

（3）行为主义。认为人工智能源于控制论，智能取决于感知和行动，提出智能行为的"感知—动作"模式。行为主义者认为智能不需要知识、不需要表示、不需要推理；人工智能可以像人类智能一样逐步进化（所以也称为进化主义）；智能行为只能在现实世界中与周围环境交互作用而表现出来。行为主义还认为：符号主义（还包括连接主义）对真实世界客观事物的描述及其智能行为工作模式是过于简化的抽象，因而是不能真实地反映客观存在的。

2. 对智能控制的影响

人工智能各学派的争论对智能控制产生较大影响。在 20 世纪 60 年代至 80 年代，人工智能处于符号主义一枝独秀的年代，智能控制很自然地以基于知识的控制为主要研究方向，专家控制、学习控制以及模糊控制成为研究和应用的重点领域，并与递阶控制相结合。从 80 年代末期至整个 90 年代，连接主义迅速崛起，对神经控制和复合神经控制（如模糊神经控制）的研究形成热潮，丰富了智能控制的研究内涵，促进了智能控制的发展。行为主义在它成为人工智能一个新学派之前很长一段时间内就已经是反馈控制的一个指导思想，基于感知－动作机制的行为主义之所以也称为控制论学派，就是因为它的作用原理与反馈控制一致。真体（Agent）技术和互联网（Web）技术的发展为基于行为主义的控制开辟了新的研究和发展方向，开辟了基于 MAS 的控制和网络控制等新的智能控制研究方向，尤其是这两种新的智能控制模式推动了分布式控制和网络控制的蓬勃发展。

1.3.2　人工智能与智能控制的计算方法

人工智能各个学派，不仅其理论基础不同，而且计算方法也不尽相同。

基于符号逻辑的人工智能学派强调基于知识的表示与推理，而不强调计算，但并非没有任何计算。图搜索、谓词演算和规则运算都属于广义上的计算。显然，这些计算是与传统的采用数理方程、状态方程、差分方程、传递函数、脉冲传递函数和矩阵方程等数值分析计算有根本区别的。随着人工智能的发展，出现了各种新的智能计算技术，如模糊计算、神经计算、进化计算、免疫计算和粒子群计算等，它们是以算法为基础的，也与数值分析计算方法有所不同。

归纳起来，人工智能和智能控制中采用的主要计算方法如下：

（1）概率计算。在专家系统和专家控制系统中，除了进行知识推理外，还经常采用概率推理、贝叶斯推理、基于可信度推理、基于证据理论推理等不确定性推理方法。在递阶智能机器和递阶智能控制系统中，用信息熵计算各控制层级的作用。实质上，这些都是采用概率计算，属于传统的数学计算方法。

（2）符号规则逻辑运算。一阶谓词逻辑的消解（归结）原理、规则演绎系统和产生式系统都是建立在谓词符号演算基础上的 IF→THEN（如果→那么）规则运算。这种运算方法在基于规则的专家系统和专家控制系统中得到普遍应用。这种基于规则的符号运算特别适于描述过程的因果关系和非解析的映射关系等。

（3）模糊计算。利用模糊集合及其隶属度函数等理论，对不确定性信息进行模糊化、模糊决策和模糊判决（解模糊）等，实现模糊推理与问题求解。根据受控过程的一些定性知识，采用模糊数学和模糊逻辑中的概念与方法，建立系统的输入和输出模糊集以及它们之间的模糊关系。从实际应用的观点来看，模糊理论的应用大部分集中在模糊系统上，也有一些模糊专家系统将模糊计算应用于医疗诊断和决策支持。模糊控制系统主要应用模糊计算技术。

（4）神经计算。认知心理学家通过计算机模拟提出的一种知识表征理论，认为知识在人脑中以神经网络形式存储，神经网络由可在不同水平上被激活的节点组成，节点间有连接作用，并通过学习对神经网络进行训练，形成了人工神经网络学习模型。神经控制系统主要应用神经计算技术。

（5）进化计算与免疫计算。可将进化计算用于进化控制系统，将免疫计算用于免疫控制系统。这两种新的智能计算方法都是以模拟计算模型为基础的，具有分布并行计算特征，强调自组织、自学习与自适应。在学习控制系统中常通过系统性能评价修正结构参数。

此外，还有粒子群优化计算、蚁群算法等。

1.4　智能控制的结构理论

智能控制的学科结构理论体系是智能控制基础研究一个重要的和令人感兴趣的课题。自从

1971 年傅京孙提出把智能控制作为人工智能和自动控制的交接领域以来，许多研究人员试图建立起智能控制这一新学科的体系结构，他们提出一些有关智能控制系统或学科结构的思想，有助于对智能控制的进一步认识。

智能控制具有十分明显的跨学科（多元）结构特点。在此，主要讨论智能控制的二元交集结构、三元交集结构和四元交集结构三种思想，它们分别由下列各交集（通集）表示：

$$IC = AI \cap AC \tag{1.1}$$
$$IC = AI \cap AC \cap OR \tag{1.2}$$
$$IC = AI \cap AC \cap IT \cap OR \tag{1.3}$$

也可以用离散数学和人工智能中常用的谓词公式的合取来表示上述各种结构：

$$IC = AI \wedge AC \tag{1.4}$$
$$IC = AI \wedge CT \wedge OR \tag{1.5}$$
$$IC = AI \wedge AC \wedge IT \wedge OR \tag{1.6}$$

式中，各子集（或合取项）的含义如下：

AI 表示人工智能（Artificial Intelligence）；

AC 表示自动控制（Automatic Control）；

OR 表示运筹学（Operation Research）；

IT 表示信息论（Information Theory 或 Informatics）；

IC 表示智能控制（Intelligent Control）；

∩ 和 ∧ 分别表示交集和连词"与"符号。

1.4.1　二元交集结构理论

20 世纪 60 至 70 年代，傅京孙曾对几个与自学习控制有关的领域进行了研究。为了强调系统的问题求解和决策能力，他用"智能控制系统"来包括这些领域。他在 1971 年指出"智能控制系统描述自动控制系统与人工智能的交接作用"。可以用式（1.1）和（1.4）以及图 1.3 来表示这种交接作用，并把它称为二元交集结构。

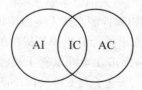

图 1.3　智能控制的二元结构

对自学习系统的研究是走向智能控制系统的基本步骤之一。在自学习控制系统中，当采用人—机组合控制器时，需要比较高层的智能决策。它可由拟人控制器（Anthropomorphic Controller）来做出，例如识别复杂的环境状况、为计算机控制器设定子目标以及纠正计算机控制器做出的不适当决定等。另一方面，对于较低层的智能作用，如数据收集、例行程序执行以及在线计算等，则可由机器控制器来执行。在设计这种智能控制系统时，要尽可能多地把设计者和操作人员所具有的与指定任务有关的智能转移到机器控制器上。

1.4.2　三元交集结构理论

萨里迪斯于 1977 年提出另一种智能控制结构，它把傅京孙的智能控制扩展为三元结构，即把智能控制看作是人工智能、自动控制和运筹学的交接，如图 1.4 所示。可以用式（1.2）和（1.5）来描述这种结构。图 1.5 进一步表示三元结构中各元之间的关系。

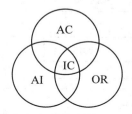

图 1.4　智能控制的三元结构

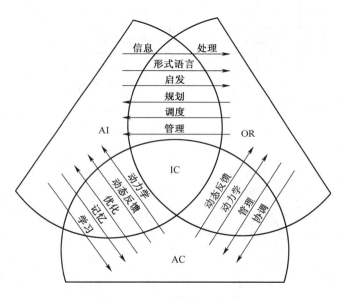

图 1.5　三元结构各元关系图

萨里迪斯认为，构成二元交集结构的两元互相支配，无助于智能控制的有效和成功应用。必须把运筹学的概念引入智能控制，使它成为三元交集中的一个子集。

在提出三元结构的同时，萨里迪斯还提出分级智能控制系统，如图 1.6 所示，它主要由三个智能（感知）级组成：

第一级：组织级，它代表系统的主导思想，并由人工智能起控制作用。

第二级：协调级，是上（第一级）下（第三级）级间的接口，由人工智能和运筹学起控制作用。

第三级：执行级，是智能控制系统的最低层级，要求具有很高的精度，并由控制理论进行控制。

1.4.3　四元交集结构理论

在研究了前述各种智能控制的结构理论、知识、信息和智能的定义以及各相关学科的关系之后，蔡自兴于 1987 年提出四元智能控制结构，把智能控制看作自动控制、人工智能、信息论和运筹学四个学科的交集，如图 1.7（a）所示，其关系如式（1.3）和（1.6）描述。图 1.7（b）表示这种四元结构的简化图。

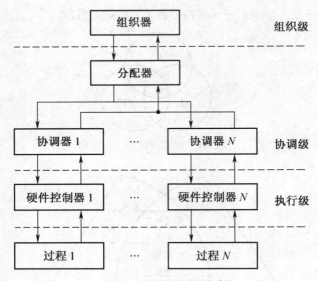

图 1.6　分级智能控制系统

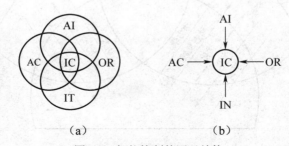

图 1.7　智能控制的四元结构

　　把信息论作为智能控制结构的一个子集是基于下列理由的。

　　1. 信息论是解释知识和智能的一种手段

　　定义 1.5　知识是人们通过体验、学习或联想而知晓的对客观世界规律性的认识，这些认识包括事实、条件、过程、规则、关系和规律等。一个人或一个知识库的知识水平取决于其具有的信息或理解的范围。

　　定义 1.6　信息是知识的交流或对知识的感受，是对知识内涵的一种量测。所描述事件的信息量越大，该事件的不确定性越小。

　　定义 1.7　智能是一种应用知识对一定环境进行处理的能力或由目标准则衡量的抽象思考能力。智能的另一个定义为：在一定环境下针对特定的目的而有效地获取信息、处理信息和利用信息从而成功地达到目的的能力。

　　定义 1.8　信息论是研究信息、信息特性测量、信息处理以及人机通信过程效率的数学理论。

从上述定义可得下列推论：

（1）"知识"比"信息"的含义更广，即（信息）∈（知识）。

（2）智能是获取和运用知识的能力。

（3）可以用信息论来在数学上解释机器知识和机器智能。因此，信息论已成为解释机器知识和机器智能（人工智能）及其系统的一种手段。智能控制系统是这种机器智能系统的一个实例。

2. 控制论、系统论和信息论是紧密相互作用的

现代的系统论、信息论和控制论（以下简称"三论"）作为科学前沿突出的学科群，无论从哪一方面来看，都是相互作用和相互靠拢的，并给人们以鲜明的印象。无论是人工智能（含知识工程）、控制论（含工程控制论和生物控制论）还是系统论（含运筹学），都与信息论息息相关。信息观点已成为知识控制必不可少的思想。钱学森曾提出系统科学体系图，图 1.8 是该体系图的一部分。从图 1.8 可见，与系统论、控制论和运筹学一样，信息论也是系统学（人们有争论的上一级学科）的重要组成部分。智能控制系统中的通信更离不开信息论的理论指导。

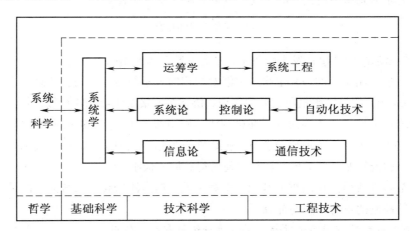

图 1.8　钱学森的系统科学体系图（部分）

3. 信息论已成为控制智能机器的工具

通过前面的定义和讨论知道，信息具有知识的秉性，它能够减少和消除人们认识上的不定性。对于控制系统或控制过程来说，信息是关于控制系统或过程运动状态和方式的知识。智能控制比任何传统控制具有更明显的知识性，因而与信息论有更为密切的关系。许多智能控制系统，实质上是以知识和经验为基础的拟人控制系统。智能控制的知识和经验源于信息，又可被加工处理成为新的信息，如指令、决策、方案和计划等，并用于控制系统或装置的活动。

信息论的发展已把信息概念推广到控制领域，成为控制机器、控制生物和控制社会的手段，发展为控制仿生机器和拟人机器——智能机器的有力工具。许多智能控制系统都力图模仿人体的活动功能，尤其是人脑的思维和决策过程。那么，人体器官的构造功能是否也反映"三论"的密切关系与相互作用呢？Samuelson 曾在一次"国际一般系统论研讨会"上配合幻灯片显示出一幅心脏构造示意图（如图 1.9 所示），说明了"三论"的核心关系。如果我们把心脏受中枢神经控制的作用考虑进去，即引入"智能"的作用，那么这不就是一个形象和自然的"智能控制四元结构"模型吗？

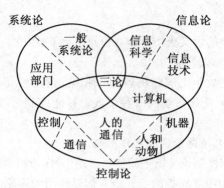

图 1.9　Samuelson 的心脏构形示意图

4. 信息熵成为智能控制的测度

在萨里迪斯的递阶智能控制理论中，对智能控制系统的各级均采用熵作为测度。熵（Entropy）在信息论中指的是信息源中所包含的平均信息量 H，并以下式表示：

$$H = -K \sum_{i=1}^{n} P_i \log P_i \tag{1.7}$$

式中，P 为信息源中各事件发生的概率，K 为常数，与选用的单位有关。

组织级是智能控制系统的最高层次，它涉及知识的表示与处理，具有信息理论的含义，此级采用香农（Shannon）的熵来衡量所需要的知识。协调级连接组织级和执行级，起到承上启下的作用，它采用熵来测量协调的不确定性。在执行级，则用博尔茨曼（Boltzman）的熵函数表示系统的执行代价，它等价于系统所消耗的能量。把这些熵加起来成为总熵，用于表示控制作用的总代价。设计和建立智能控制系统的原则就是要使所得总熵为最小。

熵和熵函数是现代信息论的重要基础。把熵函数和信息流一起引入智能控制系统，正表明信息论是组成智能控制的不可缺少的部分。

5. 信息论参与智能控制的全过程，并对执行级起到核心作用

一般说来，信息论参与智能控制的全过程，包括信息传递、信息变换、知识获取、知识表示、知识推理、知识处理、知识检索、决策以及人机通信等。在智能控制系统的执行级，信息论起到核心作用。这里，各控制硬件接收、变换、处理和输出各种信息。例如，在实时专家智能控制系统 REICS 中，有个信息预处理器，用于接收来自硬件的信号和数据，对这些信息进行预处理，并把处理了的信息送至专家控制器的知识库和推理机。又如，有个智能机器人控制系统，它由基于知识的智能决策子系统和信息（信号）辨识与处理子系统组成，其中，前者包含智能数据库和推理机，后者涉及对各种信号的测量与信息处理。这两个例子都说明，信息处理或预处理是由执行级的信息处理器执行的。可见，信息论不仅对智能控制的高层发生作用，而且在智能控制的底层——执行级也起到核心作用。

构成智能控制四元交集结构的每一子集（即自动控制、人工智能、运筹学和信息论）之间的关系可由图 1.10 表示。图中，每一子集都与另三个子集相关。从图 1.10 可见，四个子集之间的交接关系是十分清晰的，这种关系要比三元交集关系复杂得多。

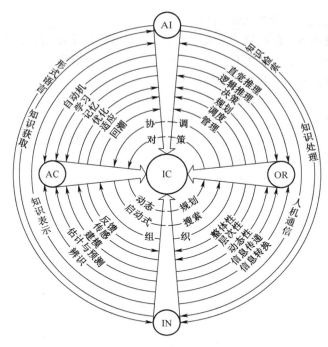

图 1.10 四元结构各元关系图

1.5 本书概要

本书作为智能控制的本科生教材，介绍智能控制的基本原理及其应用，着重讨论智能控制几个主要系统的原理、方法及应用。所涉及智能控制系统为递阶控制系统、专家控制系统、模糊控制系统、神经控制系统、学习控制系统、进化控制系统、免疫控制系统、网络控制系统和复合智能控制系统等。具体地说，本书包括下列内容：

（1）第 1 章简述智能控制产生的背景、起源与发展，讨论智能控制的定义、特点和智能控制系统的一般结构，探讨人工智能学派理论与计算方法及其对智能控制的影响，研究智能控制学科的结构理论，尤其是智能控制的四元交集结构理论，并阐明构成智能控制各元间的关系，揭示各相关学科间的内在关系。

（2）第 2 章至第 10 章逐章讨论智能控制系统的作用原理、类型结构、设计要求、控制特性和应用示例等。这些系统有递阶控制、专家控制、模糊控制、神经控制、学习控制、进化控制与免疫控制、多真体控制、网络控制、复合控制等。

本书主要作为高等院校自动化、电气工程与自动化、智能科学与技术、测控工程、机电工程、电子工程等专业本科生智能控制类课程教材，也可供从事智能控制和智能系统研究、设计、应用的科技工作者阅读与参考。

习题 1

1-1 哪些思想、思潮、时间和人物在智能控制发展过程中起了重要作用？

1-2　当代自动控制存在什么机遇与挑战？

1-3　智能控制是如何发展起来的？人工智能对自动控制的发展有什么影响？

1-4　作为国际智能控制学科的开拓者和奠基者，傅京孙有哪些突出贡献？

1-5　什么是智能控制？它具有哪些特点？

1-6　试述智能控制器的一般结构和各部分的作用。它与传统控制器有何异同？

1-7　按作用原理可把智能控制系统分为哪几类？

1-8　在人工智能发展过程中出现过哪些学派？它们对智能控制有什么影响？

1-9　智能控制学科有哪几种结构理论？这些理论的内容是什么？

1-10　为什么要把信息论引入智能控制学科结构？

第 2 章

递阶控制

递阶（分级）思想在系统论、控制论和管理学中已有广泛的应用。在研究早期学习控制系统的基础上，从工程控制论角度总结人工智能与自适应控制、自学习控制和自组织控制的关系之后，逐渐形成了递阶智能控制（Hierarchical Intelligent Control），简称递阶控制，是智能控制的最早理论之一。递阶智能控制系统结构已隐含在其他各种智能控制系统之中，成为其他各种智能控制系统的重要基础。下面将给出智能机器理论的一般观点，讨论递阶智能控制的结构，最后举例说明智能控制系统的应用。

2.1　递阶智能机器的一般结构

由萨里迪斯等提出的递阶智能控制是按照精度随智能降低而提高的原理（IPDI）分级分布的。在过去的 20 多年中，一些研究者做出重大努力来开发递阶智能机器理论和建立工作模型，以求实现这种理论。这种智能机器已被设计用于执行机器人系统的拟人任务。本章将比较详细地介绍三级智能机器的某些内容。

递阶智能控制系统是由三个基本控制级构成的，其级联交互结构如图 2.1 所示。图中，f_E^c 为自执行级至协调级的在线反馈信号；f_E^o 为自协调级至组织级的离线反馈信号；$C=\{c_1, c_2, ..., c_m\}$ 为输入指令；$U=\{u_1, u_2, ..., u_m\}$ 为分类器的输出信号，即组织器的输入信号。

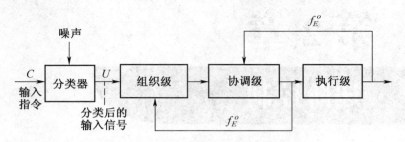

图 2.1　递阶智能机器的级联结构

本递阶智能控制系统是一个整体，它把定性的用户指令变换为一个物理操作序列。系统的输出是通过一组施于驱动器的具体指令来实现的。一旦接收到初始用户指令，系统就产生操作，这一操作是由一组与环境交互作用的传感器的输入信息决定的。这些外部和内部传感器提供工作空间环境（外部）和每个子系统状况（内部）的监控信息；对于机器人系统，子系统状况有位置、速度和加速度等。智能机器融合这些信息，并从中选择操作方案。

三个控制层级的功能和结构如下：

（1）组织级（Organization level）。

组织级代表控制系统的主导思想，并由人工智能起控制作用。根据存储在长期存储器内的本原数据集合，组织器能够组织绝对动作、一般任务和规则的序列。换句话说，组织器作为推理机的规则发生器，处理高层信息，用于机器推理、规划、决策、学习（反馈）和记忆操作，如图 2.2 所示。可把此框图视为一个 Botlzmann 机结构。Boltzmann 机能从几个代表不同本原事件的节点（神经元）搜索出最优内连关系，以产生某个定义最优任务的信息串。

（2）协调级（Coordination level）。

协调级是上（组织）级和下（执行）级间的接口，承上启下，并由人工智能和运筹学共同作用。协调级借助于产生一个适当的子任务序列来执行原指令，处理实时信息。这涉及短期存储器（如缓冲器）内决策与学习的协调。为此，采用具有学习能力语言决策图，并对每个动作指定主（源）概率。各相应熵可由这些主概率直接得到。协调级由一定数量的具有固定结构的协调器组成，每个协调器执行某些指定的作用。各协调器间的通信由分配器（Dispatcher）来完成，而分配器的可变结构是由组织器控制的，如图 2.3 所示。

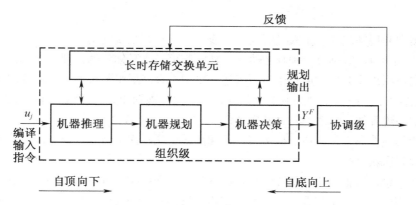

图 2.2　组织级的结构框图

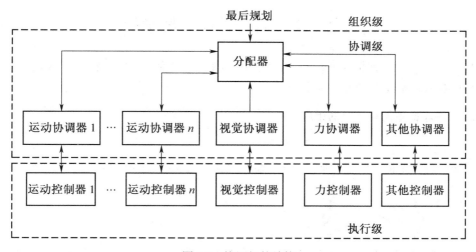

图 2.3　协调级的结构

（3）执行级（Execution level）。

执行级是递阶智能控制的底层，要求具有较高的精度但较低的智能，它按控制论进行控制，对相关过程执行适当的控制作用。执行级的性能也可由熵来表示，因而统一了智能机器的功用。

我们知道：

$$H = -K \sum_{i=1}^{n} P_i \log P_i \qquad (2.1)$$

通常称 H 为香农（Shannon）负熵，它可变换为下列方程：

$$H = -\int_{\Omega_s} P(s) \log P(s) \mathrm{d}s \qquad (2.2)$$

式中，Ω_s 为被传递的信息信号空间。负熵是对信息传递不确定性的一种度量，即系统状态的不确定性可由该系统熵的概率密度指数函数获得。

图 2.1 所示的三级递阶结构具有自顶向下（top-down）和自底向上（bottom-up）的知识（信息）处理能力。自底向上的知识流决定于所选取信息的集合，这些信息包括从简单的底层（执行级）反馈到顶层（组织级）的积累知识。反馈信息是智能机器中学习所必需的，也是选择替代动

作所需要的。

　　智能机器中高层功能模仿了人类行为，并成为基于知识系统的基本内容。实际上，控制系统的规划、决策、学习、数据存取和任务协调等功能都可看作是知识的处理与管理。另一方面，控制系统的问题可用熵作为控制度量来重新阐述，以便综合高层中与机器有关的各种硬件活动。因此，在机器人控制的例子中，视觉协调、运动控制、路径规划和力觉传感等可集成为适当的函数。因此，可把知识流看作这种系统的关键变量。

　　由于递阶智能控制系统的所有层级可用熵和熵的变化率来测量，因此智能机器的最优操作可通过数学编程问题获得解决。

　　通过上述讨论，可把递阶智能控制理论归纳如下：智能控制理论可被假定为寻求某个系统正确的决策与控制序列的数学问题，该系统在结构上遵循精度随智能降低而提高（IPDI）的原理，而所求得序列能够使系统的总熵为最小。

2.2　递阶智能控制系统举例

　　本节介绍一个四层递阶控制系统的实例，该系统已在 2003 年用于红旗自主车的自动驾驶控制，取得具有国际先进水平的试验成果。

2.2.1　汽车自主驾驶系统的组成

1. 系统总体结构

该系统的总体结构如图 2.4 所示，它主要由驾驶控制子系统和环境识别子系统组成。

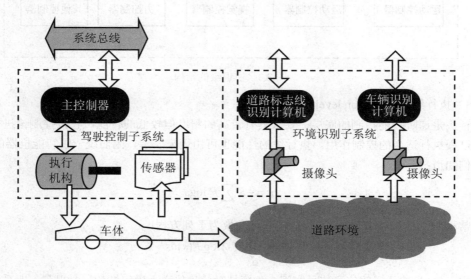

图 2.4　红旗车自主驾驶系统结构示意图

　　（1）环境识别子系统。由道路标志线识别和前方车辆识别两个分系统组成。前者能够实时识别当前及左右共三条车道线，实时输出处理结果；对车道上非标志线的标志及车辆干扰具有免疫力；并较好地解决了对车体震动和光照变化的适应性问题。后者能够实时识别前方车辆距离及相对速度；具有较好的抗干扰性及适应性。

（2）驾驶控制子系统。包括行为决策、行为规划、操作控制等主要模块。本子系统对受控对象的非线性、环境的严重不确定性具有很好的适应能力；能够满足系统实时性要求；其方向及速度跟踪精度高；并具有系统监督模块，可实现系统状态的在线监督、预警及紧急情况处理。

2. 自主驾驶的硬件系统

自主驾驶系统的硬件设备包括主控计算机、执行机构和传感器等。

（1）主控计算机及接口。主控计算机担负驾驶控制和环境识别的计算工作。环境识别计算机配以通用 Fireware 接口板和图形显示卡组成环境处理平台，处理来自摄像头的视觉图像，为驾驶控制系统提供环境感知信息。

驾驶控制计算机配置标准的工业 I/O 接口板。驾驶控制系统的接口有 A/D 转换器、D/A 转换器、各种运动控制卡、计数器及数字量输入输出设备等。

（2）执行机构。根据汽车各操纵机构的不同特点分别采用了步进电机驱动和液压驱动两种执行机构。

（3）传感器。自主驾驶系统所配置的传感器包括环境传感器（摄像头）、车体姿态传感器和自动驾驶执行部件传感器。传感器信号经过预处理电路板的滤波和放大后，通过计算机接口板进入相应的处理机。

3. 实时操作系统

为了确保系统的实时性和可靠性，选用了嵌入式实时操作系统，该操作系统具有下列几个方面的显著特点：

（1）基于 PC 机的开发环境使得嵌入式开发更加方便。

（2）实时多任务的操作系统内核确保了系统的实时性。

（3）可裁减和可重配置的操作系统结构使得目标代码更加精悍，运行效率获得提高。

（4）方便快速的任务间通信手段。

（5）支持多处理机之间的任务协调与通信。

（6）自主驾驶系统的处理机运行实时操作系统。

4. 软件设计与系统的实时性

高性能的软硬件系统为系统实时性提供了基本保证。多任务程序设计思想使得系统能对外部事件做出及时反应。自主驾驶系统的软件系统具有以下显著特点：

（1）任务优先级设置与抢断式任务调度。在软件设计中，根据任务的相互关系给任务赋予了不同的优先级，必要时还可由有关的任务对其他任务的优先级进行调整，高优先级的任务能抢断正在执行的低优先级任务，以保证系统能对各种重要的外部事件做出及时的反应。

（2）基于系统时钟的软件同步机制。对于系统的每一个数据或事件都在第一时间被打上时间标记，以进行信号同步之用，消除信息在处理加工时的延迟对驾驶性能的影响。

（3）分布式共享数据存储。对于系统中要由各处理器共享的数据采取了分布式存储结构，以避免集中式存储带来的通信带宽限制。

上述软件设计原则从软件方面确保了自主驾驶系统软件的实时性能。

2.2.2　汽车自主驾驶系统的递阶结构

以任务层次分解为基础，提出了如图 2.5 所示的四层模块化汽车自主驾驶控制系统结构，其四个层次依次是：任务规划、行为决策、行为规划和操作控制。另外还包括车辆状态与定位信息和系统监控两个独立功能模块。

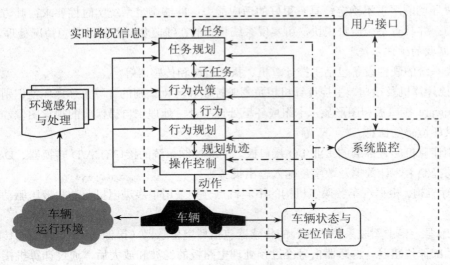

图 2.5　汽车自主驾驶控制系统的四层模块化结构

控制系统四个层次以 RCS 控制结构中的方式来划分，分别负责完成不同规模的任务，从上到下任务规模依次递减。其中，任务规划层进行从任务到子任务的映射；行为决策层进行从子任务到行为的映射；行为规划层进行从行为到规划轨迹的映射；操作控制层进行从规划轨迹到车辆动作的映射。

系统各层从时间跨度、空间范围、所关注的环境信息、逻辑推理方式、对完成控制目标所负有的责任等多方面均有所不同，下面具体讨论。

系统监控模块作为一个独立模块，负责收集系统运行信息，监督系统的运行情况，必要时调节系统运行参数等。

车辆状态与定位信息模块则负责车辆状态与定位数据产生，提供给系统各层次决策控制之用。

1. 操作控制层

操作控制层把来自行为规划层的规划轨迹转化为各执行机构动作，并控制各执行机构完成相应动作，是整个自主驾驶系统的最底层。它由一系列传统控制器和逻辑推理算法组成，包括车速控制器、方向控制器、刹车控制器、节气门控制器、转向控制器、信号灯/喇叭控制逻辑等。

操作控制层的输入是由行为规划层产生的路径点序列、车辆纵向速度序列、车辆行为转换信息、车辆状态和相对位置信息。这些信息通过操作控制层加工，最终变为车辆执行机构动作。操作执行层各模块以毫秒级时间间隔周期性地执行，控制车辆沿着上一个规划周期内的规划结果运动。

2. 行为规划层

行为规划层是行为决策层和操作控制层之间的接口，它负责将行为决策层产生的行为符号转换为操作控制层的传统控制器所能接受的轨迹指令。行为规划层输入是车辆状态信息、行为指令以及环境感知系统提供的可通行路面信息。行为规划层内部包括：行为执行监督模块、车辆速度产生模块、车辆期望路径产生模块等。

当车辆行为发生改变或可通行路面信息处理结果更新时，行为规划层各模块被激活，监督当前行为的执行情况，并根据环境感知信息和车辆当前状态重新进行行为规划，为操作控制层提供车辆期望速度和期望运动轨迹等指令，另外行为规划层还向行为决策层反馈行为的执行情况。

3. 行为决策层

常见的车辆行为包括：起步、停车、加速沿道路前进、恒速沿道路前进、躲避障碍、左转、右转、倒车等。自主车要根据环境感知系统获得的环境信息、车辆当前状态、任务规划的任务目标采取恰当行为，保证顺利地完成任务，这一工作由行为决策层来完成。

影响汽车自主行为决策的因素有道路情况、交通情况、交通信号、任务对安全性和效率的要求、任务目的等。综合上述各种因素，高效地进行行为决策是行为决策层研究的重点。

图 2.6 是自主车行为决策层的一般结构。其中，行为模式产生按车辆当前运行环境的结构特征、交通密度等对运行环境进行分类，产生当前条件下的可用行为集及转换关系，是行为决策的重要依据。例如城市公路上应注意交通信号、行人等，而高速公路则没有交通信号，因此这两种情况下行为集是不同的。预期状态是由当前执行子任务决定的，如对车速的预期、对车辆安全性的预期等。环境建模及预测根据环境感知系统的感知信息对影响行为决策的一些关键环境特征进行建模，并对其发展趋势进行预测。

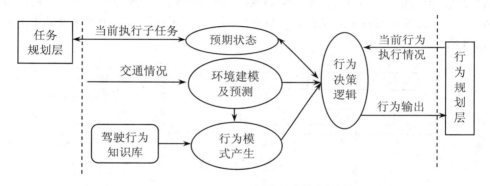

图 2.6　行为决策层主要模块示意图

行为决策逻辑是行为决策层的核心，其综合各类信息，最后向行为规划层发出行为指令。一个好的行为决策逻辑是提高系统自主性的必然要求。

4. 任务规划层

任务规划层是自主驾驶智能控制系统的最高层，因而也具有最高智能。任务规划层的主要模块如图 2.7 所示。

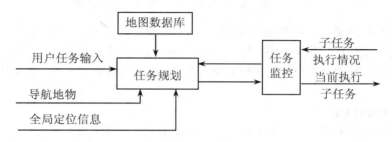

图 2.7　任务规划层主要模块示意图

任务规划层接收来自用户的任务请求，利用地图数据库，综合分析交通流量、路面情况等影响行车的有关因素，在已知道路网中搜索满足任务要求，从当前点到目标点的最优或次优通路，通路通常由一系列子任务组成，如：沿 A 公路行至 X 点，转入 B 公路，行至 Y 点，……，到达目的地，同时规划通路上各子任务完成时间，以及子任务对效率和安全性的要求等。规划结果交由任务监控模块监督执行。

任务监控模块根据环境感知和车辆定位系统的反馈信息确定当前要执行的子任务，并监督控制下层对任务的执行情况，当前子任务执行受阻时要求任务规划模块重新规划。

2.2.3　自主驾驶系统的结构与控制算法

1. 驾驶控制系统的软件结构

先后对操作控制层、行为规划层和行为决策层的软件进行开发。其中，操作控制层包括方向伺服控制、油门伺服控制、刹车伺服控制、其他模块控制、速度跟踪控制和路径跟踪控制六个软件模块。行为规划层包括车道信息接收和滤波处理、行为规划两个软件模块。行为决策层包括车辆感知信息处理、车辆行为决策、车辆行为监控三个模块。车辆状态感知与定位模块分为车辆状态感知处理，车辆定位与车辆运动预测两个子模块。系统监控分为用户接口信息处理与控制、系统状态监测与控制以及运行信息存储管理三个子模块。整个驾驶控制系统的软件结构如图 2.8 所示。

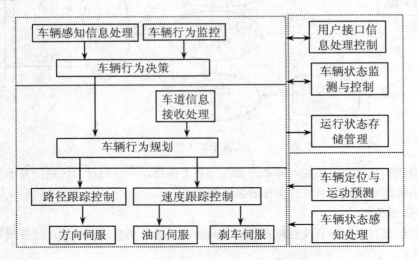

图 2.8　驾驶控制系统软件结构示意图

上述每个模块都对应驾驶控制软件中的一个任务。这样整个驾驶控制软件共划分为 16 个任务，任务之间通过信号量来协调执行。所有共享的数据均放入对所有任务透明的数据存储区，用信号量和时钟实现对公用数据的访问控制，以防止在存取过程中由于任务切换而产生数据一致性问题。

2. 驾驶控制算法

驾驶控制系统有关决策、规划和控制算法均采用相关算法的离散化形式。采用零阶保持方法对连续控制算法进行了离散化。对于部分滤波算法，系统用遗忘迭代滤波或平移平均滤波算法代替，以减少系统的运算量。

遗忘迭代滤波算法具有如下形式:

$$x_f[n] = \begin{cases} x[0] & n = 0 \\ \dfrac{x[n] + k \cdot x_f[n-1]}{k+1} & n \neq 0 \end{cases} \qquad (2.3)$$

式中,$x[n]$ 为时刻 n 的信号采样值;$x_f[n]$ 为时刻 n 经过滤波后的信号。

平移平均滤波算法如下:

$$x_f[n] = \begin{cases} \dfrac{\sum\limits_{i=0}^{n} x[n]}{n+1} & n < k-1 \\ \dfrac{\sum\limits_{i=n-k+1}^{n} x[n]}{k} & n \geq k-1 \end{cases} \qquad (2.4)$$

其中,$x[n]$ 为时刻 n 的信号采样值;$x_f[n]$ 为时刻 n 经过滤波后的信号;k 为平移平均滤波器长度。

2.2.4 自主驾驶系统的试验结果

在国家自然科学基金重大专项重点项目"高速公路车辆智能驾驶的关键科学问题研究"支持下,经过 4 年攻关,该项目取得了优秀成果。在项目研究过程中,红旗自主车进行了大量的公路驾驶试验,以改善自主驾驶系统的性能,提高自主驾驶系统的可靠性。

1. 试验的环境及内容

HQ3 红旗车自主驾驶系统的试验在高速公路上进行,包括长沙市绕城高速公路和京珠高速公路。试验中,公路处于正常的交通状况。分别就自主驾驶系统的以下性能进行了试验:

（1）环境感知系统的抗干扰性和稳定性,包括车道感知系统对道路上的各种障碍、标志干扰及对光照变化的适应性;车辆识别系统识别的准确性及对光照的适应性。

（2）驾驶控制系统的车道跟踪能力,包括各种道路条件下车道中心线跟踪的稳定性和舒适性。

（3）驾驶控制系统的速度跟踪能力,涉及各种路况下速度跟踪的稳定性和舒适性。

（4）驾驶控制系统对动态交通的处理情况及超车动作,对交通变化处理的实时性与合理性,及超车动作的平顺性。

2. 试验结果

经过三个月近 1000 公里的道路试验,HQ3 红旗车自主驾驶有关的环境感知和驾驶控制算法得到了不断改进,并实现了预定的如下三项性能指标:

（1）正常交通情况下在高速公路上稳定自主驾驶速度 130km/h。

（2）最高自主驾驶速度 170km/h。

（3）具备超车功能。

经过 10 多年的研究开发与不断改进,该自主车的技术性能有了显著提高,达到国际先进水平。据媒体报道,2011 年 7 月 14 日上午,该 HQ3 车又进行了一次新的自主驾驶试验,在正常天气与路况条件下,以遵守交通法规为前提,在有多个高架桥路口的高速公路真实环境中实现长沙至武汉自主驾驶,能够有效地超车并汇入车流,准确识别高速公路上的常见交通标志,并做出安全驾驶动作。一些具体性能指标如下:

（1）驾驶距离时程：286km。

（2）驾驶时间：3 小时 22 分。

（3）平均时速：87km/h。

（4）最高时速可达 170km/h，一般设置为 110km/h。

（5）自主超车：68 次，超车 116 辆，被其他车辆超越 148 次，实现了在密集车流中长距离安全驾驶。

（6）人工干预率：小于 1%。

本自主驾驶创造了我国无人车自主驾驶的新纪录，标志着我国无人车在复杂环境识别、智能行为决策和控制等方面实现了新的技术突破，达到国际先进水平。

2.3　本章小结

本章着重研究了由三个交互作用的层级组成的多递阶控制。首先讨论递阶智能机器的一般理论，涉及三级递阶控制系统，其结构是根据精度随智能降低而提高（IPDI）的原理设计的。

作为应用，2.2 节介绍一种递阶控制的应用实例，即红旗自主车的自主驾驶四层递阶控制系统，介绍了该系统的总体结构和汽车自主控制系统的四层递阶结构及系统的软件结构与控制算法，并给出了该自主汽车驾驶系统高速公路试验结果所得到的具有国际先进水平的性能指标。

习题 2

2-1　什么是智能机器？试述递阶智能机器的组成和各级的作用。

2-2　智能机器的组织级和协调级的结构是怎样的？

2-3　递阶控制有哪些特点？

2-4　萨里迪斯对智能控制做出了哪些贡献？

2-5　递阶控制在智能控制中的作用是什么？

2-6　试说明自主智能驾驶的工作原理和各部分的作用。

第 3 章

专家控制

专家系统是第一个获得广泛应用的人工智能系统。20 世纪 70 年代中期，专家系统的开发获得成功。正如专家系统的先驱费根鲍姆（Feigenbaum）所说：专家系统的力量是从它处理的知识中产生的，而不是从某种形式主义及其使用的参考模式中产生的。这正符合一句名言：知识就是力量。到 80 年代，专家系统在全世界得到迅速发展和广泛应用。现在，专家系统并不过时，而是不断更新，被称为"21 世纪知识管理和决策的技术"。

专家控制系统是一个应用专家系统技术的控制系统，也是一个典型的和广泛应用的基于知识的控制系统。海斯·罗思（Hayes-Roth）等在 1983 年提出专家控制系统。他们指出，专家控制系统的全部行为能被自适应地支配。为此，该控制系统必须能够重复解释当前状况，预测未来行为，诊断出现问题的原因，制定校正规划，并监控规划的执行，确保成功。关于专家控制系统应用的第一次报导是在 1984 年，它是一个用于炼油的分布式实时过程控制系统。奥斯特洛姆（Åström）等在 1986 年发表他们的题为"专家控制"（Expert Control）的论文。从此之后，更多的专家控制系统获得开发与应用。

本章主要讨论 4 个问题，即专家系统基本原理、专家系统的主要类型及其结构、专家控制系统的结构与类型、专家控制系统的应用实例等。

3.1　专家系统的基本概念

自从 1965 年第一个专家系统 DENDRAL 在美国斯坦福大学问世以来，经过 20 年的研究开发，到 80 年代中期，各种专家系统已遍布各个专业领域，取得很大的成功。现在，专家系统得到更为广泛的应用，并在应用开发中得到进一步发展。

3.1.1　专家系统的定义与一般结构

1. 专家系统的定义

定义 3.1　专家系统

专家系统是一个智能计算机程序系统，其内部含有大量的某个领域专家水平的知识与经验，能够利用人类专家的知识和解决问题的方法来处理该领域的问题，以人类专家的水平完成特别困难的某一专业领域的任务。简而言之，专家系统是一种模拟人类专家解决领域问题的计算机程序系统。

定义 3.2　基于知识的专家系统

专家系统是广泛应用专门知识以解决人类专家水平问题的人工智能的一个分支。专家系统有时又称为基于知识的系统或基于知识的专家系统。

2. 专家系统的一般结构

专家系统的结构是指专家系统各组成部分的构造方法和组织形式。系统结构选择恰当与否，是与专家系统的适用性和有效性密切相关的。选择什么结构最为恰当，要根据系统的应用环境和所执行任务的特点而定。

图 3.1 表示专家系统的简化结构图，图 3.2 则为理想专家系统的结构图。由于每个专家系统所需要完成的任务和特点不同，其系统结构也不尽相同，一般只具有图中的部分模块。

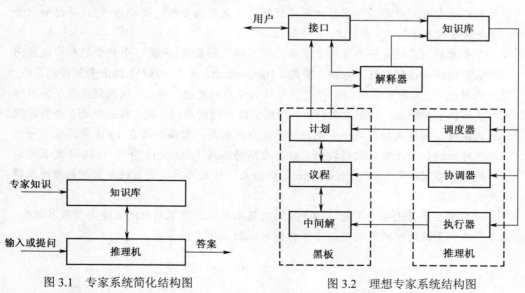

图 3.1　专家系统简化结构图　　　　图 3.2　理想专家系统结构图

接口是人与系统进行信息交流的媒介，它为用户提供了直观方便的交互作用手段。接口的功能是识别与解释用户向系统提供的命令、问题和数据等信息，并把这些信息转化为系统的内部表示形式。另一方面，接口也将系统向用户提出的问题、得出的结果和作出的解释以用户易于理解的形式提供给用户。

黑板是用来记录系统推理过程中用到的控制信息、中间假设和中间结果的数据库。它包括计划、议程和中间解三部分。计划记录了当前问题总的处理计划、目标、问题的当前状态和问题背景。议程记录了一些待执行的动作，这些动作大多是由黑板中已有结果与知识库中的规则作用而得到的。中间解区域中存放当前系统已产生的结果和候选假设。

知识库包括两部分内容：一部分是已知的同当前问题有关的数据信息；另一部分是进行推理时要用到的一般知识和领域知识，这些知识大多以规则、网络和过程等形式表示。

调度器按照系统建造者所给的控制知识（通常使用优先权办法）从议程中选择一项作为系统下一步要执行的动作。执行器应用知识库中的及黑板中记录的信息执行调度器所选定的动作。协调器的主要作用就是当得到新数据或新假设时，对已得到的结果进行修正，以保持结果前后的一致性。

解释器的功能是向用户解释系统的行为，包括解释结论的正确性及系统输出其他候选解的原因。为完成这一功能，通常需要利用黑板中记录的中间结果、中间假设和知识库中的知识。

专家系统程序与常规的应用程序之间有何不同呢？一般应用程序与专家系统的区别在于：前者把问题求解的知识隐含地编入程序，而后者则把其应用领域的问题求解知识单独组成一个实体，即为知识库。知识库的处理是通过与知识库分开的控制策略进行的。更明确地说，一般应用程序把知识组为两级：数据级和程序级；大多数专家系统则将知识组织成三级：数据、知识库和控制。

在数据级上，是已经解决了的特定问题的说明性知识以及需要求解问题的有关事件的当前状态。在知识库级，是专家系统的专门知识与经验。是否拥有大量知识是专家系统成功与否的关键，因而知识表示就成为设计专家系统的关键。在控制程序级，根据既定的控制策略和所求解问题的性质来决定应用知识库中的哪些知识。这里的控制策略是指推理方式。按照是否需要概率信息来决定采用非精确推理或精确推理。推理方式还取决于所需搜索的程度。

下面对专家系统的主要组成部分进行归纳。

（1）知识库（Knowledge Base）。知识库用于存储某领域专家系统的专门知识，包括事实、可行操作与规则等。为了建立知识库，要解决知识获取和知识表示问题。知识获取涉及知识工程师（Konwledge Engineer）如何从专家那里获得专门知识的问题；知识表示则要解决如何用计算机能够理解的形式表达和存储知识的问题。

（2）综合数据库（Global Database）。综合数据库又称全局数据库或总数据库，它用于存储领域或问题的初始数据和推理过程中得到的中间数据（信息），即被处理对象的一些当前事实。

（3）推理机（Reasoning Machine）。推理机用于记忆所采用的规则和控制策略的程序，使整个专家系统能够以逻辑方式协调地工作。推理机能够根据知识进行推理和导出结论，而不是简单地搜索现成的答案。

（4）解释器（Explanator）。解释器能够向用户解释专家系统的行为，包括解释推理结论的正确性以及系统输出其他候选解的原因。

（5）接口（Interface）。接口又称界面，它能够使系统与用户进行对话，使用户能够输入必要的数据、提出问题和了解推理过程及推理结果等。系统则通过接口要求用户回答提问，并回答用户提出的问题，进行必要的解释。

3.1.2　专家系统的建造步骤

成功地建立系统的关键在于尽可能早地着手建立系统，从一个比较小的系统开始，逐步扩充为一个具有相当规模和日臻完善的试验系统。

建立系统的一般步骤如下：

（1）设计初始知识库。知识库的设计是建立专家系统最重要和最艰巨的任务。初始知识库的设计包括：

- 问题知识化，即辨别所研究问题的实质，如要解决的任务是什么，它是如何定义的，可否把它分解为子问题或子任务，它包含哪些典型数据等。
- 知识概念化，即概括知识表示所需要的关键概念及其关系，如数据类型、已知条件（状态）和目标（状态）、提出的假设以及控制策略等。
- 概念形式化，即确定用来组织知识的数据结构形式，应用人工智能中的各种知识表示方法把与概念化过程有关的关键概念、子问题及信息流特性等变换为比较正式的表达，它包括假设空间、过程模型和数据特性等。
- 形式规则化，即编制规则、把形式化了的知识变换为由编程语言表示的可供计算机执行的语句和程序。
- 规则合法化，即确认规则化了的知识的合理性，检验规则的有效性。

（2）原型机（Prototype）的开发与试验。在选定知识表达方法之后，即可着手建立整个系统所需的实验子集，它包括整个模型的典型知识，而且只涉及与试验有关的足够简单的任务和推理过程。

（3）知识库的改进与归纳。反复对知识库及推理规则进行改进试验，归纳出更完善的结果。经过相当长时间（例如数月至两三年）的努力，使系统在一定范围内达到人类专家的水平。

这种设计与建立步骤如图 3.3 所示。

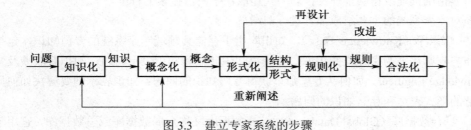

图 3.3　建立专家系统的步骤

3.2　专家系统的主要类型及其结构

本节将根据专家系统的工作机理逐一讨论基于规则的专家系统、基于框架的专家系统和基于模型的专家系统（可分别简称为规则专家系统、框架专家系统和模型专家系统）的工作机理及结构。

3.2.1 基于规则的专家系统

1. 基于规则专家系统的工作模型

产生式系统的思想比较简单，然而却十分有效。产生式系统是专家系统的基础，专家系统就是从产生式系统发展而成的。基于规则的专家系统是一个计算机程序，该程序使用一套包含在知识库内的规则对工作存储器内的具体问题信息（事实）进行处理，通过推理机推断出新的信息。其工作模型如图 3.4 所示。

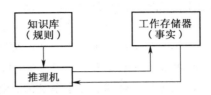

图 3.4　基于规则专家系统的工作模型

从图 3.4 可见，一个基于规则的专家系统采用下列模块来建立产生式系统的模型：

（1）知识库。以一套规则建立人的长期存储器模型。

（2）工作存储器。建立人的短期存储器模型，存放问题事实和由规则激发而推断出的新事实。

（3）推理机。借助于把存放在工作存储器内的问题事实和存放在知识库内的规则结合起来，建立人的推理模型，以推断出新的信息。推理机作为产生式系统模型的推理模块，把事实与规则的先决条件（前项）进行比较，看看哪条规则能够被激活。通过这些激活规则，推理机把结论加进工作存储器并进行处理，直到再没有其他规则的先决条件能与工作存储器内的事实相匹配为止。

基于规则的专家系统不需要一个人类问题求解的精确匹配，而能够通过计算机提供一个复制问题求解的合理模型。

2. 基于规则专家系统的结构

一个基于规则专家系统的完整结构如图 3.5 所示。

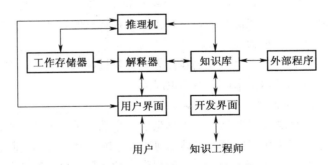

图 3.5　基于规则专家系统的结构

其中，知识库、推理机和工作存储器是构成本专家系统的核心，已在上面叙述过。其他组成部分或子系统如下：

● 用户界面（接口）。用户通过该界面来观察系统，并与系统对话（交互）。

● 开发（者）界面。知识工程师通过该界面对专家系统进行开发。

- 解释器。对系统的推理提供解释。
- 外部程序。如数据库、扩展盘和算法等，对专家系统的工作起支持作用。它们应易于为专家系统所访问和使用。

所有专家系统的开发软件，包括外壳和库语言，都将为系统的用户和开发者提供不同的界面。用户可能使用简单的逐字逐句的指示或交互图示。在系统开发过程中，开发者可以采用原码方法或被引导至一个灵巧的编辑器。

解释器的性质取决于所选择的开发软件。大多数专家系统外壳（工具）只提供有限的解释能力，诸如，为什么提这些问题以及如何得到某些结论。库语言方法对系统解释器有更好的控制能力。

基于规则的专家系统已有数十年的开发和应用历史，并已被证明是一种有效的技术。专家系统开发工具的灵活性可以极大地减少基于规则专家系统的开发时间。尽管在 20 世纪 90 年代，专家系统已向面向目标的设计发展，但是基于规则的专家系统仍然继续发挥重要的作用。基于规则的专家系统具有许多优点和不足之处，在设计开发专家系统时，使开发工具与求解问题匹配是十分重要的。

3.2.2　基于框架的专家系统

框架是一种结构化表示方法，它由若干个描述相关事物各方面及其概念的槽构成，每个槽拥有若干侧面，每个侧面又可拥有若干个值。

1. 面向目标编程与基于框架设计

基于框架的专家系统就是建立在框架基础之上的。一般概念存放在框架内，而该概念的一些特例则表示在其他框架内并含有实际的特征值。基于框架的专家系统采用了面向目标编程技术，以提高系统的能力和灵活性。现在，基于框架的设计和面向目标的编程共享许多特征，以致在应用"目标"和"框架"这两个术语时往往引起某些混淆。

面向目标编程涉及其所有数据结构均以目标形式出现。每个目标含有两种基本信息，即描述目标的信息和说明目标能够做些什么的信息。用专家系统的术语来说，每个目标具有陈述知识和过程知识。面向目标编程为表示实际世界目标提供了一种自然的方法。我们观察的世界，一般都是由物体组成的，如小车、鲜花和蜜蜂等。

在设计基于框架的系统时，专家系统的设计者们把目标叫做框架。现在，从事专家系统开发研究和应用的人已交替使用这两个术语而不产生混淆。

2. 基于框架专家系统的结构

与基于规则的专家系统的定义类似，基于框架的专家系统是一个计算机程序，该程序使用一组包含在知识库内的框架对工作存储器内的具体问题信息进行处理，通过推理机推断出新的信息。这里采用框架而不是采用规则来表示知识。框架提供一种比规则更丰富的获取问题知识的方法，不仅提供某些目标的包描述，而且还规定该目标如何工作。

为了说明设计和表示框架中的某些知识值，让我们考虑图 3.6 所示的人类框架结构。图中，每个圆看作面向目标系统中的一个目标，而在基于框架系统中看作一个框架。用基于框架系统的术语来说，存在孩子对父母的特征，以表示框架间的自然关系。例如约翰是父辈"男人"的孩子，而"男人"又是"人类"的孩子。

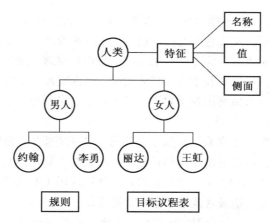

图 3.6 人类的框架分层结构

图 3.6 中，最顶部的框架表示"人类"这个抽象的概念，通常称之为类（Class）。附于这个类框架的是"特征"，有时称为槽（Slots），是一个这类物体一般属性的表列。附于该类的所有下层框架将继承所有特征。每个特征有它的名称和值，还可能有一组侧面，以提供更进一步的特征信息。一个侧面可用于规定对特征的约束，或者用于执行获取特征值的过程，或者在特征值改变时做些什么。

图 3.6 的中层是两个表示"男人"和"女人"这种不太抽象概念的框架，它们自然地附属于其前辈框架"人类"。这两个框架也是类框架，但附属于其上层类框架，所以称为子类（Subclass）。底层的框架附属于其适当的中层框架，表示具体的物体，通常称为例子（Instances），它们是其前辈框架的具体事物或例子。

这些术语，类、子类和例子（物体）用于表示对基于框架系统的组织。从图 3.6 还可以看到，某些基于框架的专家系统还采用一个目标议程表（Goal Agenda）和一套规则。该议程表仅仅提供要执行的任务表列。规则集合则包括强有力的模式匹配规则，它能够通过搜索所有框架寻找支持信息，从整个框架世界进行推理。

更详细地说，"人类"这个类的名称为"人类"，其子类为"男人"和"女人"，其特征有年龄、国籍、居住地、期望寿命等。子类和例子也有相似的特征。这些特征都可以用框架表示。

3.2.3 基于模型的专家系统

1. 基于模型专家系统的提出

对人工智能的研究内容有着各种不同的看法。有一种观点认为：人工智能是对各种定性模型（物理的、感知的、认识的和社会的系统模型）的获得、表达及使用的计算方法进行研究的学问。根据这一观点，一个知识系统中的知识库是由各种模型综合而成的，而这些模型又往往是定性的模型。由于模型的建立与知识密切相关，所以有关模型的获取、表达及使用自然地包括了知识获取、知识表达和知识使用。所说的模型概括了定性的物理模型和心理模型等。以这样的观点来看待专家系统的设计，可以认为一个专家系统是由一些原理与运行方式不同的模型综合而成的。

采用各种定性模型来设计专家系统，其优点是显而易见的。一方面，它增加了系统的功能，提高了性能指标；另一方面，可独立地深入研究各种模型及其相关问题，把获得的结果用于改进系统设计。专家系统开发工具 PESS（Purity Expert System）利用了四种模型，即基于逻辑的心理模型、神经元网络模型、定性物理模型以及可视知识模型。这四种模型不是孤立的，PESS 支持用户将这些模型进行综合使用。基于这些观点，已完成了以神经网络为基础的核反应堆故障诊断专家系统及中医医疗诊断专家系统，为克服专家系统中知识获取这一瓶颈问题提供一种解决途径。定性物理模型则提供了对深层知识及推理的描述功能，从而提高了系统的问题求解与解释能力。至于可视知识模型，既可有效地利用视觉知识，又可在系统中利用图形来表达人类知识，并完成人机交互任务。

前面讨论过的基于规则的专家系统和基于框架的专家系统都是以逻辑心理模型为基础的，是采用规则逻辑或框架逻辑，并以逻辑作为描述启发式知识的工具而建立的计算机程序系统。综合各种模型的专家系统无论在知识表示、知识获取还是知识应用上都比那些基于逻辑心理模型的系统具有更强的功能，从而有可能显著改进专家系统的设计。

在诸多模型中，人工神经网络模型的应用最为广泛。早在 1988 年，就有人把神经网络应用于专家系统，使传统的专家系统得到发展。

2. 基于神经网络的专家系统

神经网络模型从知识表示、推理机制到控制方式，都与目前专家系统中的基于逻辑的心理模型有本质的区别。知识从显式表示变为隐式表示，这种知识不是通过人的加工转换成规则，而是通过学习算法自动获取的。推理机制从检索和验证过程变为网络上隐含模式对输入的竞争。这种竞争是并行的和针对特定特征的，并把特定论域输入模式中各个抽象概念转化为神经网络的输入数据，以及根据论域特点适当地解释神经网络的输出数据。

如何将神经网络模型与基于逻辑的心理模型相结合是值得进一步研究的课题。从人类求解问题来看，知识存储与低层信息处理是并行分布的，而高层信息处理则是顺序的。演绎与归纳是不可少的逻辑推理，两者结合起来能够更好地表现人类的智能行为。从综合两种模型的专家系统的设计来看，知识库由一些知识元构成，知识元可为一个神经网络模块，也可以是一组规则或框架的逻辑模块。只要对神经网络的输入转换规则和输出解释规则给予形式化表达，使之与外界接口及系统所用的知识表达结构相似，则传统的推理机制和调度机制都可以直接应用到专家系统中去，神经网络与传统专家系统的集成协同工作，优势互补。根据侧重点不同，其集成有三种模式：

（1）神经网络支持专家系统。以传统的专家系统为主，以神经网络的有关技术为辅。例如对专家提供的知识和案例通过神经网络自动获取知识。又如运用神经网络的并行推理技术以提高推理效率。

（2）专家系统支持神经网络。以神经网络的有关技术为核心，建立相应领域的专家系统，采用专家系统的相关技术完成解释等方面的工作。

（3）协同式的神经网络专家系统。针对大的复杂问题，将其分解为若干子问题，针对每个子问题的特点选择用神经网络或专家系统加以实现，在神经网络和专家系统之间建立一种耦合关系。

图 3.7 表示一种神经网络专家系统的基本结构。其中，自动获取模块输入、组织并存储专家提供的学习实例、选定神经网络的结构、调用神经网络的学习算法，为知识库实现知识获取。当新的学习实例输入后，知识获取模块通过对新实例的学习自动获得新的网络权值分布，从而更新了知识库。

下面讨论神经网络专家系统的几个问题。

（1）神经网络的知识表示是一种隐式表示，是把某个问题领域的若干知识彼此关联地表示在一个神经网络中。对于组合式专家系统，同时采用知识的显式表示和隐式表示。

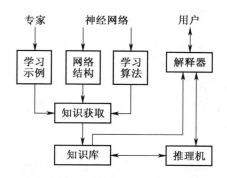

图 3.7　神经网络专家系统的基本结构

（2）神经网络通过实例学习实现知识自动获取。领域专家提供学习实例及其期望解，神经网络学习算法不断修改网络的权值分布。经过学习纠错而达到稳定权值分布的神经网络，也就是神经网络专家系统的知识库。

（3）神经网络的推理是一个正向非线性数值计算过程，同时也是一种并行推理机制。由于神经网络各输出节点的输出是数值，因而需要一个解释器对输出模式进行解释。

（4）一个神经网络专家系统可用加权有向图表示，或用邻接权矩阵表示，因此，可把同一知识领域的几个独立的专家系统组合成更大的神经网络专家系统，只要把各个子系统间有连接关系的节点连接起来即可。组合神经网络专家系统能够提供更多的学习实例，经过学习训练能够获得更可靠更丰富的知识库。与此相反，若把几个基于规则的专家系统组合成更大的专家系统，由于各知识库中的规则是各自确定的，因而组合知识库中的规则冗余度和不一致性都较大。也就是说，各子系统的规则越多，组合的大系统知识库越不可靠。

3.3　专家控制系统的结构与类型

定义 3.3　专家控制系统

应用专家系统概念和技术，模拟人类专家的控制知识与经验而建造的控制系统，称为专家控制系统。

专家系统与专家控制系统之间有一些重要的差别：

（1）专家系统只对专门领域的问题完成咨询作用，协助用户进行工作。专家系统的推理是以知识为基础的，其推理结果为知识项、新知识项或对原知识项的变更知识项。然而，专家控制系统需要独立和自动地对控制作用做出决策，其推理结果可为变更的知识项，或者为启动（执行）某些解析算法。

（2）专家系统通常以离线方式工作，而专家控制系统需要获取在线动态信息，并对系统进行实时控制。实时要求会遇到下列一些难题：非单调推理、异步事件、基于时间的推理，以及其他实时问题。

源于自动控制领域的专家控制被视为求解控制问题的新示例，而且在过去 10 多年中在各种领域进行了许多开发与应用。工作在不同领域和具有不同专业背景的人们已对专家控制系统表现出巨大的热情和兴趣。

本节首先提出专家控制系统的控制要求和设计原则，然后介绍专家控制系统的结构与类型，最后讨论与说明专家控制器的实例。

3.3.1 专家控制系统的控制要求与设计原则

至今为止的自适应控制存在两个显著缺点，即要求具有准确的装置模型以及不能为自适应机理设定有意义的目标。专家控制器不存在这些缺点，因为它避开了装置的数学模型，并为自适应设计提供有意义的时域目标。

1. 专家控制系统的控制要求

一般说来，对专家控制系统没有统一的和固定的要求，这种要求是由具体应用决定的。不过，可以对专家控制系统提出一些综合要求：

（1）运行可靠性高。要求专家控制器具有较高的运行可靠性，它通常具有方便的监控能力。

（2）决策能力强。大多数专家控制系统具有不同水平的决策能力。专家控制系统能够处理不确定性、不完全性和不精确性之类的问题，这些问题难以用常规控制方法解决。

（3）应用通用性好。包括易于开发、示例多样性、便于混合知识表示、全局数据库的活动维数、基本硬件的机动性、多种推理机制（如假想推理、非单调推理和近似推理）以及开放式的可扩充结构等。

（4）控制与处理的灵活性。包括控制策略的灵活性、数据管理的灵活性、经验表示的灵活性、解释说明的灵活性、模式匹配的灵活性、过程连接的灵活性等。

（5）拟人能力。专家控制系统的控制水平必须达到人类专家的水准。

专家控制系统的控制要求是根据应用情况指定的。例如，有个过程控制，对其专家控制器的具体要求与下列情况有关：连续操作，对不同工作档采用多重专家操作，输入材料质量的不相容性，随时间逐渐改变的过程，非常复杂的装置结构，多传感器，对不同的控制任务采用适当的与不同的装置描述级别，以及装置的模型可能具有不同的形式等。

2. 专家控制器的设计原则

根据上述讨论，可以进一步提出专家控制器的设计原则，如下：

（1）模型描述的多样性。在设计过程中，对被控对象和控制器的模型应采用多样化的描述形式，不应拘泥于单纯的解析模型。现有的控制理论对控制系统的设计都唯一依赖于受控对象的数学解析模型。在专家式控制器的设计中，由于采用了专家系统技术，能够处理各种定性的与定量的、精确的与模糊的信息，因而允许对模型采用多种形式的描述。这些描述形式主要有：

- 解析模型。主要表达方式有：微分方程、差分方程、传递函数、状态空间表达式和脉冲传递函数等。
- 离散事件模型。用于离散系统，并在复杂系统的设计和分析方面找到更多的应用。
- 模糊模型。在不知道对象的准确数学模型而只掌握了受控过程的一些定性知识时，用模糊数学的方法建立系统的输入和输出模糊集以及它们之间的模糊关系则较为方便。
- 规则模型。产生式规则的基本形式为：

$$\text{IF （条件） THEN （操作或结论）} \tag{3.1}$$

  这种基于规则的符号化模型特别适于描述过程的因果关系和非解析的映射关系等。它具有较强的灵活性，可方便地对规则加以补充或修改。
- 基于模型的模型。对于基于模型的专家系统，其知识库含有不同的模型，其中包括物理模型和心理模型（如神经网络模型和视觉知识模型等），而且通常是定性模型。这种方法能够通过离线预计算来减少在线计算，产生简化模型使之与所执行的任务逐一匹配。

此外，还可根据不同情况采用其他类型的描述方式。例如，用谓词逻辑来建立系统的因果模型，用符号矩阵来建立系统的联想记忆模型等。

总之，在专家式控制器的设计过程中，应根据不同情况选择一种或几种恰当的描述方式，以求更好地反映过程特性，增强系统的信息处理能力。

专家式控制器一般模型可用如下形式表示：

$$U = f(E, K, I, G) \tag{3.2}$$

其中 f 为智能算子，其基本形式为：

$$\text{IF } E \text{ AND } K \text{ THEN (IF } I \text{ THEN } U) \tag{3.3}$$

其中，

$E = \{e_1, e_2, ..., e_m\}$ 为控制器输入集；

$K = \{k_1, k_2, ..., k_n\}$ 为知识库中的经验数据与事实集；

$I = \{i_1, i_2, ..., i_p\}$ 为推理机构的输出集；

$U = \{u_1, u_2, ..., u_q\}$ 为控制器输出集。

智能算子的基本含义是：根据输入信息 E 和知识库中的经验数据 K 与规则进行推理，然后根据推理结果 I 输出相应的控制行为 U。智能算子的具体实现方式可采用前面介绍的各种方式（包括解析型和非解析型）。图 3.8 中给出了这些参量的位置。

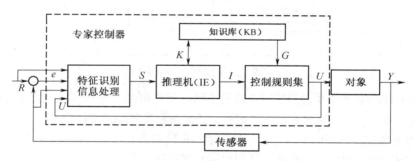

图 3.8　工业专家控制器简化结构图

（2）在线处理的灵巧性。智能控制系统的重要特征之一就是能够以有用的方式来划分和构造信息。在设计专家式控制器时应十分注意对过程在线信息的处理与利用。在信息存储方面，应对做出控制决策有意义的特征信息进行记忆，对于过时的信息则应加以遗忘；在信息处理方面，应把数值计算与符号运算结合起来；在信息利用方面，应对各种反映过程特性的特征信息加以抽取和利用，不要仅限于误差和误差的一阶导数。灵活地处理与利用在线信息将提高系统的信息处理能力和决策水平。

（3）控制策略的灵活性。控制策略的灵活性是设计专家式控制器所应遵循的一条重要原则。工业对象本身的时变性与不确定性以及现场干扰的随机性要求控制器采用不同形式的开环与闭环控制策略，并能通过在线获取的信息灵活地修改控制策略或控制参数，以保证获得优良的控制品质。此外，专家式控制器中还应设计异常情况处理的适应性策略，以增强系统的应变能力。

（4）决策机构的递阶性。人的神经系统是由大脑、小脑、脑干、脊髓组成的一个递阶决策系统。以仿智为核心的智能控制，其控制器的设计必然要体现递阶原则，即根据智能水平的不同层次构成分级递阶的决策机构。

（5）推理与决策的实时性。对于设计用于工业过程的专家式控制器，这一原则必不可少。这就要求知识库的规模不宜过大，推理机构应尽可能简单，以满足工业过程的实时性要求。

由于专家式控制器在模型的描述上采用多种形式，就必然导致其实现方法的多样性。虽然构造专家式控制器的具体方法各不相同，但归纳起来，其实现方法可分为两类：一类是保留控制专家系统的结构特征，但其知识库的规模小，推理机构简单；另一类是以某种控制算法（例如 PID 算法）为基础，引入专家系统技术，以提高原控制器的决策水平。专家式控制器虽然功能不如专家控制系统完善，但结构较简单，研制周期短，实时性好，具有广阔的应用前景。

3.3.2　专家控制系统的结构

图 3.9 给出了专家控制系统的原理图。从图中可见，以专家控制器取代传统控制，如反馈制系统中的 PID 控制器，即可构成专家控制系统。而如同专家系统一样，知识库和推理机是专家控制器的核心组成部分。

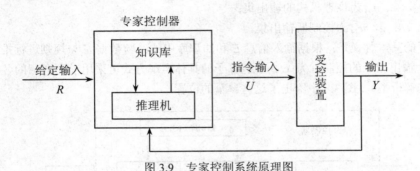

图 3.9　专家控制系统原理图

专家控制系统随着应用场合和控制要求的不同，其结构也可能不一样。然而，几乎所有的专家控制系统（控制器）都包含知识库、推理机、控制规则集和/或控制算法等。

图 3.10 为专家控制系统的基本结构。从性能指标的观点看，专家控制系统应当为控制目标提供同师傅或专家操作时得到的一样或十分相似的性能指标。

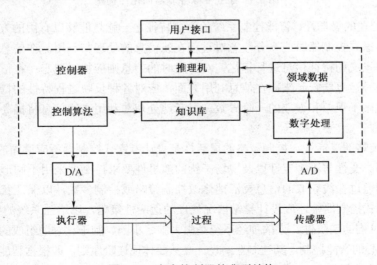

图 3.10　专家控制器的典型结构

下面讨论两种专家控制器的具体结构。

1. 工业专家控制器

专家控制器（EC）的基础是知识库（KB），知识库存放工业过程控制的领域知识，由经验数据库（DB）和学习与适应装置（LA）组成。经验数据库主要存储经验和事实。学习与适应装置的功能就是根据在线获取的信息补充或修改知识库内容，改进系统性能，以便提高问题求解能力。图 3.11 给出了一种工业专家控制器的结构图。

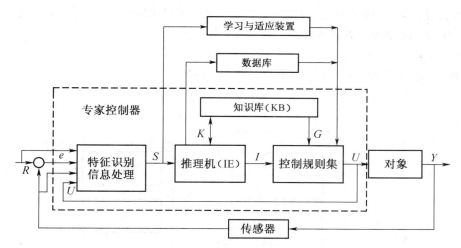

图 3.11　工业专家控制器结构图

建立知识库的主要问题是如何表达已获取的知识。EC 的知识库用产生式规则来建立，这种表达方式具有较高的灵活性，每条产生式规则都可独立地增删、修改，使知识库的内容便于更新。

控制规则集（CRS）是对受控过程的各种控制模式和经验的归纳与总结。由于规则条数不多，搜索空间很小，推理机构（IE）就十分简单，采用向前推理方法逐次判别各种规则的条件，满足则执行，否则继续搜索。

特征识别与信息处理（FR&IP）部分的作用是实现对信息的提取与加工，为控制决策和学习适应提供依据。它主要包括抽取动态过程的特征信息，识别系统的特征状态，并对这些特征信息进行必要的加工。

专家控制器的输入集为：

$$E = (R, e, Y, U) \tag{3.4}$$
$$e = R - Y \tag{3.5}$$

式中，R 为参考控制输入，e 为误差信号，Y 为受控输出，U 为控制器的输出集。

I、G、U、K 和 E 之间的关系已由式（3.2）表示，即：

$$U = f(E, K, I, G)$$

式中，智能算子 f 为几个算子的复合运算：

$$f = g \cdot h \cdot p \tag{3.6}$$

式中，g、h、p 也是智能算子，而且有：

$$\left.\begin{array}{l} g:E \rightarrow S \\ h:S \times K \rightarrow I \\ p:I \times G \rightarrow U \end{array}\right\} \tag{3.7}$$

式中，S 为特征信息输出集，G 为规则修改指令。

这些算子具有下列形式：

$$\text{IF } A \quad \text{THEN } B \tag{3.8}$$

其中，A 为前提或条件，B 为结论，A 与 B 之间的关系也可以包括解析表达式、模糊关系、因果关系和经验规则等多种形式。B 还可以是一个规则子集。

2. 黑板专家控制系统

另一种专家控制系统，即黑板专家控制系统的结构如图 3.12 所示。

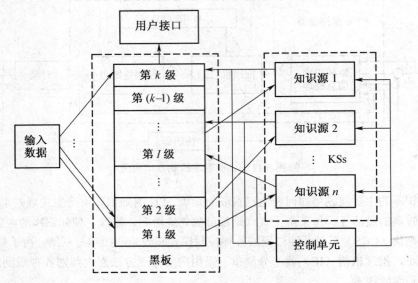

图 3.12 黑板专家控制系统的结构

黑板结构是一种强功能的专家系统结构和问题求解模型，它能够处理大量不同的、错误的和不完全的知识，以求解问题。基本黑板结构是由一个黑板（BB）、一套独立的知识源（KSs）和一个调度器组成。黑板为一个共享数据区；知识源存储各种相关知识；调度器起控制作用。黑板系统提供了一种用于组织知识应用和知识源之间合作的工具。

黑板系统的最大优点在于它能够提供控制的灵活性及综合各种不同的知识表示和推理技术。黑板控制系统由三个部分组成：

（1）黑板（BB）。黑板用于存储所有知识源可访问的知识，它的全局数据结构被用于组织问题求解数据，并处理各知识源之间的通信问题。放在黑板上的对象可以是输入数据、局部结果、假设、选择方案和最后结果等。各知识源之间的交互作用是通过黑板执行的。一个黑板可被分割为无数个子黑板。也就是说，按照求解问题的不同方面，可把黑板分为几个黑板层，如图 3.12 中的第 1 层至第 k 层。因此，各种对象可被递阶地组织进不同的分析层级。

在黑板上的每一记录条目可有个相关的置信因子。这是系统处理知识不确定性的一种方法。黑板的机理能够保证在每个知识源与已求得的局部解之间存在一个统一的接口。

（2）知识源（KSs）。知识源是领域知识的自选模块。每个知识源可视为专门用于处理一定类型的较窄领域信息或知识的独立程序，而且具有决定是否应当把自身信息提供给问题求解过程的能力。黑板系统中的知识源是独立分开的，每个知识源具有自己的工作过程或规则集合和自有的数据结构，包含知识源正确运行所必需的信息。知识源的动作部分执行实际的问题求解，并产生黑板的变化。知识源能够遵循各种不同的知识表示方法和推理机制。因此，知识源的动作部分可为一个含有正向/逆向搜索的产生式规则系统，或者是一个具有填槽过程的基于框架的系统。

（3）控制器。黑板系统的主要求解机制是由某个知识源向黑板增添新的信息开始的。然后，这一事件触发其他对新送来的信息感兴趣的知识源。接着，对这些被触发的知识源执行某些测试过程，以决定它们是否能够被合法执行。最后，一个被触发了的知识源被选中，执行向黑板增添信息的任务。这个循环不断进行下去。

控制黑板是一个含有控制数据项的数据库，控制器应用这些数据项从一组潜在可执行的知识源中挑选出一个供执行用的知识源。高层规划和策略应在程序执行前以最适合问题状况的方式决定和选择。一组控制知识源能够不断建构规划以达到系统性能。这些规划描述了求解控制问题所需的作用。规划执行后，控制黑板上的信息得以增补或修改。然后，控制器应用任何一个记录在控制黑板上的启发性控制方法实现控制作用。

黑板的控制结构使得系统能够对那些与当前挑选的中心问题相匹配的知识源给予较高的优先权。这些注意的中心可在控制黑板上变化。因此，该系统能够探索和决定各种问题求解策略，并把注意力集中到最有希望的可能解答上。

自主移动机器人控制对黑板结构所提供的控制灵活性很感兴趣。已经提出一个用于控制移动机器人的专家系统黑板结构，该黑板专家系统已经实现。

3.3.3　专家控制系统的类型

我们曾根据系统结构的复杂性把专家控制系统分为两种形式，即专家控制系统和专家控制器。现在将按照系统的作用机理来讨论专家控制系统的结构类型。

专家控制器有时又称为基于知识控制器。以基于知识控制器在整个系统中的作用为基础，可把专家控制系统分为直接专家控制系统和间接专家控制系统两种。在直接专家控制系统中，控制器向系统提供控制信号，并直接对受控过程产生作用，如图 3.13（a）所示。在间接专家控制系统中，控制器间接地对受控过程产生作用，如图 3.13（b）所示。间接专家控制系统又可称为监控式专家控制系统或参数自适应控制系统。

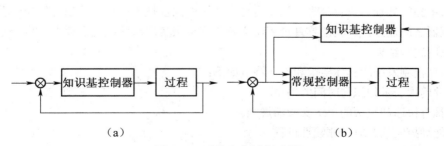

（a）　　　　　　　　　　　　　　　　（b）

图 3.13　两种专家控制系统

上述两种控制系统的主要区别是在知识的设计目标上。直接专家控制系统的基于知识控制器直接模仿人类专家或人类的认知能力，并为控制器设计两种规则：训练规则和机器规则。训练规则由一系列产生式规则组成，它们把控制误差直接映射为受控对象的作用。机器规则是由积累和学习人类专家/师傅的控制经验得到的动态规则，并用于实现机器的学习过程。在间接专家系统中，智能（基于知识）控制器用于调整常规控制器的参数，监控受控对象的某些特征，如超调、上升时间和稳定时间等，然后拟定校正 PID 参数的规则，以保证控制系统处于稳定的和高质量的运行状态。

3.4　专家控制系统应用举例

近十年来，在过程（流程）工业中开发和应用专家系统的兴趣与日俱增，其中大部分涉及监控和故障诊断，而且越来越多的专家系统被用于实时过程控制。

3.4.1　实时控制系统的特点与要求

定义 3.4　实时控制系统

如果一个控制系统，对受控过程表现出预定的足够快的实时行为，且具有严格的响应时间限制而与所用算法无关，那么这种系统称为实时控制系统。

实时系统与非实时系统（如医疗诊断系统）的根本区别在于，实时系统具有与外部环境及时交互作用的能力。换句话说，实时系统得出结论要比装置（对象、过程）快。如果一个系统在组成部件发生爆炸后 3 分钟才报告其灾祸即将出现，就太糟了！某些常见的实时控制系统包括简单的控制器（如家用电器）和监控系统（如报警系统）等。在飞行模拟、导弹制导、机器人控制和工业过程等系统中，已经应用许多比较复杂的实时系统。这些系统都具有一个共性，即当它们与变化的外部环境交互作用时，都受到处理（控制）时间的约束。实时约束意味着专家控制系统应当自动适应受控过程。

专家系统与实时系统在控制上的集成是开发专家系统技术和实时系统技术的一个合乎逻辑的步骤。实时专家控制系统能够在广泛范围内代替或帮助操作人员进行工作。支持开发实时专家控制系统的一个理由是能够减轻操作者识别负担，从而提高生产效率。

为了提高实时专家控制系统的执行速度，需要采用特别技术。要实现实时推理与决策，专家控制系统的知识库的规模不应太大，推理机制应尽可能简单，一些关键规则可用较低级语言（如 C 语言或汇编语言）编写。对某些软件包采用调试监督程序。知识库可被分区使得不同类型的知识能分别由单独的处理器执行处理，这就是已介绍过的黑板技术；每一单独处理器可看作独立专家，各处理器之间通过把各自的推理过程结果置于黑板来实现通信；在黑板上，另一专家系统能够获得与应用这些结果。

实时专家控制系统的具体要求和设计特点如下：

（1）准确地表示知识与时间的关系。

（2）具有快速和灵敏的上下文激活规则。

（3）能够控制任意时变非线性过程。

（4）能够进行时序推理、并行推理和非单调推理。

（5）修正序列的基本控制知识。

（6）具有中断过程和异步事件处理能力。

（7）及时获取动态和静态过程信息，以便对控制系统进行实时序列诊断。

（8）有效回收不再需要的存储元件，并保持传感器的过程。

（9）接受来自操作者的交互指令序列。

（10）连接常规控制器和其他应用软件。

（11）能够进行多专家系统之间以及专家系统与用户之间的通信。

下面以高炉监控专家系统为例，讨论实时专家控制系统的设计和应用问题。

3.4.2　高炉监控专家系统

1.　高炉控制概况

高炉生产过程的操作是一个十分复杂的过程。铁矿和焦炭从炉顶加入，而鼓风机则由底部吹风。为保证生铁冶炼的质量，高炉安装了几百个传感器，从采集的数据中观察高炉内的状况。早已采用计算机对炼铁的高炉进行控制和管理，这种管理控制系统往往采用复杂的数学模型，具有以下三个主要的功能（如图 3.14 所示）：

（1）数据分析：分析和采集传感器的数据。

（2）炉内静态状况分析：当操作约束条件改变很大时，要根据分析结果来寻求最合适的操作方法。

（3）炉况诊断：控制操作过程基本上是基于传感器数据的采集、分析和过程模型的建立。当炉况比较稳定时，这种操作是比较有效的。但是，当炉内状况非常复杂，发生不正常工况而严重干扰炉子运行时，许多操作还是要依靠有经验操作员或专家的知识和经验。因此有必要引入专家系统或智能控制系统来改善高炉运行条件，以求提高生铁的质量。

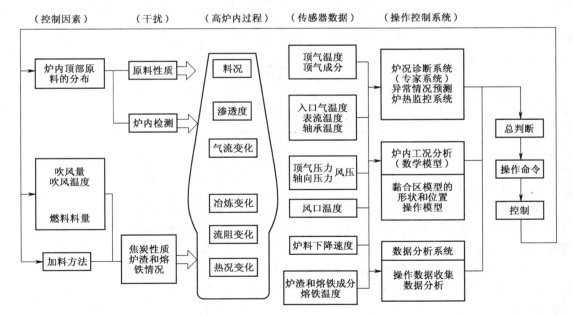

图 3.14　高炉监控的操作及功能

开发和建立专家控制系统对高炉进行控制，其主要目的有三个：

（1）利用人工智能技术，建立准确的控制系统。

（2）将高炉操作技术标准化和规范化。

（3）灵活处理经常性的系统变化要求。

2．高炉监控专家系统的结构与功能

该监控系统由两部分组成：一是异常炉况预测系统（AFS），用于预测炉内炉料滑动和沟道的产生情况；二是高炉熔炼监控系统（HCS），用于判断炉内熔炼过程并指导操作员对高炉进行合理的操作。

这是一个观察和控制型的专家系统，能够处理时间序列数据，具有实时性。为了实现这些特性，系统应具有两部分功能（如图 3.15 所示）：一是推理的预处理部分，它用常规的方法在过程计算机上执行；二是推理部分，它用知识工程技术在 AI（人工智能）处理器上实现。前者采集传感器的数据，并把它们寄存在时间序列数据库中，经预处理后形成推理所需的事实数据，且显示推理结果。后者利用从前者所产生的事实数据和知识库的规则对高炉的状况进行推理。

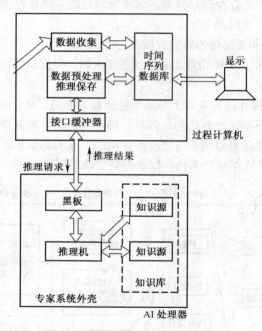

图 3.15　高炉监控专家系统的结构

3．监控专家系统开发过程

本专家系统的开发工具基于 LISP 语言，常规算法的开发采用 FORTRAN 语言。

对于高炉控制与诊断这样具体的专家系统，其开发过程大体如图 3.16 所示。图中各阶段的工作内容说明如下：

（1）决定目标：明确系统的功能与所涉及的范围。

（2）获取知识：研究有关高炉领域的技术文献资料，研究高炉操作员手册；从领域专家搜集知识。

（3）知识的汇编与系统化：把专家的思维过程进行归纳整理分类；检查其合理性和存在的矛盾；传感器数据模式整理和分类、数据滤波、分级和求导（差分）；知识模糊性（不确定性）的表示。

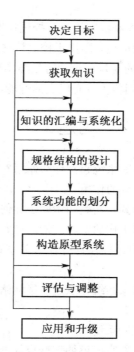

图 3.16　系统开发过程框图

（4）规则结构的设计：将规则分组和结构化，考虑推理的速度。

（5）系统功能的划分：实现在线实时处理；将系统功能划分为预处理和推理两部分。

（6）构造原型系统：描述规则和黑板模型；将实际系统和测试系统形式化。

（7）评估与调整：利用离线测试系统调试系统；检查系统的有效性；调节确定性因子的值。

（8）应用和升级：增加和校正规则。

上述各个步骤中，知识的获取是关键，它要解决的问题涉及：

（1）如何表达知识库和规则库中的经验知识的不确定性，以便构成高度准确的系统。

（2）如何获取专家自己意识不到或不很明确的知识（对专家而言这种知识也许是常识性的）。

（3）利用某些条件，对密集性知识进行分解。

在专家系统开发中必须得到专家（包括操作员和工厂职员）的全力协助。

3.5　本章小结

本章首先研究了专家系统的基本问题，包括专家系统的定义、类型、结构和建造步骤等。接着在 3.2 节讨论了基于不同技术建立的专家系统，即基于规则的专家系统、基于框架的专家系统和基于模型的专家系统。从这些系统的工作原理和模型可以看出，人工智能的各种技术和方法在专家系统中得到了很好的结合和应用。

3.3 节阐述专家控制系统的结构和类型，包括控制要求、设计原则、结构和类型。大多数专家控制器/控制系统具有递阶结构。根据系统的复杂性，可把专家控制系统分为两类，即专家控制器和专家控制系统。专家控制器的应用更为广泛，尤其是在工业过程控制上的应用。按照系统的控制机理，又可把专家控制系统分为直接专家控制系统和间接专家控制系统两种。前者由控制器直接向受控过程提供控制信号，后者由控制器间接对受控过程发生作用。

3.4 节举例说明了专家控制系统的应用，即用于控制炼铁高炉温度的实时监控专家系统。通过这个应用实例，读者对专家控制系统的结构、设计方法与实现会有更多和更好的了解。仿真和应用结果已经表明，专家控制系统（控制器）具有优良的性能，并具有广泛的应用领域。

习题 3

3-1　专家系统是如何定义的？专家系统起到什么作用？

3-2　试述专家系统的构成和各部分的作用。

3-3　建造专家系统有哪些关键步骤？初始知识库是如何设计的？

3-4　基于规则的专家系统是如何工作的？其结构怎样？

3-5　基于框架的专家系统与面向目标编程有什么关系？其结构有哪些特点？其设计任务是什么？

3-6　为什么要提出基于模型的专家系统？试述神经网络专家系统的一般结构。

3-7　专家控制的理论基础是什么？

3-8　什么叫做专家控制和专家控制系统？

3-9　对专家控制系统有哪些要求？它应遵循哪些设计原则？

3-10　试给出专家控制系统的一般结构，举例说明专家控制系统的组成和各部分的作用。

3-11　专家控制系统有哪几种类型？它们有什么区别？

3-12　举例说明实时专家控制系统的工作原理及其实现。

第 4 章

模糊控制

　　人们通常把"模糊"理解为不清晰或不精确等。然而，本章所讨论的模糊技术和模糊控制却不是这种含义，其技术要比一般方法更为精确。1965 年扎德（Zadeh）提出的模糊集理论成为处理现实世界各类物体的方法。此后，对模糊集合和模糊控制的理论研究和实际应用获得广泛开展。在过去 30 年中，模糊控制也是智能控制的一个十分活跃的研究与应用领域。

　　模糊控制是一类应用模糊集合理论的控制方法。一方面，模糊控制提出一种新的机制用于实现基于知识（规则）甚至语义描述的控制规律。另一方面，模糊控制为非线性控制器提出一个比较容易的设计方法，尤其是当受控装置（对象或过程）含有不确定性而且很难用常规非线性控制理论处理时，更是有效。

　　本章将首先结合例题简述用于控制的模糊集合和模糊逻辑的基本知识；接着探讨模糊逻辑控制的原理、结构和模糊控制器的设计；然后讨论模糊控制的实现，并举例说明模糊控制系统的应用；最后简介 Matlab 模糊工具箱的组成部分和各部分的作用。

4.1 模糊数学基础

模糊控制是建立在模糊集合、模糊逻辑和模糊判决基础上的，本节将简要介绍模糊控制要用到的模糊数学的基本概念、运算法则、模糊逻辑推理和模糊判决等。

4.1.1 模糊集合、模糊逻辑及其运算

首先介绍模糊集合与模糊逻辑的若干定义。

设 U 为某些对象的集合，称为论域，可以是连续的或离散的；u 表示 U 的元素，记作 $U=\{u\}$。

定义 4.1 模糊集合（Fuzzy Sets）

论域 U 到[0,1]区间的任一映射 μ_F，即 $\mu_F : U \rightarrow [0,1]$，都确定 U 的一个模糊子集 F；μ_F 称为 F 的隶属函数（Membership Function）或隶属度（Grade of Membership）。也就是说，μ_F 表示 u 属于模糊子集 F 的程度或等级。在论域 U 中，可把模糊子集表示为元素 u 与其隶属函数 $\mu_F(u)$ 的序偶集合，记为：

$$F = \{(u, \mu_F(u)) \,|\, u \in U\} \tag{4.1}$$

若 U 为连续，则模糊集 F 可记作：

$$F = \int_U \mu_F(u)/u \tag{4.2}$$

值得指出的是，式（4.2）中的 $\int$ 并不表示"积分"，只是借用来表示集合的一种方法。

若 U 为离散，则模糊集 F 可记为：

$$F = \mu_F(u_1)/u_1 + \mu_F(u_2)/u_2 + \ldots + \mu_F(u_n)/u_n$$
$$= \sum_{i=1}^{n} \mu_F(u_i)/u_i \qquad i=1, \ 2, \ \ldots, \ n \tag{4.3}$$

值得注意的是，这里的 $\sum$ 并不表示"求和"，只是借用来表示集合的一种方法；符号"/"不表示分数，只是表示元素 u_i 与其隶属度 $\mu_F(u_i)$ 之间的对应关系，符号"+"也不表示"加法"，仅仅是个记号，表示模糊集合在论域上的整体。

例 4.1 在论域 $U = \{1,2,3,4,5,6,7,8,9\}$ 中，讨论"几个"这一模糊概念。根据经验，可以定量地给出它们的隶属度函数，模糊集合"几个"可以表示为：

$$F = 0/1 + 0/2 + 0.8/3 + 1/4 + 1/5 + 0.8/6 + 0.4/7 + 0/8 + 0/9$$

由上式可以看出，四个、五个的隶属度为 1，说明用"几个"表示四五个的可能性最大；而三个、六个对于"几个"这个模糊概念的隶属度为 0.8；通常不采用"几个"来表示一个、两个或八个、九个，所以它们的隶属度为零。

定义 4.2 模糊支集、交叉点及模糊单点

如果模糊集是论域 U 中所有满足 $\mu_F(u) > 0$ 的元素 u 构成的集合，则称该集合为模糊集 F 的支集。当 u 满足 $\mu_F = 1.0$ 时，则称此模糊集为模糊单点。

定义 4.3 模糊集的运算

设 A 和 B 为论域 U 中的两个模糊集，其隶属函数分别为 μ_A 和 μ_B，则对于所有 $u \in U$，存在下列运算：

（1）A 与 B 的并（逻辑或）记为 $A \cup B$，其隶属函数定义为：

$$\mu_{A\cup B}(u) = \mu_A(u) \vee \mu_B(u)$$
$$= \max\{\mu_A(u), \mu_B(u)\} \tag{4.4}$$

（2）A 与 B 的交（逻辑与）记为 $A\cap B$，其隶属函数定义为：

$$\mu_{A\cap B}(u) = \mu_A(u) \wedge \mu_B(u)$$
$$= \min\{\mu_A(u), \mu_B(u)\} \tag{4.5}$$

（3）A 的补（逻辑非）记为 $\bar{A}$，其传递函数定义为：

$$\mu_{\bar{A}}(u) = 1 - \mu_A(u) \tag{4.6}$$

定义 4.4 常规集合的许多运算特性对模糊集合也同样成立。设模糊集合 A、B、$C \in U$，则其并、交和补运算满足下列基本规律：

（1）幂等律

$$A\cup A = A,\ A\cap A = A \tag{4.7}$$

（2）交换律

$$A\cup B = B\cup A,\ A\cap B = B\cap A \tag{4.8}$$

（3）结合律

$$(A\cup B)\cup C = A\cup(B\cup C)$$
$$(A\cap B)\cap C = A\cap(B\cap C) \tag{4.9}$$

（4）分配律

$$A\cup(B\cap C) = (A\cup B)\cap(A\cup C)$$
$$A\cap(B\cup C) = (A\cap B)\cup(A\cap C) \tag{4.10}$$

（5）吸收律

$$A\cup(A\cap B) = A,\ A\cap(A\cup B) = A \tag{4.11}$$

（6）同一律

$$A\cap E = A,\ A\cup E = E$$
$$A\cap \phi = \phi,\ A\cup \phi = A \tag{4.12}$$

式中，ϕ 为空集，E 为全集，即 $\phi = \bar{E}$。

（7）DeMorgan 律

$$-(A\cap B) = -A\cup -B$$
$$-(A\cup B) = -A\cap -B \tag{4.13}$$

（8）复原律

$$\bar{\bar{A}} = A,\ \text{即} -(-A) = A \tag{4.14}$$

（9）对偶律（逆否律）

$$\overline{A\cup B} = \bar{A}\cap \bar{B},\ \overline{A\cap B} = \bar{A}\cup \bar{B}$$

即

$$-(A\cup B) = -A\cap -B,\ -(A\cap B) = -A\cup -B \tag{4.15}$$

（10）互补律不成立，即

$$-A\cup A \neq E,\ -A\cap A \neq \phi \tag{4.16}$$

例 4.2 设论域 $U = \{u_1, u_2, u_3, u_4\}$，$A$、$B$、$C$ 是该论域上的三个模糊集合，已知 $A = 0.2/u_1 + 0.3/u_2 + 0.7/u_3 + 0.6/u_4$，$B = 0.1/u_1 + 0.4/u_2 + 0.6/u_3 + 1.0/u_4$，$C = 0.4/u_1 + 1.0/u_2 + 0.8/u_3 + 0.2/u_4$。试求模糊集合 $R = A\cap B\cap C$、$S = A\cup B\cup C$ 和 $T = A\cap B\cup C$。

解： 利用模糊集合的基本运算和基本定律可得：

$$R = \frac{0.2 \wedge 0.1 \wedge 0.4}{u_1} + \frac{0.3 \wedge 0.4 \wedge 1.0}{u_2} + \frac{0.7 \wedge 0.6 \wedge 0.8}{u_3} + \frac{0.6 \wedge 1.0 \wedge 0.2}{u_4}$$

$$= \frac{0.1}{u_1} + \frac{0.3}{u_2} + \frac{0.6}{u_3} + \frac{0.2}{u_4}$$

$$S = \frac{0.2 \vee 0.1 \vee 0.4}{u_1} + \frac{0.3 \vee 0.4 \vee 1.0}{u_2} + \frac{0.7 \vee 0.6 \vee 0.8}{u_3} + \frac{0.6 \vee 1.0 \vee 0.2}{u_4}$$

$$= \frac{0.4}{u_1} + \frac{1.0}{u_2} + \frac{0.8}{u_3} + \frac{1.0}{u_4}$$

$$T = \frac{0.2 \wedge 0.1 \vee 0.4}{u_1} + \frac{0.3 \wedge 0.4 \vee 1.0}{u_2} + \frac{0.7 \wedge 0.6 \vee 0.8}{u_3} + \frac{0.6 \wedge 1.0 \vee 0.2}{u_4}$$

$$= \frac{0.4}{u_1} + \frac{1.0}{u_2} + \frac{0.8}{u_3} + \frac{0.6}{u_4}$$

4.1.2 模糊关系与模糊变换

1. 模糊关系

现实生活中存在很多比较含糊的关系。例如，人和人之间的"亲密"关系、儿子和父亲之间长相"相像"程度、家庭"和睦"情况等。这些关系无法简单地用"是"或者"否"来描述，而只能用"在多大程度上是"或者"在多大程度上否"来描述。称这类关系为模糊关系。可以把普通关系概念推广到模糊集合，得到模糊关系的定义。

定义 4.5 笛卡儿乘积（直积、代数积）

若 $A_1, A_2, \ldots, A_n$ 分别为论域 $U_1, U_2, \ldots, U_n$ 中的模糊集合，则这些集合的直积 $A_1 \times A_2 \times \ldots \times A_n$ 是乘积空间 $U_1 \times U_2 \times \ldots \times U_n$ 中的一个模糊集合，其隶属函数为：

直积（极小算子）

$$\mu_{A_1 \times \ldots \times A_n}(u_1, u_2, \ldots, u_n) = \min\left\{ \mu_{A_1}(u_1), \mu_{A_2}(u_2), \ldots, \mu_{A_n}(u_n) \right\} \tag{4.17}$$

代数积

$$\mu_{A_1 \times \ldots \times A_n}(u_1, u_2, \ldots, u_n) = \mu_{A_1}(u_1)\mu_{A_2}(u_2), \ldots, \mu_{A_n}(u_n) \tag{4.18}$$

定义 4.6 模糊关系

若 U、V 是两个非空模糊集合，则其直积 $U \times V$ 中的一个模糊子集 R 称为从 U 到 V 的模糊关系，可表示为：

$$U \times V = \{((u, v), \mu_R(u, v)) \mid u \in U, v \in V\} \tag{4.19}$$

例 4.3 用某种模糊关系来描述父母与其子女的长相"相像"关系。设儿子与父亲的相像程度为 0.8，儿子与母亲的相像程度为 0.3；女儿与父亲的相像程度为 0.3，女儿与母亲的相像程度为 0.6，则模糊关系 R 为：

$$R = \frac{0.8}{(子, 父)} + \frac{0.3}{(子, 母)} + \frac{0.3}{(女, 父)} + \frac{0.6}{(女, 母)}$$

常常用矩阵形式来描述模糊关系 R。设 $x \in U$，$y \in V$，则可以用矩阵描述 U 到 V 的模糊关系 R 为：

$$R = \begin{bmatrix} \mu_R(x_1, y_1) & \mu_R(x_1, y_2) & \cdots & \mu_R(x_1, y_n) \\ \mu_R(x_2, y_1) & \mu_R(x_2, y_2) & \cdots & \mu_R(x_2, y_n) \\ \vdots & \vdots & \vdots & \vdots \\ \mu_R(x_m, y_1) & \mu_R(x_m, y_2) & \cdots & \mu_R(x_m, y_n) \end{bmatrix}$$

上例中的模糊关系 R 又可以用矩阵描述为：

$$R = \begin{array}{c} \\ 父 \\ 母 \end{array} \begin{array}{cc} 子 & 女 \\ \begin{bmatrix} 0.8 & 0.3 \\ 0.3 & 0.6 \end{bmatrix} \end{array}$$

定义 4.7 复合关系

若 R 和 S 分别为论域 $U \times V$ 和 $V \times W$ 中的模糊关系，则 R 和 S 的复合 $R \circ S$ 是一个从 U 到 W 的新的模糊关系，记为：

$$R \circ S = \{[(u, w); \sup_{v \in V} (\mu_R(u, v) * \mu_S(v, w))]$$
$$u \in U, v \in V, w \in W\} \tag{4.20}$$

其隶属函数的运算法则为：

$$\mu_{R \circ S}(u, w) = \bigvee_{v \in V} (\mu_R(v, w) \wedge \mu_S(u, w))$$
$$(u, w) \in (U \times W) \tag{4.21}$$

例 4.4 设模糊关系 R 描述了儿子、女儿与父亲、叔叔长相的"相像"关系，模糊关系 S 描述了父亲、叔叔与祖父、祖母长相的"相像"关系，R 和 S 可描述如下：

$$R = \begin{array}{c} 子 \\ 女 \end{array} \begin{array}{cc} 父 & 叔 \\ \begin{bmatrix} 0.8 & 0.2 \\ 0.3 & 0.5 \end{bmatrix} \end{array}, \quad S = \begin{array}{c} 父 \\ 叔 \end{array} \begin{array}{cc} 祖父 & 祖母 \\ \begin{bmatrix} 0.2 & 0.7 \\ 0.9 & 0.1 \end{bmatrix} \end{array}$$

求子女与祖父、祖母长相的"相像"关系 C。

解：由复合运算法则得：

$$\mu_C(x_2, z_1) = [\mu_R(x_2, y_1) \wedge \mu_S(y_1, z_1)] \vee [\mu_R(x_2, y_2) \wedge \mu_S(y_2, z_1)]$$
$$= [0.8 \wedge 0.2] \vee [0.2 \wedge 0.9] = 0.2 \vee 0.2 = 0.2$$
$$\mu_C(x_2, z_2) = [\mu_R(x_2, y_1) \wedge \mu_S(y_1, z_2)] \vee [\mu_R(x_2, y_2) \wedge \mu_S(y_2, z_2)]$$
$$= [0.8 \wedge 0.7] \vee [0.2 \wedge 0.1] = 0.7 \vee 0.1 = 0.7$$
$$\mu_C(x_2, z_1) = [\mu_R(x_2, y_1) \wedge \mu_S(y_1, z_1)] \vee [\mu_R(x_2, y_2) \wedge \mu_S(y_2, z_1)]$$
$$= [0.3 \wedge 0.2] \vee [0.5 \wedge 0.9] = 0.2 \vee 0.5 = 0.5$$
$$\mu_C(x_2, z_2) = [\mu_R(x_2, y_1) \wedge \mu_S(y_1, z_2)] \vee [\mu_R(x_2, y_2) \wedge \mu_S(y_2, z_2)]$$
$$= [0.3 \wedge 0.7] \vee [0.5 \wedge 0.1] = 0.3 \vee 0.1 = 0.3$$

则

$$C = \begin{array}{c} 子 \\ 女 \end{array} \begin{array}{cc} 祖父 & 祖母 \\ \begin{bmatrix} 0.2 & 0.7 \\ 0.9 & 0.1 \end{bmatrix} \end{array}$$

2. 模糊变换

令有限模糊集合 $X = \{x_1, x_2, \ldots, x_m\}$ 和 $Y = \{y_1, y_2, \ldots, y_n\}$，$R$ 为 $X \times Y$ 上的模糊关系：

$$R = \begin{bmatrix} r_{11} & r_{12} & \cdots & r_{1n} \\ r_{21} & r_{22} & \cdots & r_{2n} \\ \vdots & \vdots & \vdots & \vdots \\ r_{m1} & r_{m2} & \cdots & r_{mn} \end{bmatrix}$$

设 A 和 B 分别为 X 和 Y 上的模糊集：

$$A = \{\mu_A(x_1), \mu_A(x_2), \cdots \mu_A(x_m)\}, \quad B = \{\mu_B(y_1), \mu_B(y_2), \cdots, \mu_B(y_n)\}$$

且满足关系 $\qquad\qquad B = A \circ R$

就称 B 为 A 的象，A 是 B 的原象，R 是 X 到 Y 上的一个模糊变换。

隶属函数运算规则为：

$$\mu_B(y_j) = \bigvee_{i=1}^{m}[\mu_A(x_i) \wedge \mu_R(x_i, y_j)] \qquad j = 1, \cdots, n$$

例 4.5 已知论域 $X = \{x_1, x_2, x_3\}$ 和 $Y = \{y_1, y_2\}$，A 是论域 X 上的模糊集：

$$A = \{0.1, 0.3, 0.5\}$$

R 是 X 到 Y 上的一个模糊变换：

$$R = \begin{bmatrix} 0.5 & 0.2 \\ 0.3 & 0.1 \\ 0.4 & 0.6 \end{bmatrix}$$

试通过模糊变换 R 求 A 的象 B。

解：

$$B = A \circ R = (0.1, 0.3, 0.5) \circ \begin{bmatrix} 0.5 & 0.2 \\ 0.3 & 0.1 \\ 0.4 & 0.6 \end{bmatrix}$$

$$= [(0.1 \wedge 0.5) \vee (0.3 \wedge 0.3) \vee (0.5 \wedge 0.4), \ (0.1 \wedge 0.2) \vee (0.3 \wedge 0.1) \vee (0.5 \wedge 0.6)]$$

$$= [0.4 \quad 0.5]$$

4.1.3 模糊逻辑推理

1. 模糊逻辑语言

模糊逻辑是一种模拟人类思维过程的逻辑，要用从[0,1]区间上的某个确切数值来描述一个模糊命题的真假程度往往是很困难的。语言是人们思维和信息交流的重要工具。有两种语言：自然语言和形式语言。人们在日常工作生活中所用的语言属于自然语言，具有语义丰富、使用灵活等特点，同时具有模糊特性，如"陈老师的个子很高"、"她穿的这套衣服挺漂亮"等。计算机语言就是一种形式语言，形式语言有严格的语法和语义，一般不存在模糊性和歧义。

具有模糊性的语言叫做模糊语言，如高、低、长、短、大、小、冷、热、胖、瘦等。语言变量是自然语言中的词或句，它的取值不是通常的数，而是用模糊语言表示的模糊集合。扎德为语言变量做出了如下定义：

定义 4.8 语言变量

一个语言变量可定义为多元组 $(x, T(x), U, G, M)$。其中，x 为变量名；$T(x)$ 为 x 的词集，即语言值名称的集合；U 为论域；G 是产生语言值名称的语法规则；M 是与各语言值含义有关的语法规则。语言变量的每个语言值对应一个定义在论域 U 中的模糊数。通过语言变量的基本词集把模糊概念与精确数值联系起来，实现对定性概念的定量化以及定量数据的定性模糊化。

例如，某工业窑炉模糊控制系统，把温度作为一个语言变量，其词集 T（温度）可为：

T（温度）={超高，很高，较高，中等，较低，很低，过低}

上述每个模糊语言如超高、中等、很低等都是定义在论域 U 上的一个模糊集合。

在模糊控制中，模糊控制规则实质上是模糊蕴含关系。下面简要讨论模糊语言控制规则中所蕴含的模糊关系。

（1）假设 u、v 是定义在论域 U 和 V 上的两个语言变量，人类的语言控制规则为"如果 u 是 A，则 v 是 B"，其蕴涵的模糊关系 R 为：

$$R = (A \times B) \cup (\overline{A} \times V)$$

式中，$A \times B$ 称作 A 和 B 的笛卡儿乘积，其隶属度运算法则为：

$$\mu_{A \times B}(u,v) = \mu_A(u) \wedge \mu_B(v)$$

所以，R 的运算法则为：

$$\mu_R(u,v) = [\mu_A(u) \wedge \mu_B(v)] \vee \{[1 - \mu_A(u)] \wedge 1\}$$
$$= [\mu_A(u) \wedge \mu_B(v)] \vee [1 - \mu_A(u)]$$

（2）假设 u、v 是已定义的两个语言变量，人类的语言控制规则为"如果 u 是 A，则 v 是 B；否则 v 是 C"，则该规则蕴涵的模糊关系 R 为：

$$R = (A \times B) \cup (\overline{A} \times C)$$
$$\mu_R(u,v) = \{\mu_A(u) \wedge \mu_B(v)\} \vee \{[1 - \mu_A(u)] \wedge \mu_C(v)\}$$

2. 模糊逻辑推理

模糊逻辑推理是建立在模糊逻辑基础上的，它是一种不确定性推理方法，是在二值逻辑三段论基础上发展起来的。这种推理方法以模糊判断为前提，运用模糊语言规则，推导出一个近似的模糊判断结论。模糊逻辑推理方法尚在继续研究与发展之中。已经提出的典型推理方法有：Zadeh 法、Mamdani 法、Baldwin 法、Tsukamoto 法、Yager 法和 Mizumoto 法等。

（1）模糊近似推理。

在模糊逻辑和近似推理中，有两种重要的模糊推理规则，即广义取式（肯定前提）假言推理法（GMP，Generalized Modus Ponens）和广义拒式（否定结论）假言推理法（GMT，Generalized Modus Tollens），分别简称为广义前向推理法和广义后向推理法。

GMP 推理规则可表示为：

前提 1：x 为 A'

前提 2：若 x 为 A，则 y 为 B

结　论：y 为 $B' = A' \circ (A \rightarrow B)$　　　　　　　　　　（4.22）

即结论 B' 可用 A' 与由 A 到 B 的推理关系进行合成而得到。其隶属函数为：

$$\mu_{B'}(y) = \bigvee_{x \in X} \{\mu_{A'}(x) \wedge \mu_{A \rightarrow B}(x,y)\}$$

模糊关系矩阵元素 $\mu_{A \rightarrow B}(x,y)$ 的计算方法可采用 Zadeh 推理法：

$$(A \rightarrow B) = (A \wedge B) \vee (1 - A)$$

那么其隶属函数为：

$$\mu_{A \rightarrow B}(x,y) = [\mu_A(x) \wedge \mu_B(y)] \vee [1 - \mu_A(x)]$$

GMT 推理规则可表示为：

前提 1：y 为 B'

前提 2：若 x 为 A，则 y 为 B

结　论：x 为 $A' = (A \to B) \circ B'$　　　　　　　　　　　　　　　(4.23)

即结论 A' 可用 B' 与由 A 到 B 的推理关系进行合成而得到。其隶属函数为：

$$\mu_{A'}(x) = \underset{y \in Y}{\vee}\{\mu_{B'}(y) \wedge \mu_{A \to B}(x, y)\}$$

模糊关系矩阵元素 $\mu_{A \to B}(x, y)$ 的计算方法可采用 Mamdani 推理法：

$$(A \to B) = A \wedge B$$

那么其隶属函数为：

$$\mu_{A \to B}(x, y) = [\mu_A(x) \wedge \mu_B(y)] = \mu_{R_{\min}}(x, y)$$

上述两式中的 A、A'、B 和 B' 为模糊集合，x 和 y 为语言变量。

当 $A = A'$ 和 $B = B'$ 时，GMP 就退化为"肯定前提的假言推理"，它与正向数据驱动推理有密切关系，在模糊逻辑控制中特别有用。当 $B' = \overline{B}$ 和 $A' = \overline{A}$ 时，GMT 退化为"否定结论的假言推理"，它与反向目标驱动推理有密切关系，在专家系统（尤其是医疗诊断）中特别有用。

（2）单输入模糊推理。

对于单输入的情况，假设两个语言变量 x、y 之间的模糊关系为 R，当 x 的模糊取值为 A^* 时，与之相对应的 y 的取值 B^* 可通过模糊推理得出，如下式所示：

$$B^* = A^* \circ R$$

上式的计算方法有两种：

①Zadeh 推理方法。

$$B^*(y) = A^*(x) \circ R(x, y) = \underset{x \in X}{\vee}\{\mu_{A^*}(x) \wedge \mu_R(x, y)\}$$
$$= \underset{x \in X}{\vee}\{\mu_{A^*}(x) \wedge [\mu_A(x) \wedge \mu_B(y) \vee (1 - \mu_A(x))]\}$$

例 4.6　设论域 $X = Y = \{1 \quad 2 \quad 3 \quad 4 \quad 5\}$，$X$、$Y$ 上的模糊子集"低"、"较低"、"高"分别定义为：

$$E = \text{"低"} = \frac{1}{1} + \frac{0.6}{2} + \frac{0.4}{3}$$

$$E_1 = \text{"较低"} = \frac{1}{1} + \frac{0.3}{2} + \frac{0.2}{3} + \frac{0.1}{4}$$

$$U = \text{"高"} = \frac{0.8}{4} + \frac{1}{5}$$

设当 $E = $ "低" 时，$U = $ "高"，现已知 $E_1 = $ "较低"，问 U_1 应如何？

解： 首先，按照 Zadeh 推理法计算模糊关系矩阵 $R_{E \to U}$，其中 I 为单位阵

$$R_{E \to U}(x, y) = [\mu_E(x) \wedge \mu_U(y)] \vee [(1 - \mu_E(x)) \wedge \mu_I]$$

$$= \left(\begin{bmatrix} 1 \\ 0.6 \\ 0.4 \\ 0 \\ 0 \end{bmatrix} \wedge [0 \quad 0 \quad 0 \quad 0.8 \quad 1] \right) \vee \left(\begin{bmatrix} 0 \\ 0.4 \\ 0.6 \\ 1 \\ 1 \end{bmatrix} \wedge [1 \quad 1 \quad 1 \quad 1 \quad 1] \right)$$

$$= \begin{bmatrix} 0 & 0 & 0 & 0.8 & 1 \\ 0 & 0 & 0 & 0.6 & 0.6 \\ 0 & 0 & 0 & 0.4 & 0.4 \\ 0 & 0 & 0 & 0 & 0 \\ 0 & 0 & 0 & 0 & 0 \end{bmatrix} \vee \begin{bmatrix} 0 & 0 & 0 & 0 & 0 \\ 0.4 & 0.4 & 0.4 & 0.4 & 0.4 \\ 0.6 & 0.6 & 0.6 & 0.6 & 0.6 \\ 1 & 1 & 1 & 1 & 1 \\ 1 & 1 & 1 & 1 & 1 \end{bmatrix}$$

$$= \begin{bmatrix} 0 & 0 & 0 & 0.8 & 1 \\ 0.4 & 0.4 & 0.4 & 0.6 & 0.6 \\ 0.6 & 0.6 & 0.6 & 0.6 & 0.6 \\ 1 & 1 & 1 & 1 & 1 \\ 1 & 1 & 1 & 1 & 1 \end{bmatrix}$$

其次，根据广义前向推理的近似推理规则，当模糊集合 $E_1 = $ "较低" 时，可以得到

$$U_1 = E_1 \circ R_{E \rightarrow U} = \begin{bmatrix} 1 & 0.3 & 0.2 & 0.1 & 0 \end{bmatrix} \circ \begin{bmatrix} 0 & 0 & 0 & 0.8 & 1 \\ 0.4 & 0.4 & 0.4 & 0.6 & 0.6 \\ 0.6 & 0.6 & 0.6 & 0.6 & 0.6 \\ 1 & 1 & 1 & 1 & 1 \\ 1 & 1 & 1 & 1 & 1 \end{bmatrix}$$

$$= \begin{bmatrix} 0.3 & 0.3 & 0.3 & 0.5 & 1 \end{bmatrix}$$

将 $U_1 = \begin{bmatrix} 0.3 & 0.3 & 0.3 & 0.5 & 1 \end{bmatrix}$ 与 $U = \begin{bmatrix} 0 & 0 & 0 & 0.5 & 1 \end{bmatrix}$ 相比较，可以得到 $U_1 = $ "较高" 的结论。

②Mamdani 推理方法。

与 Zadeh 法不同的是，Mamdani 推理方法用 A 和 B 的笛卡儿积来表示 $A \rightarrow B$ 的模糊蕴涵关系。

$$R = A \rightarrow B = A \times B$$

则对于单输入推理的情况，有

$$B^*(y) = A^*(x) \circ R(x, y) = \underset{x \in X}{\vee} \{ \mu_{A^*}(x) \wedge [\mu_A(x) \wedge \mu_B(y)] \}$$

$$= \underset{x \in X}{\vee} \{ \mu_{A^*}(x) \wedge \mu_A(x) \} \wedge \mu_B(y)$$

$$= \alpha \wedge \mu_B(y)$$

其中 $\alpha = \underset{x \in X}{\vee} \{ \mu_{A^*}(x) \wedge \mu_A(x) \}$ 叫做 A^* 和 A 的适配度，表示 A^* 和 A 的交集的高度。

根据 Mamdani 推理方法，结论可以看作用 α 对 B 进行切割，所以这种方法又可以形象地称为 "削顶法"，参见图 4.1。

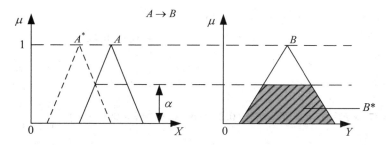

图 4.1　单输入 Mamdani 推理的图形化描述

（3）多输入模糊推理。

对于语言规则含有多个输入的情况，假设输入语言变量 $x_1, x_2, \ldots, x_m$ 与输出语言变量 y 之间的模糊关系为 R，当输入变量的模糊取值分别为 $A_1^*, A_2^*, \ldots, A_m^*$ 时，与之相对应的 y 的取值 B^* 可通过下式得到：

$$B^* = (A_1^* \times A_2^* \times \cdots \times A_m^*) \circ R$$

$$B^*(y) = [A_1^*(x_1) \times A_2^*(x_2) \times \cdots \times A_m^*(x_m)] \circ R(x_1, x_2, \cdots, x_m, y)$$

$$= \bigvee_{x_1, x_2, \cdots x_m} \{\mu_{A_1^*}(x_1) \wedge \mu_{A_2^*}(x_2) \wedge \cdots \wedge \mu_{A_m^*}(x_m) \wedge \mu_R(x_1, x_2, \cdots, x_m, y)\}$$

例 4.7　假设某控制系统的输入语言规则为：当误差 e 为 E 且误差变化率 ec 为 EC 时，输出控制量 u 为 U。其中模糊语言变量 E、EC、U 的取值分别为：

$$E = \frac{0.8}{e_1} + \frac{0.2}{e_2}, \quad EC = \frac{0.1}{ec_1} + \frac{0.6}{ec_2} + \frac{1.0}{ec_3}, \quad U = \frac{0.3}{u_1} + \frac{0.7}{u_2} + \frac{1.0}{u_3}$$

现已知：

$$E^* = \frac{0.7}{e_1} + \frac{0.4}{e_2}, \quad EC^* = \frac{0.2}{ec_1} + \frac{0.6}{ec_2} + \frac{0.7}{ec_3}$$

试求当误差 e 是 E^* 且误差变化率 ec 是 EC^* 时输出控制量 u 的模糊取值 U^*。

解： 先计算模糊关系 R，其中模糊推理计算采用 Mamdani 推理法。

$$R_1 = E \times EC = \begin{pmatrix} 0.8 & 0.2 \end{pmatrix} \wedge \begin{pmatrix} 0.1 & 0.6 & 1.0 \end{pmatrix} = \begin{bmatrix} 0.1 & 0.6 & 0.8 \\ 0.1 & 0.2 & 0.2 \end{bmatrix}$$

令

$$R = R_1^T \times U = \begin{bmatrix} 0.1 \\ 0.6 \\ 0.8 \\ 0.1 \\ 0.2 \\ 0.2 \end{bmatrix} \wedge \begin{bmatrix} 0.3 & 0.7 & 1.0 \end{bmatrix} = \begin{bmatrix} 0.1 & 0.1 & 0.1 \\ 0.3 & 0.6 & 0.6 \\ 0.3 & 0.7 & 0.8 \\ 0.1 & 0.1 & 0.1 \\ 0.2 & 0.2 & 0.2 \\ 0.2 & 0.2 & 0.2 \end{bmatrix}$$

则输出控制量 u 的模糊取值 U^* 可按下式求出：

$$U^* = (E^* \times EC^*) \circ R$$

又令

$$R_2 = E^* \times EC^* = \begin{pmatrix} 0.7 & 0.4 \end{pmatrix} \wedge \begin{pmatrix} 0.2 & 0.6 & 0.7 \end{pmatrix} = \begin{bmatrix} 0.2 & 0.6 & 0.7 \\ 0.2 & 0.4 & 0.4 \end{bmatrix}$$

把 R_2 写成行向量形式，并以 R_2^T 表示，则

$$R_2^T = \begin{pmatrix} 0.2 & 0.6 & 0.7 & 0.2 & 0.4 & 0.4 \end{pmatrix}$$

$$U^* = (E^* \times EC^*) \circ R = R_2^T \circ R = \begin{pmatrix} 0.2 & 0.6 & 0.7 & 0.2 & 0.4 & 0.4 \end{pmatrix} \circ \begin{bmatrix} 0.1 & 0.1 & 0.1 \\ 0.3 & 0.6 & 0.6 \\ 0.3 & 0.7 & 0.8 \\ 0.1 & 0.1 & 0.1 \\ 0.2 & 0.2 & 0.2 \\ 0.2 & 0.2 & 0.2 \end{bmatrix}$$

$$= \begin{pmatrix} 0.3 & 0.7 & 0.7 \end{pmatrix}$$

即模糊输出值 U^* 为

$$U^* = \frac{0.3}{u_1} + \frac{0.7}{u_2} + \frac{0.7}{u_3}$$

对于二输入模糊推理，也可以根据 Mamdani 方法用图形法进行描述。

二维模糊规则 R：IF x is A and y is B THEN z is C，可以看作两个单维模糊规则 R_1 和 R_2 的交集：

$$R_1：\text{IF } x \text{ is } A \text{ THEN } z \text{ is } C$$

$$R_2：\text{IF } y \text{ is } B \text{ THEN } z \text{ is } C$$

则当二维输入变量的模糊取值分别为 A^* 和 B^* 时，根据 R 推理得到的模糊输出 C^* 等于根据 R_1 推理得到的模糊输出 C_1^* 和根据 R_2 推理得到的模糊输出 C_2^* 的交集。

$$C_1^* = A^* \circ (A \times C) \qquad\qquad C_2^* = B^* \circ (B \times C)$$

$$C^* = C_1^* \wedge C_2^* = \left[A^* \circ (A \times C) \right] \wedge \left[B^* \circ (B \times C) \right]$$

其运算法则为：

$$\mu_{C^*}(z) = \left\{ \underset{x \in X}{\vee} \mu_{A^*}(x) \wedge \left(\mu_A(x) \wedge \mu_C(z) \right) \right\} \wedge \left\{ \underset{y \in Y}{\vee} \mu_{B^*}(y) \wedge \left(\mu_B(y) \wedge \mu_C(z) \right) \right\}$$

$$= \left\{ \underset{x \in X}{\vee} \left(\mu_{A^*}(x) \wedge \mu_A(x) \right) \wedge \mu_C(z) \right\} \wedge \left\{ \underset{y \in Y}{\vee} \left(\mu_{B^*}(y) \wedge \mu_B(y) \right) \wedge \mu_C(z) \right\}$$

$$= \left\{ \alpha_1 \wedge \mu_C(z) \right\} \wedge \left\{ \alpha_2 \wedge \mu_C(z) \right\}$$

$$= \left\{ \alpha_1 \wedge \alpha_2 \right\} \wedge \mu_C(z)$$

上式的图形化意义在于用 α_1 和 α_2 的最小值对 C 进行削顶，如图 4.2 所示。

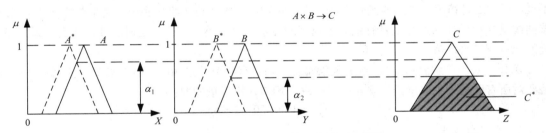

图 4.2　二输入 Mamdani 推理的图形化描述

4.1.4　模糊判决方法

通过模糊推理得到的结果是一个模糊集合或者隶属函数，但在实际使用中，特别是在模糊逻辑控制中，必须用一个确定的值才能去控制伺服机构。在推理得到的模糊集合中取一个相对最能代表这个模糊集合的单值的过程就称为解模糊或模糊判决（Defuzzification）。模糊判决可以采用不同的方法，用不同的方法所得到的结果也是不同的。理论上用重心法比较合理，但是计算比较复杂，因而在实时性要求较高的系统中不采用这种方法。最简单的方法是最大隶属度方法，这种方法取所有模糊集合或者隶属函数中隶属度最大的那个值作为输出，但是这种方法未考虑其他隶属度较小的值的影响，代表性不好，所以它往往用于比较简单的系统。介于这两者之间的还有几种平均法，如加权平均法、隶属度限幅（α–cut）元素平均法等。下面介绍各种模糊判决方法，并以

"水温适中"为例说明不同方法的计算过程。

这里假设"水温适中"的隶属函数为：

$$\mu_N(x_i) = \{X:\ 0.0/0 + 0.0/10 + 0.33/20 + 0.67/30 + 1.0/40 + 1.0/50$$

$$+ 0.75/60 + 0.5/70 + 0.25/80 + 0.0/90 + 0.0/100\}$$

1. 重心法

所谓重心法就是取模糊隶属函数曲线与横坐标轴围成面积的重心作为代表点。理论上应该计算输出范围内一系列连续点的重心，即

$$u = \frac{\int_x x\mu_N(x)\mathrm{d}x}{\int_x \mu_N(x)\mathrm{d}x} \tag{4.24}$$

但实际上是计算输出范围内整个采样点（即若干离散值）的重心。这样，在不花太多时间的情况下，用足够小的取样间隔来提供所需要的精度，这是一种最好的折衷方案，即

$$u = \sum x_i \cdot \mu_N(x_i) \Big/ \sum \mu_N(x_i)$$
$$= (0 \cdot 0.0 + 10 \cdot 0.0 + 20 \cdot 0.33 + 30 \cdot 0.67 + 40 \cdot 1.0 + 50 \cdot 1.0$$
$$+ 60 \cdot 0.75 + 70 \cdot 0.5 + 80 \cdot 0.25 + 90 \cdot 0.0 + 100 \cdot 0.0)/$$
$$(0.0 + 0.0 + 0.33 + 0.67 + 1.0 + 1.0 + 0.75 + 0.5 + 0.25 + 0.0 + 0.0)$$
$$= 48.2$$

在隶属函数不对称的情况下，其输出的代表值是 48.2℃。如果模糊集合中没有 48.2℃，那么就选取最靠近的一个温度值 50℃输出。

2. 最大隶属度法

这种方法最简单，只要在推理结论的模糊集合中取隶属度最大的那个元素作为输出量即可。不过，要求这种情况下其隶属函数曲线一定是正规凸模糊集合（即其曲线只能是单峰曲线）。如果该曲线是梯形平顶的，那么具有最大隶属度的元素就可能不止一个，这时就要对所有取最大隶属度的元素求其平均值。

例如，对于"水温适中"，按最大隶属度原则，有两个元素 40 和 50 具有最大隶属度 1.0，那就要对所有取最大隶属度的元素 40 和 50 求平均值，执行量应取：

$$u_{\max} = (40 + 50)/2 = 45$$

3. 系数加权平均法

系数加权平均法的输出执行量由下式决定：

$$u = \sum k_i \cdot x_i \Big/ \sum k_i \tag{4.25}$$

式中，系数 k_i 的选择要根据实际情况而定，不同的系统就决定系统有不同的响应特性。当该系数选择 $k_i = \mu_N(x_i)$ 时，即取其隶属函数时，这就是重心法。在模糊逻辑控制中，可以通过选择和调整该系数来改善系统的响应特性。因而这种方法具有灵活性。

4. 隶属度限幅元素平均法

用所确定的隶属度值 α 对隶属度函数曲线进行切割，再对切割后等于该隶属度的所有元素进行平均，用这个平均值作为输出执行量，这种方法就称为隶属度限幅元素平均法。

例如，当取 α 为最大隶属度值时，表示"完全隶属"关系，这时 $\alpha=1.0$。在"水温适中"的情况下，40℃和50℃的隶属度是 1.0，求其平均值得到输出代表量：

$$u = (40 + 50)/2 = 45$$

这样，当"完全隶属"时，其代表量为 45℃。

如果当 α=0.5 时，表示"大概隶属"关系，切割隶属度函数曲线后，这时从 30℃到 70℃的隶属度值都包含在其中，所以求其平均值得到输出代表量：

$$u = (30 + 40 + 50 + 60 + 70)/5 = 50$$

这样，当"大概隶属"时，其代表量为 50℃。

4.2　模糊控制系统的原理与结构

开发模糊逻辑控制器（FLC）与开发基于知识的应用系统一样，在确定设计要求和进行系统辨识之后，建立知识库（KB），以包括规则库、结构、条件集合定义和比例系数等。有效的知识库能够使存储要求和运行搜索时间最小，并在目标微处理器上进行开发。知识库可由下列途径来建立：

（1）与过程操作人员进行知识工程对话，包括分析观察到的操作人员响应。

（2）已发表的用于标准控制策略（如 PI 和 PD 等）的规则库。

（3）开环和闭环系统的语言模型。

我们已经指出，专家控制系统和模糊逻辑控制系统至少有一点是共同的，即两者都要建立人类经验和人类决策行为的模型。此外，两者都含有知识库和推理机，而且其中大部分至今仍为基于规则的系统。因此，模糊逻辑控制器（FLC）通常又称为模糊专家控制器（FEC）或模糊专家控制系统。有时也把模糊专家系统叫做第二代专家系统，因为它能够为专家系统的设计、开发和实现提供两个基本的和统一的优点，即模糊知识表示和模糊推理方法。

4.2.1　模糊控制原理

在理论上，模糊控制器由 N 维关系 R 表示。关系 R 可视为受约于[0,1]区间的 N 个变量的函数。r 是几个 N 维关系 R_i 的组合，每个 R_i 代表一条规则 r_i：IF → THEN。控制器的输入 x 被模糊化为一关系 X，对于多输入单输出（MISO）控制时 X 为$(N{-}1)$维。模糊输出 Y 可应用合成推理规则进行计算。对模糊输出 Y 进行模糊判决（解模糊），可得精确的数值输出 y。图 4.3 表示具有输入和输出的理论模糊控制器原理示意图。由于采用多维函数来描述 X、Y 和 R，所以该控制方法需要许多存储器，用于实现离散逼近。

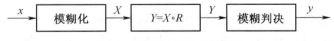

图 4.3　模糊控制原理示意图

图 4.4 给出模糊逻辑控制器的一般原理框图，它由输入定标、输出定标、模糊化、模糊决策和模糊判决（解模糊）等部分组成。比例系数（标度因子）实现控制器输入和输出与模糊推理所用标准时间间隔之间的映射。模糊化（量化）使所测控制器输入在量纲上与左侧信号（LHS）一致。这一步不损失任何信息。模糊决策过程由一推理机来实现，该推理机使所有 LHS 与输入匹配，检查每条规则的匹配程度，并聚集各规则的加权输出，产生一个输出空间的概率分布值。模糊判决（解模糊）把这一概率分布归纳于一点，供驱动器定标后使用。

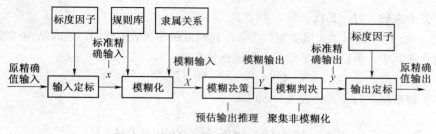

图 4.4　模糊逻辑控制器的一般原理框图

4.2.2　模糊控制系统的工作原理

模糊控制系统的原理结构如图 4.5 所示。其中，模糊控制器由模糊化接口、知识库、推理机和模糊判决接口四个基本单元组成。

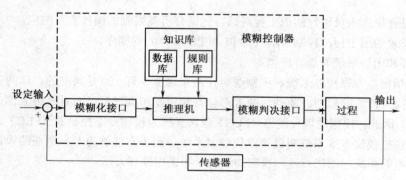

图 4.5　模糊控制系统的工作原理

它们的作用说明如下：

（1）模糊化接口。测量输入变量（设定输入）和受控系统的输出变量，并把它们映射到一个合适的响应论域的量程，然后精确的输入数据被变换为适当的语言值或模糊集合的标识符。本单元可视为模糊集合的标记。

（2）知识库。涉及应用领域和控制目标的相关知识，它由数据库和语言（模糊）控制规则库组成。数据库为语言控制规则的论域离散化和隶属函数提供必要的定义。语言控制规则标记控制目标和领域专家的控制策略。

（3）推理机。推理机是模糊控制系统的核心。以模糊概念为基础，模糊控制信息可通过模糊蕴涵和模糊逻辑的推理规则来获取，并可实现拟人决策过程。根据模糊输入和模糊控制规则，模糊推理求解模糊关系方程，获得模糊输出。

（4）模糊判决接口。起到模糊控制的推断作用，并产生一个精确的或非模糊的控制作用。此精确控制作用必须进行逆定标（输出定标），这一作用是在对受控过程进行控制之前通过量程变换来实现的。

4.3　模糊控制器的设计内容

本节将把注意力集中到模糊控制器的设计问题上。在讨论模糊控制系统的设计问题之前，首先来概括一下模糊控制器的设计内容与设计原则。

4.3.1 模糊控制器的设计内容与原则

在设计模糊控制器时，必须考虑下列各项内容与原则：

（1）选择模糊控制器的结构。

为模糊控制器选择与确定一种合理的结构，是设计模糊控制器的第一步。选择模糊控制器的结构就是确定模糊控制器的输入变量和输出变量。一般选取误差信号 E（或 e）和误差变化信号 EC（或 ec）作为模糊控制器的输入变量，而把受控变量的变化 y 作为输出变量。由于模糊控制器的结构对受控系统的性能有很大影响，因而必须根据受控对象的具体情况合理地选择模糊控制器的结构。

（2）选取模糊控制规则。

模糊控制规则是模糊控制器的核心，必须精心选取这些规则，并考虑下列问题：

1）选定描述控制器输入和输出变量的语义词汇。我们称这些语义变量词汇为变量的模糊状态。如果选择比较多的词汇，即用较多的状态来描述每个变量，那么制定规则就比较灵活，形成的规则就比较精确。不过，这种控制规则比较复杂，且不易制定。因此，在选择模糊状态时，必须兼顾简单性和灵活性。在实际应用中，通常选取 7～9 个模糊状态，即正大（PB）、正中（PM）、正小（PS）、负小（NS）、负中（NM）、负大（NB）和平均零（AZ）或者零（ZO）七个模糊状态加上正零（PO）和负零（NO）两个模糊状态。

2）规定模糊集。模糊集表示各模糊状态。在规定模糊集时必须首先考虑模糊集隶属函数曲线的形状。当输入误差在高分辨度的模糊子集上变化时，由输入误差引起的输出变化比较剧烈。反之，当输入误差在低分辨度的模糊子集上变化时，所引起的输出变化比较平缓。因此，对于误差变化范围较大的情况，应采用分辨度较低的模糊子集，而当误差接近零时采用分辨度较高的模糊子集。对应于误差 E 的语言变量（模糊状态）A，可分为下列 8 个模糊状态：PB、PM、PS、PO、NO、NS、NM、NB，它们对应的模糊子集 $A_1, A_2, \cdots, A_8$ 一般可按表 4.1 取值。

表 4.1　模糊集 A 的隶属函数赋值

		-6	-5	-4	-3	-2	-1	-0	+0	+1	+2	+3	+4	+5	+6
A_1	PB	0	0	0	0	0	0	0	0	0	0	0.1	0.4	0.8	1.0
A_2	PM	0	0	0	0	0	0	0	0	0	0.2	0.7	1.0	0.7	0.2
A_3	PS	0	0	0	0	0	0	0	0.3	0.8	1.0	0.5	0.1	0	0
A_4	PO	0	0	0	0	0	0	1.0	0.6	0.1	0	0	0	0	0
A_5	NO	0	0	0	0	0.1	0.6	1.0	0	0	0	0	0	0	0
A_6	NS	0	0	0.1	0.5	1.0	0.8	0.3	0	0	0	0	0	0	0
A_7	NM	0.2	0.7	1.0	0.7	0.2	0	0	0	0	0	0	0	0	0
A_8	NB	1.0	0.8	0.4	0.1	0	0	0	0	0	0	0	0	0	0

在本节及以后各节，变量 E、ΔE、$\Delta^2 E$ 或 e、de、$d^2 e$ 被规定在（-100→+100）范围内变化，然后通过对数变换（0,1,2.36,5,10.8,23.4,100）→（0,1,2,3,4,5,6）把变量的变化范围映射为 13 个整数量化级别（-6→6）。这种非线性量化提供设定点附近较大的控制灵敏度，能够改善信噪比。

误差变化 EC 所对应的语言变量 B 一般选为下列 7 个模糊状态：PB、PM、PS、AZ、NS、NM、NB，其所对应的模糊集 $B_1, B_2, \cdots, B_7$ 列于表 4.2。

表 4.2　模糊集 B 的隶属函数赋值

		-6	-5	-4	-3	-2	-1	0	+1	+2	+3	+4	+5	+6
B_1	PB	0	0	0	0	0	0	0	0	0	0.1	0.4	0.8	1.0
B_2	PM	0	0	0	0	0	0	0	0	0.2	0.7	1.0	0.7	0.2
B_3	PS	0	0	0	0	0	0	0	0.9	1.0	0.7	0.2	0	0
B_4	AZ	0	0	0	0	0	0.5	1.0	0.5	0	0	0	0	0
B_5	NS	0	0	0.2	0.7	1.0	0.9	0	0	0	0	0	0	0
B_6	NM	0.2	0.7	1.0	0.7	0.2	0	0	0	0	0	0	0	0
B_7	NB	1.0	0.8	0.4	0.1	0	0	0	0	0	0	0	0	0

模糊控制器通常采用双输入单输出模型，如图 4.6 所示，它对应于下列语言公式：

$$\text{IF} \quad A \quad \text{AND} \quad B \quad \text{THEN} \quad C$$

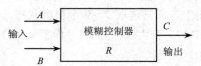

图 4.6　双输入单输出模糊控制器模型

其对应的结构如图 4.7 所示。

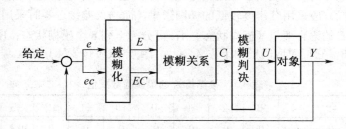

图 4.7　双输入单输出模糊控制系统的结构

对应于控制决策 U 的语言变量 C 一般分为 7 个模糊状态（与 B 的模糊状态一样），其对应的模糊集 $C_1, C_2, \cdots, C_7$ 按表 4.3 取值。

表 4.3　模糊集 C 隶属函数的赋值

		-7	-6	-5	-4	-3	-2	-1	0	+1	+2	+3	+4	+5	+6	+7
C_1	PB	0	0	0	0	0	0	0	0	0	0	0	0.1	0.4	0.8	1.0
C_2	PM	0	0	0	0	0	0	0	0	0.2	0.7	1.0	0.7	0.2	0	0
C_3	PS	0	0	0	0	0	0	0	0.4	1.0	0.8	0.4	0.1	0	0	0
C_4	AZ	0	0	0	0	0	0	0.5	1.0	0.5	0	0	0	0	0	0
C_5	NS	0	0	0	0.1	0.4	0.8	1.0	0.4	0	0	0	0	0	0	0

		-7	-6	-5	-4	-3	-2	-1	0	+1	+2	+3	+4	+5	+6	+7
C_6	NM	0	0.2	0.7	1.0	0.7	0.2	0	0	0	0	0	0	0	0	0
C_7	NB	1.0	0.8	0.4	0.1	0	0	0	0	0	0	0	0	0	0	0

3）确定模糊控制状态表。通常根据控制过程中人的实际经验把推理语义规则，即模糊条件语句，写成一个模糊控制状态表，如表 4.4 所示。

表 4.4　模糊控制规则状态

E ＼ ΔE	NB　NM　NS	AZ　PS	PM　PB
NB NM	PB	PM	AZ
NS AZ PS	PM PM　　PS PS　　AZ	PM　　AZ AZ　　NS NM	NS NS NM
PM PB	AZ	NM	NB

一般说来，模糊控制器控制规则的设计原则为：当误差较大时，控制量应当尽可能快地减小误差；当误差较小时，除了消除误差外，还必须考虑系统的稳定性，以求避免不需要的超调和振荡。

对表 4.4 的确定原则举例说明如下：对于负误差情况，如果误差为 NB 或 NM，而且误差变化也是负的（NB、NM 或 NS），那么选择 PB 作为控制量，以便尽快消除误差，足够快地加速控制响应；如果误差变化为正，这表明误差趋于减小，那么应选择较小的控制量，即误差变化为 PS 时，控制量取 PM，而误差变化为 PM 或 PB 时，可不增加控制量，所取控制量为 AZ。

当误差较小（NS、AZ 或 PS）时，主要问题是使控制系统尽快趋向稳定，并防止发生超调现象。这时的控制量是根据误差变化确定的。例如，若误差为 NS，误差变化为 PB，则取控制量为 NS。根据系统的运行特点，当控制系统的误差和误差变化同时改变正负号时，控制量也必须变号。因此，对于正误差，相应控制量可被对称地确定，如表 4.4 所示。根据表 4.4 能够写出相应的模糊条件语句。

（3）确定模糊化的解模糊策略，制定控制表。

在求得误差和误差变化的模糊集 E 和 EC 之后，控制量的模糊集 U 可由模糊推理综合算法获得：

$$U = E \times EC \circ R \qquad (4.26)$$

式中，R 为模糊关系矩阵。控制量的模糊集 U 可被变换为精确值，如表 4.5 所示。

在建造模糊控制系统时，首先需要把全部误差和误差变化由精确输入变换为模糊输入。这个过程就是我们已经知道的模糊化。而经过综合计算的控制量模糊集合 U 最后要变换为精确输出，供执行控制用。我们已经知道，这个过程叫做解模糊或模糊判决。可以根据实际情况，采用有关模糊集和模糊控制参考书中的任何方法实现模糊化和模糊判决。

表 4.5　模糊集 U 隶属函数的赋值——模糊控制表

E＼EC	-6	-5	-4	-3	-2	-1	0	+1	+2	+3	+4	+5	+6
-6	7	6	7	6	7	7	7	4	4	2	0	0	0
-5	6	6	6	6	6	6	6	4	4	2	0	0	0
-4	7	6	7	6	7	7	7	4	4	2	0	0	0
-3	6	6	6	6	6	6	6	3	2	0	-1	-1	-1
-2	4	4	4	4	4	4	4	1	0	0	-1	-1	-1
-1	4	4	4	5	4	4	1	0	0	0	-3	-2	-1
-0	4	4	4	5	1	1	0	-1	-1	-1	-4	-4	-4
+0	4	4	4	5	1	1	0	-1	-1	-1	-4	-4	-4
+1	2	2	2	2	0	0	-1	-4	-4	-3	-4	-4	-4
+2	1	1	1	-2	0	-3	-4	-4	-4	-3	-4	-4	-4
+3	0	0	0	0	-3	-3	-6	-6	-6	-6	-6	-6	-6
+4	0	0	0	-2	-4	-4	-7	-7	-7	-6	-7	-6	-7
+5	0	0	0	-2	-4	-4	-6	-6	-6	-6	-6	-6	-6
+6	0	0	0	-2	-4	-4	-7	-7	-7	-6	-7	-6	-7

（4）确定模糊控制器的参数。

控制系统中误差和误差变化的实际范围称为量化变量的基本论域。在设计某个具体的模糊控制器过程中，所有输入变量和输出变量的论域都必须予以确定。譬如说，对于一个液位模糊控制器，需要首先确定液面位置的控制范围以及阀门的最大和最小容量等。这些控制要求将决定模糊控制器中 A/D 和 D/A 变换器的电压和电流变化范围。由于模糊控制器的量化因子和比例因子对模糊控制器的静态和动态特性影响较大，因此必须合理地选择这两种因子。假设误差的基本论域为$[-x,+x]$，误差的模糊集论域为$\{-n, -n+1,\cdots,0,\cdots,n-1,n\}$，那么误差量化因子 k_1 可由下式确定：

$$k_1 = \frac{n}{x} \tag{4.27}$$

误差变化的量化因子 k_2 和输出控制量的比例因子 k_3 可按上述同样的方法确定。

上面简要地讨论了模糊控制器设计中的一些主要问题。如果想更好地深入了解下列问题可查阅某些模糊控制的专著和书籍：

- 单输入单输出（SISO）和多输入多输出（MIMO）模糊控制器的结构选择。
- 模糊规则选择，包括确定模糊语言变量和语言值的隶属函数，以及由各种推理模式来建立模糊控制规则。
- 模糊判决（解模糊）方法，如最大隶属度法（Mamdani 推理）、中位数法（Lason 推理）和加权平均法（Tsukamoto 推理）等。
- 模糊控制器论域和比例因子的确定。

4.3.2　模糊控制器的控制规则形式

现有的模糊逻辑控制器（FLC），其控制规则一般具有下列形式：

$$\text{IF（过程状态）}\qquad\text{THEN（控制作用）}\qquad\qquad(4.28)$$

这里（…）表示基本变量的一些模糊命题。这种语言虽然对于简单的、行为良好的过程是可以胜任的，但在表达控制知识方面却受到很大限制。不管怎样，按常规控制理论类推，以这种方式构成的 FLC 不过是一个将过程状态映射到控制作用的非线性增益控制器。

专家模糊控制器（EFC）则容许更复杂的分层规则，如：

$$\text{IF（过程状态）}\qquad\text{THEN（中间变量 1）}\qquad\qquad(4.29)$$
$$\vdots\qquad\qquad\qquad\vdots$$
$$\text{IF（中间变量 }N\text{）}\qquad\text{THEN（控制作用）}\qquad\qquad(4.30)$$

这里，中间变量代表一些稳含的不可测状态，它们能影响所采用的控制作用。以这种方式构成的规则使得用于确定控制作用的推理更清楚了一些，从而使简单的"激励－响应"控制系统前进了一步。

在更复杂层次，EFC 容许包含策略性知识。因此，就可以确定应用哪一低层规则的中间规则，即：

$$\text{IF（过程状态 1）}\qquad\text{THEN（应用规则集 }A\text{）}$$
$$\vdots\qquad\qquad\qquad\vdots\qquad\qquad\qquad(4.31)$$
$$\text{IF（过程状态 }N\text{）}\qquad\text{THEN（应用规则集 }B\text{）}$$

也可有这类规则，它们被用来确定低层规则的某一时间次序，即

$$\text{IF（过程状态）}\qquad\text{THEN（首先应用规则集 }A\text{）}\qquad\qquad(4.32)$$
$$\text{（然后应用规则集 }B\text{）}$$

上面所描述的规则全都是"事件驱动规则"的例子，都以所谓正向链接的模式处理，即这些规则只有在过程的状态同预先确定的条件相"匹配"时才加以应用。

此外，EFC 还容许问题的目标及约束函数作为规则的可能。这些目标驱动规则用于改变控制器的结构，比如说从一种控制模式转换为另一种控制模式。例如，希望将过程从一个稳定状态驱动到另一个稳定状态（也许是为了响应生产上所需的变化），那么就需要这类形式的规则：

$$\text{IF（新目标）}\qquad\text{THEN（初始化规则组 1）}$$

这里（新目标）是当前目标同新目标之间差别的某种描述，而（初始化规则组 1）则指出应当采用完全不同的低层规则集。

此外，还有其他一些模糊控制规则的表示形式。

4.4　模糊控制系统的设计方法

随着求解对象不同（如受控系统的不同），其问题要求、系统性质、知识类型、输入－输出条件和函数形式也不尽相同，因而对模糊系统（含模糊控制系统）的设计方法也可能不同。例如，对任意输入确定输出的系统，可按给定的逼近精度设计一个模糊系统，使其逼近某一给定函数，或者按所需精度用二阶边界设计模糊系统。又如，对于由输入－输出数据对描述的系统，可用查表法、梯度下降法、递推最小二乘法和聚类法等方法来设计模糊系统。再如，可用试错法设计非

自适应模糊系统。此外，还有语言平面法、专家系统法、CAD 工具法和遗传进化算法等模糊系统设计方法，均可用来设计模糊控制系统。

下面介绍其中几种模糊系统的设计方法。

4.4.1　模糊系统设计的查表法

假设给出如下输入—输出数据对：

$$(x_0^p; y_0^p) \quad p = 1, 2, \ldots, N \tag{4.33}$$

式中，$x_0^p \in U = [\alpha_1, \beta_1] \times \cdots \times [\alpha_n, \beta_n] \subset R^n$，$y_0^p \in V = [\alpha_y, \beta_y] \subset R$。根据以上 N 对输入—输出数据设计一个模糊系统 $f(x)$。用查表法设计模糊系统的步骤如下：

（1）把输入和输出空间划分为模糊空间。

在每个区间 $[\alpha_i, \beta_i]$（$i = 1, 2, \cdots, n$）上定义 N_i 个模糊集 A_i^j（$j = 1, 2, \cdots, N_i$），且 A_i^j 在 $[\alpha_i, \beta_i]$ 上是完备模糊集，即对任意 $x \in [\alpha_i, \beta_i]$ 都存在 A_i^j 使得 $\mu_{A_i^j}(x_i) \neq 0$。比如，可选择 $\mu_{A_i^j}(x_i)$ 为四边形隶属度函数：

$$\mu_{A_i^j}(x_i) = \mu_{A_i^j}(x_i; a_i^j, b_i^j, c_i^j, d_i^j)$$

其中，$a_i^1 = b_i^1 = a_i$，$c_i^j = a_i^{j+1} < b_i^{j+1} = d_i^j$（$j = 1, 2, \cdots, N_i - 1$），$a_i^{N_i} = d_i^{N_i} = \beta_i$。

类似地，定义 N_y 个模糊集 B^j，$j = 1, 2, \cdots, N_y$，它们在 $[\alpha_i, \beta_i]$ 上也是完备模糊集。也选择 $\mu_{B^j}(y)$ 为四边形隶属度函数

$$\mu_{B^j}(y) = \mu_{B^j}(y; a^j, b^j, c^j, d^j)$$

其中，$a^1 = b^1 = a_j$，$c^j = a^{j+1} < b^{j+1} = d^j$（$j = 1, 2, \cdots, N_y - 1$），$a^{N_y} = d^{N_y} = \beta_y$。

（2）由一个输入—输出数据对产生一条模糊规则。

首先，根据每个输入—输出数据对 $(x_{01}^p, \ldots, x_{0n}^p; y_0^p)$ 确定 x_{0i}^p（$i = 1, 2, \ldots, n$）隶属于模糊集 A_i^j（$i = 1, 2, \ldots, N_i$）的隶属度值和 y_0^p 隶属于模糊集 B^l 的隶属度值（$l = 1, 2, \ldots, N_y$），即计算 $\mu_{A_i^j}(x_{0i}^p)$（$j = 1, 2, \ldots, N_i$，$i = 1, 2, \ldots, n$）和 $\mu_{B^l}(y_0^p)$（$l = 1, 2, \ldots, N_y$），

然后，对每个输入变量 x_i（$i = 1, 2, \ldots, n$）确定使 x_{0i}^p 有最大隶属度值的模糊集，即确定 A^{j^*} 使得 $\mu_{A_i^{j^*}}(y_{0i}^p) \geqslant \mu_{A_i^j}(y_{0i}^p)$（$j = 1, 2, \ldots, N_y$）。类似地，确定 B^{l^*} 使得 $\mu_{B^{l^*}}(y_0^p) \geqslant \mu_{B^l}(y_0^p)$（$l = 1, 2, \ldots, N_y$）。最后可以得到下面的模糊 IF-THEN 规则：

$$\text{如果 } x_1 \text{ 为 } A_1^{j^*} \text{ 且} \cdots \text{且 } x_n \text{ 为 } A_n^{j^*}，\text{那么 } y \text{ 为 } B^{l^*} \tag{4.34}$$

（3）对步骤（2）中的每条规则赋予一个强度。

由于输入—输出数据对的数量通常都比较大，且每对数据都会产生一条规则，所以很可能会出现有冲突的规则，即规则的 IF 部分相同，而 THEN 部分不同。为了解决这一冲突，可赋予步骤（2）中的每条规则一个强度，从而使得一个冲突群中仅有一条规则具有最大强度。这样，不仅冲突问题解决了，而且规则数量也大大减少了。

规则的强度定义如下，假设规则（4.34）是由输入—输出数据对 $(x_0^p; y_0^p)$ 产生的，则其强度可定义为：

$$D(规则)=\prod_{i=1}^{n}\mu_{A_i^{l^*}}(x_{0i}^p)\mu_{B^{l^*}}(y_0^p) \tag{4.35}$$

如果输入－输出数据对具有不同的可靠性且能用一个数来评价它的话，则可以把这一个信息也合并到规则强度中。具体来说，假定输入－输出数据对 $(x_0^p;y_0^p)$ 的可靠程度为 μ^p（$\in[0,1]$），则由 $(x_0^p;y_0^p)$ 产生的规则强度可定义为：

$$D(规则)=\prod_{i=1}^{n}\mu_{A_i^{l^*}}(x_{0i}^p)\mu_{B^{l^*}}(y_0^p)\mu^p \tag{4.36}$$

（4）创建模糊规则库。

模糊规则库由以下三个规则集合组成：

● 步骤（2）中产生的与其他规则不发生冲突的规则。
● 一个冲突规则群体中具有最大强度的规则，其中冲突规则群体是指那些具有相同的 IF 部分的规则。
● 来自于专家的语言规则（主要指专家的显性知识）。

由于前两个规则集合是由隐性知识得到的，所以最终的规则库是由显性知识和隐性知识组成的。

直观上，可以把一个模糊规则库描述成一个二维输入情况下的可查询的表格。每个格子代表 $[\alpha_1,\beta_1]$ 中的模糊集和 $[\alpha_2,\beta_2]$ 中的模糊集的一个组合，由此可得到一条可能的规则。一个冲突规则群体是由同一个格子中的规则组成的。该方法也可以看做是用恰当的规则来填充这个表格，这就是称其为查表法的原因。

（5）基于模糊规则库构造模糊系统。

根据步骤（4）中产生的模糊规则库来构造模糊系统。例如，可以选择带有成乘积推理机、单值模糊器、中心平均解模糊器的模糊系统。

4.4.2　模糊系统设计的梯度下降法

查表法第 1 步中的隶属函数是固定不变的，且不必根据输入－输出对进行优化。当对隶属函数进行优化后而选定时，就是模糊系统的另一种设计方法——梯度下降法。

1. 系统结构选择

采用查表法设计模糊系统时，首先由输入－输出数据对产生模糊 IF-THEN 规则，然后根据这些规则和选定的模糊推理机、模糊器、解模糊器来构造模糊系统。而采用梯度下降法设计模糊系统时，首先描述模糊系统的结构，然后允许模糊系统结构中的一些参数自由变化，然后根据输入－输出数据对确定这些自由参数。

设计模糊系统的结构就是选定模糊系统的形式。假定将要设计的模糊系统形式选为：

$$f(x)=\frac{\sum_{l=1}^{M}\bar{y}^l\left[\prod_{i=1}^{n}\exp\left(-\left(\frac{x_i-\bar{x}_i^l}{\sigma_i^l}\right)^2\right)\right]}{\sum_{l=1}^{M}\left[\prod_{i=1}^{n}\exp\left(-\left(\frac{x_i-\bar{x}_i^l}{\sigma_i^l}\right)^2\right)\right]} \tag{4.37}$$

式中，M 是固定不变的，$\bar{y}^l$、$\bar{x}_i^l$ 和 σ_i^l 是自由变化的参数（令 $\sigma_i^l=1$）。尽管模糊系统的结构已经

选定为式（4.37），但是由于参数 $\bar{y}^l$、$\bar{x}_i^l$ 和 σ_i^l 还未确定，所以模糊系统并未设计好。一旦参数 $\bar{y}^l$、$\bar{x}_i^l$ 和 σ_i^l 确定了，模糊系统也就设计好了，即设计模糊系统和确定 $\bar{y}^l$、$\bar{x}_i^l$ 和 σ_i^l 是等价的。

把式（4.37）中的模糊系统表述为一个前馈网络有助于以某种最优的方式确定这些参数。具体来讲，从输入 $x \in U \subset R^n$ 到输出 $f(x) \in V \subset R$ 的映射可以根据下面的运算得到。首先，输入 x 根据一个乘积高斯算子运算而变成了 $z^l = \sum_{l=1}^{M}\left[\prod_{i=1}^{n}\exp\left(-\left(\dfrac{x_i - \bar{x}_i^l}{\sigma_i^l}\right)^2\right)\right]$；然后，$z^l$ 再通过一个求和运算和一个加权求和运算得到 $b = \sum_{l=1}^{M} z^l$ 和 $a = \sum_{l=1}^{M}\bar{y}^l z^l$；最后，计算模糊系统的输出 $f(x) = a/b$。

2. 系统参数设计

参数设计就是由式（4.33）给定的输入—输出数据对设计出一个形如式（4.37）的模糊系统 $f(x)$，使得下面的拟合误差最小：

$$e^p = \frac{1}{2}\left[f(x_0^p) - y_0^p\right]^2 \tag{4.38}$$

设计任务是确定参数 $\bar{y}^l$、$\bar{x}_i^l$ 和 σ_i^l 使式（4.38）中的 e^p 最小。接下来，分别用 e、f 和 y 来表示 e^p、$f(x_0^p)$ 和 y_0^p。

下面用梯度下降法来确定参数，具体地讲，就是用下面的算法来确定 $\bar{y}^l$：

$$\bar{y}^l(q+1) = \bar{y}^l(q) - a\frac{\partial e}{\partial \bar{y}^l}\Big|_q \tag{4.39}$$

式中，$l=1, 2, \cdots, M$，$q=1, 2, 3, \cdots$，a 为定步长。如果 q 趋于无穷时，$\bar{y}^l(q)$ 收敛，则由式（4.39）可知，在收敛的 $\bar{y}^l$ 处有 $\dfrac{\partial e}{\partial \bar{y}^l} = 0$，这表明收敛点 $\bar{y}^l$ 是 e 的一个局部极小点。由图 4.8 可知，f（于是 e 亦如此）仅通过 a 依赖于 $\bar{y}^l$，其中，$f = a/b$，$a = \sum_{l=1}^{M}\bar{y}^l \bar{z}^l$，$b = \sum_{l=1}^{M}\bar{z}^l$，$\bar{z}^l = \prod_{i=1}^{n}\exp\left(-\left(\dfrac{x_i - \bar{x}_i^l}{\sigma_i^l}\right)^2\right)$，因此根据复合函数求导规则有：

$$\frac{\partial e}{\partial \bar{y}^l} = (f - y)\frac{\partial f}{\partial a}\frac{\partial a}{\partial \bar{y}^l} = (f - y)\frac{1}{b}z^l \tag{4.40}$$

把式（4.40）带入式（4.39）中，即可得 $\bar{y}^l$ 的学习算法为：

$$\bar{y}^l(q+1) = \bar{y}^l(q) - a\frac{f - y}{b}z^l \tag{4.41}$$

式中，$l=1, 2, M$，$q=0, 1, 2, \cdots$。

用下式确定 $\bar{x}_i^l$：

$$\bar{x}_i^l(q+1) = \bar{x}_i^l(q) - a\frac{\partial e}{\partial \bar{x}_i^l}\Big|_q \tag{4.42}$$

式中，$i=1, 2, \cdots, n$，$l=1, 2, \cdots, M$，$q=0, 1, 2, \cdots$。由图 4.8 可以看出，f（于是 e 亦如此）仅通过 z^l 依赖于 $\bar{x}_i^l$，所以根据复合函数求导规则，有：

$$\frac{\partial e}{\partial \bar{x}_i^l} = (f - y)\frac{\partial f}{\partial z^l}\frac{\partial z^l}{\partial \bar{x}_i^l} = (f - y)\frac{\bar{y}^l - f}{b}z^l\frac{2(x_{0i}^p - \bar{x}_i^l)}{\sigma_i^{l2}} \tag{4.43}$$

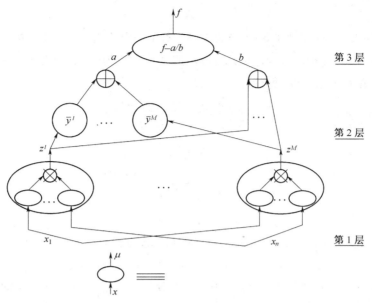

图 4.8 模糊系统的网络示意图

把式（4.49）带入式（4.48），可得 $\overline{x}_i^l$ 的学习算法为：

$$\overline{x}_i^l(q+1) = \overline{x}_i^l(q) - \frac{f-y}{b}(\overline{y}^l(q) - f)z^l \frac{2(x_{0i}^p - \overline{x}_i^l(q))}{\sigma_i^{l2}(q)} \tag{4.44}$$

式中，$i=1$，2，$\cdots$，n，$l=1$，2，$\cdots$，M，$q=0$，1，2，$\cdots$。

用同样的步骤，可得 σ_i^l 的学习算法为：

$$\sigma_i^l(q+1) = \sigma_i^l(q) - a\frac{\partial e}{\partial \sigma_i^l}\Big|_q$$

$$= \sigma_i^l(q) - a\frac{f-y}{b}(\overline{y}^l(q) - f)z^l \frac{2(x_{0i}^p - \overline{x}_i^l(q))^2}{\sigma_i^{l3}(q)} \tag{4.45}$$

式中，$i=1$，2，$\cdots$，n，$l=1$，2，$\cdots$，M，$q=0$，1，2，$\cdots$。

学习算法（4.41）、（4.44）和（4.45）完成的是一个误差反向传播程序。为了训练 $\overline{y}^l$，标准误差 $(f-y)/b$ 被反向传播到 $\overline{y}^l$ 所在层，则 $\overline{y}^l$ 可用式（4.41）来调整，这里 z^l 是 $\overline{y}^l$ 的输入（参见图 4.6），为了训练 $\overline{x}_i^l$ 和 σ_i^l，标准误差 $(f-y)/b$ 与 $\overline{y}^l - f$ 及 z^l 的乘积被反向传播到第一层的处理单元（其输出为 z^l），则 $\overline{x}_i^l$ 和 σ_i^l 可分别用式（4.44）和（4.45）来调整，余下变量 $\overline{x}_i^l$、x_{0i}^p 和 σ_i^l（即式（4.44）和式（4.45）右边的除 $\frac{f-y}{b}(\overline{y}^l - f)z^l$ 以外的变量）也可被局部地得到。因此，也称这一算法为误差反向传播学习算法。

3．设计步骤

用梯度下降法设计模糊系统的步骤如下：

（1）结构的确定和初始参数的设置。选择形如式（4.37）的模糊系统并确定 M。M 越大，产生的参数越多，运算也就越复杂，但给出的逼近精度越高。设定初始参数 $\overline{y}^l(0)$、$\overline{x}_i^l(0)$ 和 $\sigma_i^l(0)$。这些初始参数可能是根据专家的语言规则确定的，也可能是由均匀的覆盖输入—输出空间的相应的隶属度函数确定的。

（2）给出输入数据并计算模糊系统的输出。对于给定的输入－输出数据对 (x_0^p, y_0^p)，$p=1$，2，$\cdots$，在学习的第 q（$q=0$，1，2，$\cdots$）阶段，把输入 x_0^p 作为图 4.6 中的模糊系统的输入层，然后计算第 1 层至第 3 层的输出，即计算

$$z^l = \prod_{i=1}^n \exp(-(\frac{x_{0i}^p - \bar{x}_i^l(q)}{\sigma_i^l(q)})^2) \tag{4.46}$$

$$b = \sum_{l=1}^M z^l \tag{4.47}$$

$$a = \sum \bar{y}^l(q)z^l \tag{4.48}$$

$$f = a/b \tag{4.49}$$

（3）调整参数。采用学习算法（4.41）、（4.44）和（4.45）计算要调整的参数 $\bar{y}^l(q+1)$、$\bar{x}_i^l(q+1)$、$\sigma_i^l(q+1)$，其中 $y = y_0^p$，z^l、b、a、f 等都属于步骤（2）中算出的 z^l、b、a、f。

（4）令 $q=q+1$ 返回步骤（2）重新计算，直至误差 $|f - y_0^p|$ 小于一个很小的常数 ε，或直至 q 等于一个预先指定的值。

（5）令 $p=p+1$ 返回步骤（2）重新计算，即用下一个输入－输出数据对 (x_0^{p+1}, y_0^{p+1}) 来调整参数。

（6）如果有必要的话，令 $p=1$，并重新计算步骤（2）至步骤（5），直至所设计的模糊系统令人满意。对于在线控制和动态辨识问题，这一步是不可行的，因为该问题给出的输入－输出数据对是以实时方式一一对应的；而对于模式识别问题，因为其输入－输出数据对是离线的，所以这一步是可行的。

4.4.3 模糊系统设计的递推最小二乘法

梯度下降算法试图使式（4.38）中的 e^p 达到最小，但它仅考虑了某一输入－输出数据对（$x_0^p; y_0^p$）的拟和误差，即这种学习算法是在某一时刻通过调整参数以拟和输入－输出数据对的。另一种学习算法能使所有由 1 至 p 的输入－输出数据对的拟和误差之和达到最小。现在的目标是设计一个模糊系统 $f(x)$，使得下式最小：

$$J_p = \sum_{j=1}^p [f(x_0^j) - y_0^j]^2 \tag{4.50}$$

此外，还要递推地设计该模糊系统，即如果 f_p 就是使 J_p 最小的模糊系统，则 f_p 应该可以被表述为 f_{p-1} 的函数。

用递推最小二乘法设计模糊系统的步骤如下：

（1）假设 $U = [\alpha_1, \beta_1] \times \cdots \times [\alpha_n, \beta_n] \subset R^n$。在每个区间 $[\alpha_i, \beta_i]$（$i=1$，2，$\cdots$，n）上定义 N_i 个模糊集 $A_i^{l_i}$（$l_i=1$，2，$\cdots$，N_i），它们在 $[\alpha_i, \beta_i]$ 是完备模糊集。如果可选 $A_i^{l_i}$ 为四边形模糊集：$\mu_{A_i^{l_i}}(x_i) = \mu_{A_i^{l_i}}(x_i; a_i^{l_i}, b_i^{l_i}, c_i^{l_i}, d_i^{l_i})$，其中，$a_i^1 = b_i^1 = a_i$，$c_i^j \leqslant a_i^{j+1} < d_i^j \leqslant b_i^{j+1}$（$j=1$，2，$\cdots$，$N_i - 1$），$c_i^{N_i} = d_i^{N_i} = \beta_i$。

（2）根据如下形式的 $\prod\limits_{i=1}^{n} N_i$ 条模糊 IF-THEN 规则来构造模糊系统：

$$\text{如果 } x_1 \text{ 为 } A_1^{l_1} \text{，且 } x_n \text{ 为 } A_n^{l_n} \text{，则 } y \text{ 为 } B^{l_1 \cdots l_n} \tag{4.51}$$

其中，$l_i = 1, 2, \cdots, N_i$（$i = 1, 2, \cdots, n$），$B^{l_1 \cdots l_n}$ 是中心为 $\overline{y}^{l_1 \cdots l_n}$（可自由变化）的任意模糊集。具体地讲，就是选择带有乘积推理机、单值模糊器、中心平均解模糊器的模糊系统，即所设计的模糊系统为：

$$f(x) = \frac{\sum\limits_{l_1=1}^{N_1} \cdots \sum\limits_{l_n=1}^{N_n} \overline{y}^{l_1 \cdots l_n} [\prod\limits_{i=1}^{n} \mu_{A_i} l_i(x_i)]}{\sum\limits_{l_1=1}^{N_1} \cdots \sum\limits_{l_n=1}^{N_n} [\prod\limits_{i=1}^{n} \mu_{A_i} l_i(x_i)]} \tag{4.52}$$

其中，$\overline{y}^{l_1 \cdots l_n}$ 是要设计的自由参数，$A_i^{l_i}$ 在步骤（1）中给定。然后将自由参数 $\overline{y}^{l_1 \cdots l_n}$ 放到 $\prod\limits_{i=1}^{n} N_i$ 维向量中

$$\theta = (\overline{y}^{1 \cdots 1}, \cdots, \overline{y}^{N_1 1 \cdots 1}, \overline{y}^{121 \cdots 1}, \cdots, \overline{y}^{N_1 21 \cdots 1}, \cdots, \overline{y}^{1 N_2 \cdots N_n}, \cdots, \overline{y}^{N_1 N_2 \cdots N_n})^T \tag{4.53}$$

则式（4.52）可变为

$$f(x) = b^T(x)\theta \tag{4.54}$$

其中

$$b(x) = (b^{1 \cdots 1}(x), \cdots, b^{N_1 1 \cdots 1}(x), b^{121 \cdots 1}(x), \cdots, b^{N_1 21 \cdots 1}(x), \cdots, \\ b^{1 N_2 \cdots N_n}(x), \cdots, b^{N_1 N_2 \cdots N_n}(x))^T \tag{4.55}$$

$$b^{l_1 \cdots l_n}(x) = \frac{\prod\limits_{i=1}^{n} \mu_{A_i} l_i(x_i)}{\sum\limits_{l_1=1}^{N_1} \cdots \sum\limits_{l_n=1}^{N_n} [\prod\limits_{i=1}^{n} \mu_{A_i} l_i(x_i)]} \tag{4.56}$$

（3）根据以下过程选择初始参数 $\theta(0)$：如果专家（显性知识）能提供与式（4.51）的 IF 部分相同的语言规则，则选择 $\overline{y}^{l_1 \cdots l_n}(0)$ 为这些语言规则的 THEN 部分的模糊集中心；否则，在输出空间 $V \subset R$ 上任意选择 $\theta(0)$（如选定 $\theta(0)=0$ 或 $\theta(0)$ 中的元素在 V 上的均匀分布）。由此可知，最初的模糊系统是由显性知识组建而成的。

（4）当 $p=1, 2, \cdots$ 时，用以下递推最小二乘法计算参数 θ：

$$\theta(p) = \theta(p-1) + K(p)[y_0^p - b^T(x_0^p)\theta(p-1)] \tag{4.57}$$

$$K(p) = P(p-1)b(x_0^p)[b^T(x_0^p)P(p-1)b(x_0^p)+1]^{-1} \tag{4.58}$$

$$P(p) = P(p-1) - P(p-1)b(x_0^p) \\ [b^T(x_0^p)P(p-1)b(x_0^p)+1]^{-1}b^T(x_0^p)P(p-1) \tag{4.59}$$

式中，$\theta(0)$ 是在步骤（3）中选定的，$P(0)=\sigma I$（σ 是一个很大的常数）。在所设计的形如式（4.52）的模糊系统的参数 $\overline{y}^{l_1 \cdots l_n}$ 等于 $\theta(p)$ 中的对应元素。

4.4.4 模糊系统设计的聚类法

聚类法意味着把一个数据集合分割成不相交的子集或组，一组中的数据应具有同其他数据区分开来的性质。首先，应对输入－输出数据对按输入点的分布进行分组，然后每组仅用一条规则

来描述。例如，把 6 对输入－输出数据分成两组，每组分别为 2 对和 4 对，然后产生出两条用于构造模糊系统的规则。

最近邻聚类法是一种最简单的聚类算法。在此算法中，首先把第一个数据作为第一组的聚类中心。接下来，如果一个数据距该聚类中心的距离小于某个预定值，就把这个数据放到此组中，即该组的聚类中心应是和这个数据最接近的；否则，把该数据设为新一组的聚类中心。

用最近邻聚类法设计模糊系统的步骤如下：

（1）从第一个输入－输出数据对 $(x_0^1; y_0^1)$ 开始，把 x_0^1 设为一个聚类中心 x_c^1，并令 $A^1(1) = y_0^1$，$B^1(1) = 1$，设定半径 r。

（2）假定考虑第 k 对输入－输出数据 $(x_0^k; y_0^k)$（$k=2$，3，…）时，已经存在聚类中心分别为 $x_c^1, x_c^2, \cdots, x_c^M$ 的 M 个聚类。分别计算 x_0^k 到这 M 个聚类中心的距离 $\left| x_0^k - x_c^l \right|$（$l=1$，2，…，$M$）。设这些距离中最小的距离为 $\left| x_0^k - x_c^{l_k} \right|$，即 $x_c^{l_k}$ 为 x_0^k 的最近邻原则聚类，则：

1）如果 $\left| x_0^k - x_c^{l_k} \right| > r$，则把 x_0^k 设为一个新的聚类中心 $x_c^{M+1} = x_0^k$，令 $A^{M+1}(k) = y_0^k$，$B^{M+1}(k)=1$，并令 $A^l(k) = A^l(k-1)$（$l=1$，2，…，M）。

2）如果 $\left| x_0^k - x_c^{l_k} \right| \leqslant r$，则做如下计算：

$$A^{l_k}(k) = A^{l_k}(k-1) + y_0^k \tag{4.60}$$

$$B^{l_k}(k) = B^{l_k}(k-1) + 1 \tag{4.61}$$

当 $l \neq l_k$，$l=1$，2，…，M 时，令

$$A^l(k) = A^l(k-1) \tag{4.62}$$

$$B^l(k) = B^l(k-1) \tag{4.63}$$

（3）如果 x_0^k 并未建立一个新的聚类，则根据 k 对输入－输出数据 $(x_0^j; y_0^j)$（$j=1$，2，…，k）设计如下模糊系统：

$$f_k(x) = \frac{\sum_{l=1}^{M} A^l(k) \exp\left(-\frac{\left| x - x_c^l \right|^2}{\sigma} \right)}{\sum_{l=1}^{M} B^l(k) \exp\left(-\frac{\left| x - x_c^l \right|^2}{\sigma} \right)} \tag{4.64}$$

如果 x_0^k 建立了一个新的聚类，则所设计的模糊系统为：

$$f_k(x) = \frac{\sum_{l=1}^{M+1} A^l(k) \exp\left(-\frac{\left| x - x_c^l \right|^2}{\sigma} \right)}{\sum_{l=1}^{M+1} B^l(k) \exp\left(-\frac{\left| x - x_c^l \right|^2}{\sigma} \right)} \tag{4.65}$$

（4）令 $k = k+1$，返回步骤（2）。

从式（4.60）至（4.63）可以看出，变量 $B^l(k)$ 等于第 l 组中已使用了 k 对输入－输出数据后的输入－输出数据对的数目，$A^l(k)$ 等于第 l 组中输入－输出数据对的输出值的总和。所以，如果每个输入－输出数据对都建立了一个聚类中心，则所设计的模糊系统（4.65）就变成了最优的模

糊系统。因为最优的模糊系统可以看作是用一条规则来对应一个输入－输出数据对，所以模糊系统（4.70）和（4.71）就可以看作是用一条规则来对应一组输入－输出数据对。由于每个输入－输出数据对都有可能产生一个新的聚类，因此所设计的模糊系统中规则的数目在设计过程中也是不断变化的。组（或规则）的数目取决于输入－输出数据对中输入点的分布及半径 r。

半径 r 确定了模糊系统的复杂性。r 越小，所得到的组的数目就越多，从而使得模糊系统越复杂。当 r 较大时，所设计的模糊系统会比较简单但缺乏力度。实际中，可以通过试错法找到一个适当的半径 r。

4.5 模糊控制器的设计实例与实现

上节所讨论的模糊控制器的设计内容是比较原则性的，在实际控制系统设计中，可能把设计系统分得较细（如 8 步），也可能分得比较粗（如 4 步），而在每一步骤中又包括两个以上的子步骤。不过，无论采用哪种设计方法，其指导思想和原则是一致的。众所周知，控制系统的设计是针对实际应用的受控对象进行的，其设计过程与受控对象密不可分。随着受控对象的不同和控制要求的高低，控制系统可能比较复杂，也可能比较简单。模糊控制系统的设计也不例外。下面以造纸机模糊控制系统为例介绍模糊控制器的设计思想和方法，可供其他受控对象参考。

典型的长网纸机抄造工段的工艺流程如同 4.9 所示。打浆车间送来的浓纸浆在混合箱与白水混合稀释后形成稀纸浆；经过除砂装置去除浆料中的尘埃和浆团，通过网前箱流布在铜网上。纸浆在铜网上经自然滤水，形成湿纸页，经压榨部脱水后，连续经过两组烘缸干燥，最后经压光作为品纸，上卷筒卷取。

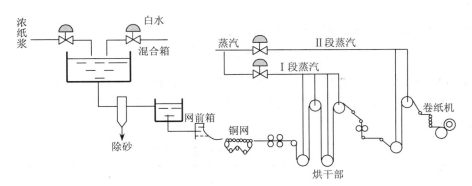

图 4.9 造纸机抄造工艺流程

成纸水分（纸页中的含水量（%））是纸页最重要的质量指标之一。水分过高会导致水分不均匀，容易出现起泡、水斑等各种纸病；水分过低，则会导致纸页发脆，强度减弱，甚至造成断纸，同时还会多用蒸汽，使能耗增加。如果在工艺允许的条件下，将水分控制在接近国家标准的上限，就可获得明显的经济效益。

在长达数十米的纸机流程中，影响成纸水分的因素很多，其中最主要的是湿纸页在烘干过程中的热传递情况和成纸定量水分的耦合。由于蒸汽压力是可测可量的，一般将它取为成纸水分的控制变量。烘干部有 3 组共 20 多只直径为 1m 左右的烘缸，要以定量关系式准确地描述纸页在烘干过程中的机理十分困难的，因此采用模糊控制器控制成纸水分较为合适和可行。

4.5.1 模糊控制器设计

一个实时模糊控制器的设计通常可分为离线和在线两部分。离线设计就是根据操作人员的先验知识确定模糊控制规则到生成模糊控制查询表的完整过程。它包括输入量量化，确定模糊子集和模糊关系矩阵，进行模糊判决，并建立控制输出查询表等内容。

关于成纸水分控制的先验知识可定性归纳为：

- 如果成纸水分低于给定值，就需要减少进入烘缸的蒸汽，降低烘缸温度，使水分值升高；反之，则增加蒸汽量，使水分值降低。
- 由于湿纸页通过Ⅰ段烘缸（第 1、2 组）后，水分值已降低到 10% 以下，只是施胶后再干燥。所以在水分值偏离给定值不大时，只需调节Ⅱ段（第 3 组）烘缸的蒸汽量；但在偏离较大时，应同时调节Ⅰ段、Ⅱ段烘缸的蒸汽量。
- 由于烘缸升温快而降温相对慢些，因而开汽和关汽的速度要求应该不同，关汽应快些。

根据上述先验知识，模糊控制器离线设计可按下述步骤进行：

（1）量化。

设 e 和 ec 分别代表偏差和偏差变化率，取其基本论域为：

$$E = [e_{min}, e_{max}] \text{ 和 } EC = [ec_{min}, ec_{max}] \tag{4.66}$$

将基本论域量化为：

$$E \Rightarrow X = \{x_1, x_2, \cdots, x_{p_1}\}$$
$$EC \Rightarrow Y = \{y_1, y_2, \cdots, y_{p_2}\} \tag{4.67}$$

（2）确定模糊子集。

得到量化论域后，对各变量定义模糊子集。令

$$X = \{A_i\}_{(i=1,2,\cdots,n)} \text{ 和 } Y = \{B_j\}_{(j=1,2\cdots,m)} \tag{4.68}$$

式中，A_i 和 B_i 分别为 X、Y 的模糊子集，可用语言变量 PB, PM, $\cdots$, NM, NB 等表示。对各模糊子集确定量化论域中各元素的隶属函数可得到隶属函数表。以 x 为例，X 的各元素对 $\{A_i\}$ 的隶属函数如表 4.6 所示。

表 4.6 x_i 对 $\{A_i\}$ 的隶属函数表

A_i ╲ $\mu B_i(x)$ ╲ x_i	x_1	x_2	$\cdots$	x_i	$\cdots$	x_n
NB	$\mu_{NB}(x_1)$	$\mu_{NB}(x_2)$	$\cdots$	$\mu_{NB}(x_i)$	$\cdots$	$\mu_{NB}(x_n)$
$\vdots$	$\vdots$	$\vdots$	$\vdots$	$\vdots$	$\vdots$	$\vdots$
PB	$\mu_{PB}(x_1)$	$\mu_{PB}(x_2)$	$\cdots$	$\mu_{PB}(x_i)$	$\cdots$	$\mu_{PB}(x_n)$

设 μ_1、μ_2 分别为Ⅰ段和Ⅱ段蒸汽的控制量，相应的论域为：

$$\begin{cases} Z_1 = \{C_{1k_1}\} & (k_1 = 1, \ 2, \ \cdots, \ l_1) \\ Z_2 = \{C_{2k_2}\} & (k_2 = 1, \ 2, \ \cdots, \ l_2) \end{cases} \tag{4.69}$$

（3）确定模糊关系与控制输出模糊子集。

根据操作经验，设定一组模糊控制规则为：

$$\text{if } A_i \text{ then if } B_j \text{ then } C_{1ij} \text{ and } C_{2ij}$$

$$(i = 1, \ 2, \ \cdots, \ n; \ j = 1, \ 2, \ \cdots, \ m) \tag{4.70}$$

或写成：$\text{if } A_i \text{ then if } B_j \text{ then } C_{1ij} \text{ and if } A_i \text{ then if } B_j \text{ then } C_{2ij}$

其模糊关系为：

$$R_1 = \bigcup_{i,j} (A_i \times B_j \times C_{1ij}) \qquad R_2 = \bigcup_{i,j} (A_i \times B_j \times C_{2ij}) \tag{4.71}$$

即

$$\begin{cases} \mu_{R_1}(x, y, z_1) = \underset{i,j}{\vee}(\mu_{A_i}(x) \wedge \mu_{B_j}(y) \wedge \mu_{c_{1ij}}(z_1)) \\ \mu_{R_2}(x, y, z_2) = \underset{i,j}{\vee}(\mu_{A_i}(x) \wedge \mu_{B_j}(y) \wedge \mu_{c_{2ij}}(z_2)) \end{cases} \tag{4.72}$$

当给定 $x = A_i$、$y = B_j$ 时，则由模糊合成规则推理得到：

$$\begin{cases} C_{1ij} = (A_i \times B_j) \circ R_1 \\ C_{2ij} = (A_i \times B_j) \circ R_2 \end{cases} \tag{4.73}$$

即

$$\begin{cases} \mu_{C_{1ij}}(z_1) = \underset{i,j}{\vee}[(\mu_{A_i}(x) \wedge \mu_{B_j}(y)) \wedge \mu_{R_1}(x, y, z_1)] \\ \mu_{C_{2ij}}(z_1) = \underset{i,j}{\vee}[(\mu_{A_i}(x) \wedge \mu_{B_j}(y)) \wedge \mu_{R_2}(x, y, z_2)] \end{cases} \tag{4.74}$$

（4）进行模糊判决并生成控制输出查询表。

若采用最大隶属度判决法，由模糊子集 C_{1ij}、C_{2ij} 确定输出 μ 时，即当存在 z_1^*、z_2^*，且 $\mu_{C_{1ij}}(z_1^*) \geqslant \mu_{C_{1ij}}(z_1)$，$\mu_{C_{2ij}}(z_1^*) \geqslant \mu_{C_{2ij}}(z_2)$，则取 $\mu_1^* = z_1^*$ 和 $\mu_2^* = z_2^*$；若有相邻多点同时为最大值时，则 μ^* 取这些点的平均值。

离线计算 3 与 4 项，便得到控制输出查询表。实时控制时直接查表得到 z。

下面介绍成纸水分模糊控制的通用算法。

为了适用于那些烘干部只有一段蒸汽控制水分的纸机，可以先假设成纸水分只由 II 段蒸汽控制，根据式（4.71）至式（4.72）计算得到 $C_{2ij}^* \infty$，然后得到量化值 z_2^*。如果由 I 段、II 段蒸汽同时控制，则实际有：

$$z_i = \lambda_i z_2^* \qquad (i = 1, \ 2) \tag{4.75}$$

式中，$\lambda \leqslant 1$，为调整因子，可根据实际情况进行调整。

4.5.2 模糊控制器的在线实现

在系统设计时，令

$$x = [-6, -5, \cdots, 0, \cdots, +5, +6], \quad x \in X$$
$$y = [-6, -5, \cdots, 0, \cdots, +5, +6], \quad y \in Y$$
$$z_1 = [-4, -3, \cdots, 0, \cdots, +3, +4], \quad z_1 \in Z_1$$
$$z_2 = [-7, -6, \cdots, 0, \cdots, +6, +7], \quad z_2 \in Z_2$$

由于实时采样得到的偏差 e_i、偏差变化率 ec_i 都是各自论域上的确定量，考虑到偏差在高分辨率的模糊集上变化时所引起的输出变化比较剧烈，而采用低分辨率的模糊集时，情况恰好相反，因而从实际的控制目的出发，本系统采用了"分段量化"法，即在不同论域采用不同的量化公式来量化偏差 e_i。具体算式为：

$$-0.7 \leqslant e_i < +0.7 \qquad\qquad x_i = C_{\text{int}}(4 * e_i)$$
$$0.7 \leqslant e_i < 1.5 \qquad\qquad x_i = 3$$
$$1.5 \leqslant e_i < 3.5 \qquad\qquad x_i = C_{\text{int}}(e_i)$$
$$3.5 \leqslant e_i \qquad\qquad\qquad x_i = 6$$

由于对称性，在 $e_i < -0.7$ 的范围依次类推，不再赘述。对各模糊子集用表 4.7 所给的语言变量描述。表中偏差量 x_i 和偏差变化率 y_i 各选用了 7 个模糊子集来描述它们在论域范围内的所有可能状态。同理，控制变量 z_{1i} 和 z_{2i} 分别用 5 个和 7 个模糊子集来描述。

表 4.7　语言变量描述

变量	集合	模糊子集							论域
x_i	$\underset{\sim}{A_i}$	PB	PM	PS	ZE	NS	NM	NB	$x_i \in X$
y_i	$\underset{\sim}{B_i}$								$y_i \in Y$
z_{2i}	$\underset{\sim}{C_{2i}}$								$z_{2i} \in Z_2$
z_{1i}	$\underset{\sim}{C_{1i}}$								$z_{1i} \in Z_1$

对于模糊论域 X、Y、Z_2 上的各元素，规定它对模糊子集 $\{\underset{\sim}{A_i}\}$、$\{\underset{\sim}{B_j}\}$、$\{\underset{\sim}{C_{2k}}\}$ 的隶属函数，其中 $\mu_{A_i}(x)$ 如表 4.8 所示，并根据式（4.71）至式（4.74）给出的合成推理规则进行推理运算，最后由最大隶属函数判决原则可得到供模糊控制器动态控制时在线查询用的模糊控制表 4.10。表 4.10 是假设烘干部只有 II 段蒸汽的情况下得到的，要将它用于有两段蒸汽的情况，必须经过变换。取 $\lambda_1 = 0.5$、$\lambda_{21} = 0.7$、$\lambda_{22} = 0.8$，则

$$\left. \begin{array}{l} z_1 = \lambda_1 z_2^* \\ z_2 = \begin{cases} \lambda_{21} z_2^* & z_2^* > 0 \text{时} \\ \lambda_{22} z_2^* & z_2^* \leqslant 0 \text{时} \end{cases} \end{array} \right\} \qquad (4.76)$$

式中，λ_{21}、λ_{22} 的不同体现了先验知识第三点。由式（4.76）和表 4.10 可以得到 I 段、II 段蒸汽的模糊控制表。

表 4.8 x_i 对 $\{A_i\}$ 的隶属函数

A_i \ x_i ($u_{A_i}(x)$)	-6	-5	-4	-3	-2	-1	0	1	2	3	4	5	6
PB										0.1	0.4	0.8	1.0
PM									0.2	0.7	1.0	0.7	0.2
PS							0.3	0.8	1.0	0.5	0.1		
ZE					0.1	0.6	1.0	0.6	0.1				
NS			0.1	0.5	1.0	0.8	0.3						
NM	0.2	0.7	1.0	0.7	0.2								
NB	1.0	0.8	0.4	0.1									

表 4.9 模糊状态表

y_i \ x_i (c_2^*)	NB	NM	NS	ZE	PS	PM	PB
NB	PB		PM		PS	ZE	
NM							
NS			PS		ZE	NM	
ZE			ZE				
PS	PM		ZE	NS	NB		
PM	ZE		NS		NM		
PB							

表 4.10 模糊控制表

y_i \ x_i (z_2^*)	-6	-5	-4	-3	-2	-1	0	+1	+2	+3	+4	+5	+6
-6	+7	+7	+6	+6	+4	+4	+4	+2	+1	+1	0	0	0
-5	+7	+7	+6	+6	+4	+4	+4	+2	+1	+1	0	0	0
-4	+7	+7	+6	+6	+4	+4	+4	+2	+1	+1	0	0	0
-3	+6	+6	+6	+6	+5	+5	+5	+2	+2	0	-2	-2	-2
-2	+6	+6	+6	+6	+4	+4	+1	0	0	-3	-4	-4	-4
-1	+6	+6	+6	+6	+4	+4	+1	0	-3	-3	-4	-4	-4
0	+6	+6	+6	+6	+4	+1	0	-1	-4	-6	-6	-6	-6

续表

$\begin{matrix}&x_i\\z_2^*&\\y_i&\end{matrix}$	-6	-5	-4	-3	-2	-1	0	+1	+2	+3	+4	+5	+6
+1	+4	+4	+4	+3	-1	0	-1	-4	-4	-6	-6	-6	-6
+2	+4	+4	+4	+2	0	0	-1	-4	-4	-6	-6	-6	-6
+3	+2	+2	+2	0	0	0	-1	-3	-3	-6	-6	-6	-6
+4	0	0	0	-1	-1	-3	-4	-4	-4	-6	-6	-7	-7
+5	0	0	0	-1	-1	-1	-4	-4	-4	-6	-6	-7	-7
+6	0	0	0	-1	-1	-1	-4	-4	-4	-6	-6	-7	-7

从模糊控制表得到的只是控制量的等级 z，在实时控制时，z 乘上比例因子 k_n 加上原稳态输出值作为控制器的输出。比例因子的选择直接影响到模糊控制器的性能。由于在生产不同纸张品种时所需的蒸汽量不同，加上各种因素的影响，控制变量的静态工作点并非一成不变，因而取

$$k_u = \begin{cases} |J_0/N_u| & J_0 \geqslant 5\text{mA时} \\ |(10-J_0)/N_u| & J_0 < 5\text{mA时} \end{cases} \tag{4.77}$$

式中，J_0 为静态工作点，N_u 为控制量在模糊论域中的最大值。

在小偏差时，为消除余差，应考虑积分作用。整个成纸水分模糊控制系统结构图如图 4.10 所示。

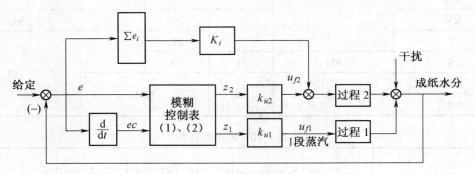

图 4.10　成纸水分控制系统结构图

4.6　Matlab 模糊控制工具箱简介

Matlab 模糊控制工具箱为模糊控制器设计提供了一种便捷途径。它不必进行复杂的模糊化、模糊推理及模糊判决等运算，只需要设定相应参数就可以很快得到所需要的控制器，而且修改非常方便。Matlab 模糊逻辑工具箱的模糊推理系统（Fuzzy Inference System，FIS）包括五个部分，即规则编辑器、FIS 编辑器、隶属度函数编辑器、规则观察器、界面观察器，如图 4.11 所示。其中，规则编辑器用于定义系统行为的一系列规则；FIS 编辑器可为系统处理高层属性，如系统输入和输出变量定义以及它们的命名等；隶属度函数编辑器用于定义对应于每个变量的隶属度函数的

形状；规则观察器是基于 Matlab 的用于显示模糊推理框图的工具，如显示正在使用的规则，或单个隶属度函数形状是如何影响结果的；界面观察器用于显示输出与输入之间的依赖关系，即为系统生成和绘制输出界面映射图。

图 4.11　Matlab 模糊逻辑工具箱的五个组成部分

Matlab 工具箱的图形用户接口（Graph User Interface，GUI）工具的 5 个基本组成部分可以相互作用并交换信息。它们中的任意一个可以对工作空间和磁盘进行读和写，只读型观察器仍可以与工作空间或磁盘交换图形。对于任意模糊推理系统，可以打开任意或所有这 5 个 GUI 组件。如果对一个系统打开一个以上的编辑器，各种 GUI 窗口可以知道其他 GUI 窗口的存在。编辑器可同时打开任意数量的不同的 FIS 系统。FIS 编辑器、隶属度函数编辑器和规则编辑器都可读写或修改 FIS 数据，但是规则观察器和界面观察器无法修改 FIS 数据。

如何根据模糊控制器的设计步骤利用 Matlab 工具箱的图形用户接口工具来设计模糊控制器，请参阅有关 Matlab 工具的使用说明书或实验指导书。

4.7　本章小结

本章讨论了模糊集、模糊逻辑的主要概念及其用于控制时的表示方法。

4.1 节着重介绍模糊控制的数学基础，包括模糊集合、模糊逻辑及其运算、模糊关系、模糊变换、模糊逻辑推理和模糊判决方法。

4.2 节讨论模糊控制和模糊控制系统的原理与结构。在理论上，模糊控制器由 N 维关系 R 表示。模糊逻辑控制器一般由输入定标、输出定标、模糊化、模糊决策和模糊判决（解模糊）等部分组成。模糊控制系统中的模糊控制器由模糊化接口、知识库、推理机和模糊判决接口四个基本单元组成。

4.3 节探讨模糊控制器的设计问题，其设计步骤包括选择模糊控制器的结构、选取模糊控制规则、确定解模糊策略和制定控制表及确定模糊控制器的参数等。现有的模糊逻辑控制器的控制规则一般具有 IF（过程状态）－THEN（控制作用）或其扩展形式。

4.4 节特别关注模糊控制器的设计方法。随着求解对象不同（如受控系统的不同），其问题要求、系统性质、知识类型、输入－输出条件和函数形式也不尽相同，因而对模糊系统（含模糊控制系统）的设计方法也可能不同。例如，对任意输入确定输出的系统，可按给定的逼近精度设计一个模糊系统，使其逼近某一给定函数，或者按所需精度用二阶边界设计模糊系统。又如，对于由输入－输出数据对描述的系统，可用查表法、梯度下降法、递推最小二乘法和聚类法等方法来设计模糊系统。再如，可用试错法设计非自适应模糊系统。此外，还有语言平面法、专家系统法、CAD 工具法和遗传进化算法等模糊系统设计方法，均可用来设计模糊控制系统。

4.5 节通过一个实例，即造纸机模糊控制系统，讨论了模糊控制器的设计与实现问题，给出的控制试验结果显示出模糊控制技术的有效性。

4.6 节简介 Matlab 模糊工具箱的组成部分和各部分的作用，指出可以根据模糊控制器的设计步骤，利用 Matlab 工具箱的图形用户接口工具来设计模糊控制器。

通过本章的学习，读者能够对模糊控制器的结构有一个比较全面的了解。通过不同控制思想的集成来构造新的控制器结构，不但是重要的，而且也是有效的。

习题 4

4-1 什么是模糊性？它的对立含义是什么？试举例说明。

4-2 模糊控制的理论基础是什么？什么是模糊逻辑？它与二值逻辑有何关系？

4-3 什么是模糊集合和隶属函数？模糊集合有哪些基本运算？满足哪些规律？

4-4 什么是模糊推理，它有哪些推理方法？

4-5 何谓模糊判决，常用的模糊判决方法有哪些？

4-6 若把此语言变量 hot 定义为：

$$\mu_{hot}(x) = \begin{cases} 0 & 0 \leqslant x < 50 \\ [1+(x-10)^{-2}]^{-1} & 50 \leqslant x < 100 \end{cases}$$

试确定"Not So Hot"、"Very Hot"及"More Or Less Hot"的隶属函数。

4-7 试介绍模糊控制器的组成部分及其作用。

4-8 设计一个模糊控制器应包括哪些内容？

4-9 模糊控制器控制规则的形式是什么？试举例建立模糊规则。

4-10 模糊系统有哪几种设计方法？

4-11 试用 Matlab 为下列两系统设计模糊控制器，使其稳态误差为零，超调量不大于 1%，输出上升时间。假定被控对象的传递函数分别为：

（1）$G_1(s) = \dfrac{e^{-0.5s}}{(s+1)^2}$

（2）$G_2(s) = \dfrac{4.2}{(s+0.5)(s^2+1.6s+8.5)}$

4-12 在对某种产品的质量进行抽查评估时，随机选出 5 个产品 x_1、x_2、x_3、x_4、x_5 进行检验，它们的质量情况分别为：

$$x_1=80，x_2=72，x_3=65，x_4=98，x_5=53$$

这就确定了一个模糊集合 Q，表示该组产品的"质量水平"这个模糊概念的隶属程度。试写出该模糊集。

4-13　设有下列两个模糊关系：

$$R_1 = \begin{bmatrix} 0.2 & 0.8 & 0.4 \\ 0.4 & 0 & 1 \\ 1 & 0.5 & 0 \\ 0.7 & 0.6 & 0.5 \end{bmatrix} \qquad R_2 = \begin{bmatrix} 0.7 & 0.3 \\ 0.4 & 0.8 \\ 0.2 & 0.9 \end{bmatrix}$$

试求出 R_1 与 R_2 的复合关系 $R_1 \circ R_2$。

4-14　给出一个实例，说明模糊控制系统的应用。

4-15　Matlab 模糊控制工具箱的图形用户接口由哪些部分组成？参阅相关工具资料并利用 Matlab 工具箱的图形用户接口工具来设计模糊控制器。

第 5 章

神经控制

　　把神经网络机理用于控制，即神经控制是近 20 年发展起来的一种新的智能控制系统。随着人工神经网络（Artificial Neural Networks，ANN）的研究得到新的进展，它已成为动态系统辨识、建模和控制的一种新的和令人感兴趣的工具。

　　本章首先介绍人工神经网络的特性、结构、模型、算法及神经网络的知识表示与推理；接着讨论神经控制的典型结构；然后研讨神经控制系统的设计、示例与实现；最后简介 Matlab 语言中的神经网络图形用户界面、基于 Simulink 的神经网络各子模块库及其控制仿真。

5.1　人工神经网络的初步知识

本节将简要介绍和讨论人工神经网络（ANN）的特性、ANN 与控制的关系、人工神经网络的基本类型和学习算法、人工神经网络的典型模型、基于神经网络的知识表示与推理等。

人工神经网络研究的先锋，麦卡洛克（McCulloch）和皮茨（Pitts）曾于 1943 年提出一种叫做"似脑机器"（Mindlike Machine）的思想，这种机器可由基于生物神经元特性的互连模型来制造，这就是神经学网络的概念。他们构造了一个表示大脑基本组分的神经元模型，对逻辑操作系统表现出通用性。随着大脑和计算机研究的进展，研究目标已从"似脑机器"变为"学习机器"，为此一直关心神经系统适应律的赫布（Hebb）提出了学习模型。罗森布拉特（Rosenblatt）命名感知器，并设计一个引人注目的结构。到 20 世纪 60 年代初期，关于学习系统的专用设计指南有威德罗（Widrow）等提出的 Adaline（Adaptive Linear Element，即自适应线性元）以及斯坦巴克（Steinbuch）等提出的学习矩阵。由于感知器的概念简单，因而在开始介绍时对它寄托很大希望。然而，不久之后明斯基（Minsky）和帕伯特（Papert）从数学上证明了感知器不能实现复杂逻辑功能。

到了 20 世纪 70 年代，格罗斯伯格（Grossberg）和科霍恩（Kohonen）对神经网络研究做出重要贡献。以生物学和心理学证据为基础，格罗斯伯格提出几种具有新颖特性的非线性动态系统结构。该系统的网络动力学由一阶微分方程建模，而网络结构为模式聚集算法的自组织神经实现。基于神经元组织自己来调整各种各样的模式的思想，科霍恩发展了他在自组织映射方面的研究工作。沃博斯（Werbos）在 70 年代开发了一种反向传播算法。霍普菲尔德（Hopfield）在神经元交互作用的基础上引入一种递归型神经网络，这种网络就是有名的 Hopfield 网络。在 80 年代中叶，作为一种前馈神经网络的学习算法，帕克（Parker）和鲁姆尔哈特（Rumelhart）等重新发现了反回传播（BP）算法。近 10 多年来，神经网络已在从家用电器到工业对象的广泛领域中找到它的用武之地。

5.1.1　神经元及其特性

神经网络的结构是由基本处理单元及其互连方法决定的。

连接机制结构的基本处理单元与神经生理学类比往往称为神经元。每个构造起网络的神经元模型模拟一个生物神经元，如图 5.1 所示。该神经元单元由多个输入 x_i（$i=1$，2，$...$，n）和一个输出 y 组成。中间状态由输入信号的权和表示，而输出为：

$$y_j(t) = f\left(\sum_{i=1}^{n} w_{ji}x_i - \theta_j\right) \tag{5.1}$$

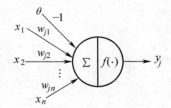

图 5.1　神经元模型

式中，θ_j 为神经元单元的偏置（阈值），w_{ji} 为连接权系数（对于激发状态，w_{ji} 取正值；对于抑制状态，w_{ji} 取负值），n 为输入信号数目，y_j 为神经元输出，t 为时间，$f(\,\_)$ 为输出变换函数，有时叫做激发或激励函数，往往采用 0 和 1 二值函数或 S 形函数，如图 5.2 所示，这三种函数都是连续和非线性的。一种二值函数可由下式表示：

$$f(x) = \begin{cases} 1, & x \geqslant x_0 \\ 0, & x < x_0 \end{cases} \tag{5.2}$$

如图 5.2（a）所示。一种常规的 S 形函数如图 5.2（b）所示，可由下式表示：

$$f(x) = \frac{1}{1+e^{-ax}}, \; 0 < f(x) < 1 \tag{5.3}$$

常用双曲正切函数（如图 5.2（c）所示）来取代常规 S 形函数，因为 S 形函数的输出均为正值，而双曲正切函数的输出值可为正或负。双曲正切函数如下式所示：

$$f(x) = \frac{1-e^{-ax}}{1+e^{-ax}}, \; -1 < f(x) < 1 \tag{5.4}$$

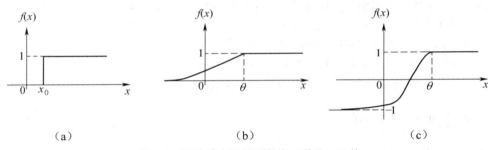

图 5.2　神经元中的某些变换（激发）函数

5.1.2　神经网络与智能控制

人工神经网络的下列特性对控制是至关重要的：

（1）并行分布处理。神经网络具有高度的并行结构和并行实现能力，因而能够有较好的耐故障能力和较快的总体处理能力。这特别适于实时控制和动态控制。

（2）非线性映射。神经网络具有固有的非线性特性，这源于其近似任意非线性映射（变换）能力。这一特性给非线性控制问题带来新的希望。

（3）通过训练进行学习。神经网络是通过所研究系统过去的数据记录进行训练的。一个经过适当训练的神经网络具有归纳全部数据的能力。因此，神经网络能够解决那些由数学模型或描述规则难以处理的控制过程问题。

（4）适应与集成。神经网络能够适应在线运行，并能同时进行定量和定性操作。神经网络的强适应和信息融合能力使得网络过程可以同时输入大量不同的控制信号，解决输入信息间的互补和冗余问题，并实现信息集成和融合处理。这些特性特别适于复杂、大规模和多变量系统的控制。

（5）硬件实现。神经网络不仅能够通过软件而且可借助硬件实现并行处理。近年来，一些超大规模集成电路实现硬件已经问世，而且可从市场上购买到。这使得神经网络具有快速和大规模处理能力的实现网络。

十分显然，由于神经网络具有学习和适应、自组织、函数逼近和大规模并行处理等能力，因而具有用于智能控制系统的潜力,特别适用于非线性控制系统和解决含有不确定性的控制问题。

神经网络在模式识别、信号处理、系统辨识和优化等方面的应用已有广泛研究。在控制领域,已经做出许多努力,把神经网络应用于控制系统,处理控制系统的非线性和不确定性以及逼近系统的辨识函数等。

根据控制系统的结构,可把神经控制的应用研究分为几种主要方法,诸如监督式控制、逆控制、神经自适应控制和预测控制等。

5.1.3　人工神经网络的基本类型和学习算法

1. 人工神经网络的基本特性和结构

人脑内含有极其庞大的神经元（有人估计约为一千多亿个）,它们互连组成神经网络,并执行高级的问题求解智能活动。

人工神经网络由神经元模型构成,这种由许多神经元组成的信息处理网络具有并行分布结构。每个神经元具有单一输出,并且能够与其他神经元连接；存在许多（多重）输出连接方法,每种连接方法对应一个连接权系数。严格地说,人工神经网络是一种具有下列特性的有向图：

- 对于每个节点 i 存在一个状态变量 x_i。
- 从节点 j 至节点 i,存在一个连接权系数 w_{ij}。
- 对于每个节点 i,存在一个阈值 θ_i。
- 对于每个节点 i,定义一个变换函数 $f_i(x_i, w_{ji}, \theta_i)$,$i \ne j$；对于最一般的情况,此函数取 $f_i\left(\sum_j w_{ij} x_j - \theta_i\right)$ 形式。

人工神经网络的结构基本上分为两类,即递归（反馈）网络和前馈网络。

（1）递归网络。在递归网络中,多个神经元互连以组织一个互连神经网络,如图 5.3 所示。有些神经元的输出被反馈至同层或前层神经元。因此,信号能够从正向和反向流通。Hopfield 网络、Elmman 网络和 Jordan 网络是递归网络有代表性的例子。递归网络又叫做反馈网络。

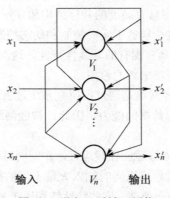

图 5.3　递归（反馈）网络

图 5.3 中,V_i 表示节点的状态,x_i 为节点的输入（初始）值,x_i^n 为收敛后的输出值,$i=1$,2,...,n。

（2）前馈网络。前馈网络具有递阶分层结构,由一些同层神经元间不存在互连的层级组成。

从输入层至输出层的信号通过单向连接流通；神经元从一层连接至下一层，不存在同层神经元间的连接，如图 5.4 所示。图中，实线指明实际信号流通，虚线表示反向传播。前馈网络的例子有多层感知器（MLP）、学习矢量量化（LVQ）网络、小脑模型连接控制（CMAC）网络和数据处理方法（GMDH）网络等。

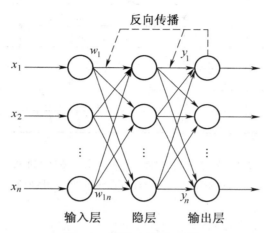

图 5.4　前馈（多层）网络

2. 人工神经网络的主要学习算法

神经网络主要通过两种学习算法进行训练，即指导式（有师）学习算法和非指导式（无师）学习算法。此外，还存在第三种学习算法，即增强学习算法，可把它看作有师学习的一种特例。

（1）有师学习。有师学习算法能够根据期望的和实际的网络输出（对应于给定输入）间的差来调整神经元间连接的强度或权。因此，有师学习需要有个老师或导师来提供期望或目标输出信号。有师学习算法的例子包括 Delta 规则、广义 Delta 规则或反向传播算法、LVQ 算法等。

例 5.1　已知网络结构如图 5.5 所示，网络输入输出如表 5.1 所示。其中，$f(x)$为 x 的符号函数，$f(\text{net}) = f(w_1*x_1+w_2*x_2+w_3*1)$，bias 取常数 1，设初始值随机取成(0.75,0.5,-0.6)。利用误差传播学习算法调整神经网络权值。

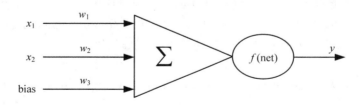

图 5.5　神经网络结构示例图

表 5.1　输入输出训练参数表

训练序号	x_1	x_2	y
1	1.0	1.0	1
2	9.4	6.4	-1

训练序号	x_1	x_2	y
3	2.5	2.1	1
4	8.0	7.7	-1
5	0.5	2.2	1
6	7.9	8.4	-1
7	7.0	7.0	-1
8	2.8	0.8	1
9	1.2	3.0	1
10	7.8	6.1	-1

解　本例说明了一种有师学习算法调整神经网络权值的过程，将第一组训练数据代入 $f(\text{net}) = f(w_1 * x_1 + w_2 * x_2 + w_3 * 1)$ 网络中。令 $f(\text{net})^1$ 表示第一组训练数据经过 $f(\text{net})$ 网络计算后的输出，则

$$f(\text{net})^1 = f(w_1 * x_1 + w_2 * x_2 + w_3 * 1) = f(0.75*1 + 0.5*1 + (-0.6)*1) = f(0.65) = 1$$

与输出 y 值相符，权值无需调整。

同理，将第二组训练数据代入 $f(\text{net}) = f(w_1 * x_1 + w_2 * x_2 + w_3 * 1)$ 网络中，令 $f(\text{net})^2$ 表示第二组训练数据经过 $f(\text{net})$ 网络计算后的输出，则

$$f(net)^2 = f(0.75*9.4 + 0.5*6.4 + (-0.6)*1) = f(9.65) = 1$$

而输出 y 值为-1，需要用有师学习算法 $w^t = w^{t-1} + c(d^{t-1} - sign(w^{t-1} * x^{t-1})) x^{t-1}$ 调整神经网络权值。其中 c 为学习因子，这里取 0.2；x 和 w 是输入和权值向量，t 为迭代次数，d^{t-1} 是第 $t-1$ 代的理想输出值。于是

$$w^3 = w^2 + 0.2(d^2 - sign(w^2 * x^2))x^2 = w^2 + 0.2((-1)-1)x^2 = \begin{bmatrix} 0.75 \\ 0.50 \\ -0.60 \end{bmatrix} - 0.4 \begin{bmatrix} 9.4 \\ 6.4 \\ 1.0 \end{bmatrix} = \begin{bmatrix} -3.01 \\ -2.06 \\ -1.00 \end{bmatrix}$$

将第三组训练数据代入 $f(\text{net}) = f(w_1 * x_1 + w_2 * x_2 + w_3 * 1)$ 网络中，其中 $f(\text{net})^3$ 表示第三组训练数据代入 $f(\text{net})$ 网络计算的训练输出。$f(\text{net})^3 = f(-3.01*2.5 + (-2.06)*2.1 + (-1.0)*1) = f(-12.84) = -1$，与输出 y 中的理想值不符，所以需要调整权值：

$$w^4 = w^3 + 0.2(d^3 - sign(w^3 * x^3))x^3 = w^3 + 0.2(1-(-1))x^3 = \begin{bmatrix} -3.01 \\ -2.06 \\ -1.00 \end{bmatrix} + 0.4 \begin{bmatrix} 2.5 \\ 2.1 \\ 1.0 \end{bmatrix} = \begin{bmatrix} -2.01 \\ -1.22 \\ -0.60 \end{bmatrix}$$

经过 500 次迭代训练，最终可以得到一组权值(-1.3,-1.1,10.9)。利用这组权值和相应的网络模型，不仅可以准确地区分已知数据（训练集），还可对未知数据进行预测，获得该神经网络的输出为 $y = f(w_1 * x_1 + w_2 * x_2 + w_3 * 1) = f(-1.3 * x_1 + (-1.1) * x_2 + 10.9)$。

（2）无师学习。无师学习算法不需要知道期望输出。在训练过程中，只要向神经网络提供输入模式，神经网络就能够自动地适应连接权，以便按相似特征把输入模式分组聚集。无师学习算法的例子包括 Kohonen 算法和 Carpenter-Grossberg 自适应谐振理论（ART）等。无师学习规则主

要为 Hebb 联想式学习规则,基于学习行为的突触联系和神经网络理论。突触前端与突触后端同时兴奋,活性度高的神经元之间的连接强度将得到增加。在 Hebb 学习规则的基础上,依据学习算法自行调整权重,其数学基础是输入输出间的某种相关计算。因此,Hebb 学习又称为相关学习或并联学习。

(3)增强学习。如前所述,增强学习是有师学习的特例,它不需要老师给出目标输出。增强学习算法采用一个"评论员"来评价与给定输入相对应的神经网络输出的优度(质量因数)。增强学习算法的一个例子是遗传算法(GA)。

5.1.4　人工神经网络的典型模型

迄今为止,有数十种人工神经网络模型被开发和应用,其中很多神经网络模型被经常用于控制,下面给出常见的 10 种:

(1)自适应谐振理论(ART)。由 Grossberg 提出,是一个根据可选参数对输入数据进行粗略分类的网络。ART-1 用于二值输入,而 ART-2 用于连续值输入。ART 的不足之处在于过分敏感,输入有小的变化时,输出变化很大。

(2)双向联想存储器(BAM)。由 Kosko 开发,是一种单状态互连网络,具有学习能力。BAM 的缺点为存储密度较低,且易于振荡。

(3)Boltzmann 机(BM)。由 Hinton 等提出,是建立在 Hopfield 网基础上的,具有学习能力,能够通过一个模拟退火过程寻求解答。不过,其训练时间比 BP 网络要长。

(4)反向传播(BP)网络。最初由 Werbos 开发的反向传播训练算法是一种迭代梯度算法,用于求解前馈网络的实际输出与期望输出间的最小均方差值。BP 网是一种反向传递并能修正误差的多层映射网络。当参数适当时,此网络能够收敛到较小的均方差,是目前应用最广的网络之一。BP 网的短处是训练时间较长,且易陷于局部极小。

例 5.2　已知输入矢量 P = [0 1 2 3 4 5 6 7 8 9 10],输出目标矢量 T = [0 1 2 3 4 3 2 1 2 3 4],试设计一个 BP 神经网络用于实现函数逼近,其中设定隐含层含有 5 个神经元。

解　根据输入矩阵 P 和目标矩阵 T 构建一个神经网络,实现输入到目标的逼近。

    P = [0 1 2 3 4 5 6 7 8 9 10];

    T = [0 1 2 3 4 3 2 1 2 3 4];

构建两层前馈神经网络,网络的输入层范围是[0,10],隐含层由 5 个 tansig 神经元、输出层由 1 个 purelin 神经元组成。

    net = newff([0 10],[5 1],{'tansig' 'purelin'});

构建完神经网络后,得到网络输出 Y,并与逼近目标 T 一起表示于图 5.6。其中"o"表示网络构建后但未经训练的输出 Y,实线条表示需逼近的目标 T。

    Y = sim(net,P);

    plot(P,T,P,Y,'o')

神经网络训练过程收敛曲线如图 5.7 所示。经过 100 次迭代后,网络的输出如图 5.8 所示,其中参数设置为:

net.trainParam.epochs = 100;

net = train(net,P,T);

Y = sim(net,P);

plot(P,T,P,Y,'o')

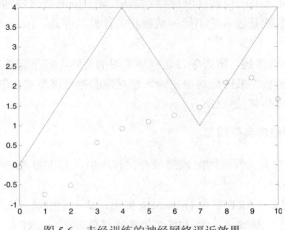

图 5.6　未经训练的神经网络逼近效果

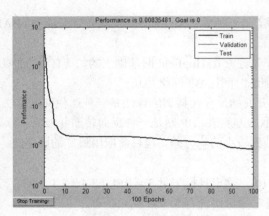

图 5.7　神经网络训练过程收敛曲线

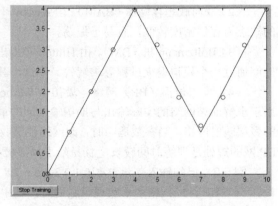

图 5.8　训练后的神经网络函数逼近效果

（5）对流传播网络（CPN）。由 Hecht-Nielson 提出，是一个通常由五层组成的连接网。CPN 可用于联想存储，其缺点是要求较多的处理单元。

（6）Hopfield 网。由 Hopfield 提出，是一类不具有学习能力的单层自联想网络。Hopfield 网模型由一组可使某个能量函数最小的微分方程组成。其短处为计算代价较高，而且需要对称连接。

（7）Madaline 算法。是 Adaline 算法的一种发展，是一组具有最小均方差线性网络的组合，能够调整权值使得期望信号与输出间的误差最小。此算法是自适应信号处理和自适应控制的得力工具，具有较强的学习能力，但是输入输出之间必须满足线性关系。

（8）认知机（Neocogntion）。由 Fukushima 提出，是迄今为止结构上最为复杂的多层网络。通过无师学习，认知机具有选择能力，对样品的平移和旋转不敏感。不过，认知机所用节点及其互连较多，参数也多且较难选取。

（9）自组织映射网（SOM）。由 Kohonen 提出，是以神经元自行组织以校正各种具体模式的概念为基础的。SOM 能够形成簇与簇之间的连续映射，起到矢量量化器的作用。

（10）感知器（Perceptron）。由 Rosenblatt 开发，是一组可训练的分类器，是最古老的 ANN 之一，现在已很少使用。主要原因在于单层感知器具有自身的局限性，若输入模式为线性不可分集合，则感知器的学习算法将无法收敛，即不能进行正确的分类。为此，结合 Matlab 仿真环境设计一种线性可分集合来理解感知器分类能力。

例 5.3 采用单一感知器神经元解决一个分类问题，将四个输入矢量分为两类。其中两个矢量对应的目标值为 1，另两个矢量对应的目标值为 0，即输入矢量为 P=[-0.5,-0.5,0.3, 0.0; -0.5,0.5,-0.5,1.0]，目标分类矢量为 T=[1,1,0,0]。

解 设 P 为输入矢量，T 为目标矢量：

P=[-0.5,-0.5,0.3,0.0; -0.5,0.5,-0.5,1.0];

T=[1,1,0,0];

定义感知器神经元并对其进行初始化：

net=newp([-0.5,0.5;-0.5,1],1);

net.initFcn='initlay';

net.layers{1}.initFcn='initwb';

net.inputWeights{1,1}.initFcn='rands';

net.layerWeights{1,1}.initFcn='rands';

net.biases{1},initFcn='rands';

net=init(net);

echo off

k=pickic;

if k==2

    net.iw{1,1}=[-0.8161,0.3078];

    net.b{1}=[-0.1680];

end

echo on

plotpc(net.iw{1,1},net.b{1})

pause

训练感知器神经元：

net=train(net,P,T);

pause

利用训练完的感知器神经元分类：

p=[-0.5;0];

a=sim(net,p)

echo off

待程序运行结束后，可得当输入为 p=[-0.5;0]时，其输出 a 的分类结果为 1。在该单一感知器神经元分类过程中，图 5.9（a）表示以 P 为输入的矢量示意图，图 5.9（b）为单一感知器神经元对四个输入矢量分为两类的分类结果，其误差收敛和变化趋势如图 5.9（c）所示。

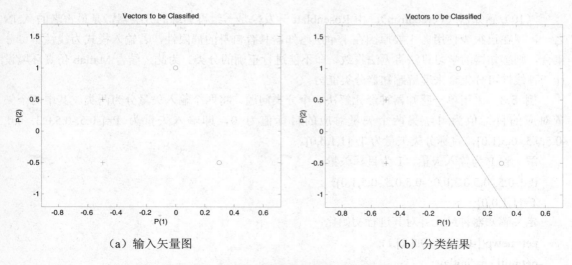

（a）输入矢量图　　　　　　　　　　　（b）分类结果

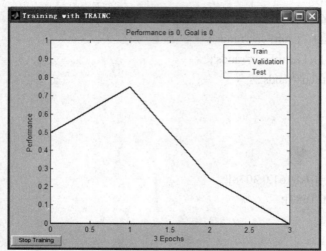

（c）误差变化曲线

图 5.9　单一感知器神经元分类

根据 W.T.Illingworth 提供的综合资料，最典型的 ANN 模型（算法）及其学习规则和应用领域如表 5.2 所示。

表 5.2　人工神经网络的典型模型

模型名称	有师或无师	学习规则	正向或反向传播	应用领域
AG	无	Hebb 律	反向	数据分类
SG	无	Hebb 律	反向	信息处理
ART-I	无	竞争律	反向	模式分类
DH	无	Hebb 律	反向	语音处理
CH	无	Hebb/竞争律	反向	组合优化
BAM	无	Hebb/竞争律	反向	图像处理

模型名称	有师或无师	学习规则	正向或反向传播	应用领域
AM	无	Hebb 律	反向	模式存储
ABAM	无	Hebb 律	反向	信号处理
CABAM	无	Hebb 律	反向	组合优化
FCM	无	Hebb 律	反向	组合优化
LM	有	Hebb 律	正向	过程监控
DR	有	Hebb 律	正向	过程预测、控制
LAM	有	Hebb 律	正向	系统控制
OLAM	有	Hebb 律	正向	信号处理
FAM	有	Hebb 律	正向	知识处理
BSB	有	误差修正	正向	实时分类
Perceptron	有	误差修正	正向	线性分类、预测
Adaline/Madaline	有	误差修正	反向	分类、噪声抑制
BP	有	误差修正	反向	分类
AVQ	有	误差修正	反向	数据自组织
CPN	有	Hebb 律	反向	自组织映射
BM	有	Hebb/模拟退火	反向	组合优化
CM	有	Hebb/模拟退火	反向	组合优化
AHC	有	误差修正	反向	控制
ARP	有	随机增大	反向	模式匹配、控制
SNMF	有	Hebb 律	反向	语音/图像处理

5.1.5　基于神经网络的知识表示与推理

1. 基于神经网络的知识表示

神经网络系统与传统人工智能系统中知识的表示方法完全不同，传统人工智能系统中所用的是知识的显式表示，而神经网络中的知识表示是一种隐式表示。后者，知识并不像在产生式系统中那样独立地表示为每一条规则，而是将某一问题的若干知识在同一网络中表示。例如，在有些神经网络系统中，知识是用神经网络所对应的有向权图的邻接矩阵及阈值向量表示的。如对图 5.10 所示的异或逻辑的神经网络来说，其邻接矩阵为：

$$\begin{bmatrix} 0 & 0 & 1.004 & 1.070 & 0 \\ 0 & 0 & 1.135 & 1.100 & 0 \\ 0 & 0 & 0 & 0 & 2.102 \\ 0 & 0 & 0 & 0 & -3.121 \\ 0 & 0 & 0 & 0 & 0 \end{bmatrix}$$

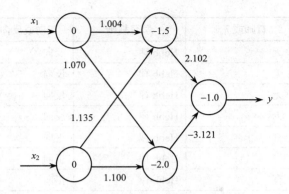

图 5.10　异或逻辑的神经网络表示

如果用产生式规则描述，则该网络代表以下四条规则：

$$
\begin{array}{lllllll}
\text{IF} & x_1=0 & \text{AND} & x_2=0 & \text{THEN} & y=0 \\
\text{IF} & x_1=0 & \text{AND} & x_2=1 & \text{THEN} & y=1 \\
\text{IF} & x_1=1 & \text{AND} & x_2=0 & \text{THEN} & y=1 \\
\text{IF} & x_1=1 & \text{AND} & x_2=1 & \text{THEN} & y=0
\end{array}
$$

讨论一个用于医疗诊断的例子。假设系统的诊断模型只有六种症状、两种疾病、三种治疗方案。对网络的训练样本是选择一批合适的病人并从病历中采集如下信息：

（1）症状：对每一症状只采集有、无及没有记录这三种信息。

（2）疾病：对每一疾病只采集有、无及没有记录这三种信息。

（3）治疗方案：对每一治疗方案只采集是否采用这两种信息。

其中，对"有"、"无"、"没有记录"分别用+1、-1、0 表示。这样对每一个病人就可以构成一个训练样本。

假设根据症状、疾病及治疗方案间的因果关系，以及通过训练样本对网络的训练得到了如图 5.11 所示的神经网络。其中，x_1，x_2，$\cdots$，x_6 为症状；x_7，x_8 为疾病名；x_9，x_{10}，x_{11} 为治疗方案；x_a，x_b，x_c 是附加层，这是由于学习算法的需要而增加的。在此网络中，x_1，x_2，$\cdots$，x_6 是输入层；x_9，x_{10}，x_{11} 是输出层；两者之间以疾病名作为中间层。

下面对图 5.11 加以进一步说明。

（1）这是一个带有正负权值 w_{ij} 的前向网络，由 w_{ij} 可构成相应的学习矩阵。当 $i \geqslant j$ 时，$w_{ij}=0$；当 $i<j$ 且节点 i 与节点 j 之间不存在连接弧时，w_{ij} 也为 0；其余，w_{ij} 为图中连接弧上所标出的数据。这个学习矩阵可用来表示相应的神经网络。

（2）神经元取值为+1、0、-1，特性函数为一离散型的阈值函数，其计算公式为：

$$
X_j = \sum_{i=0}^{n} w_{ij} x_i \tag{5.5}
$$

$$
x'_j = \begin{cases} +1 & X_j > 0 \\ 0 & X_j = 0 \\ -1 & X_j < 0 \end{cases} \tag{5.6}
$$

其中，X_j 表示节点 j 输入的加权和，x_j 为节点 j 的输出。为了计算方便，式（5.5）中增加了 $w_{0j}x_0$ 项，x_0 的值为常数 1，w_{0j} 的值标在节点的圆圈中，它实际上是 $-\theta_j$，即 $w_{0j}=-\theta_j$，θ_j 是节点 j 的阈值。

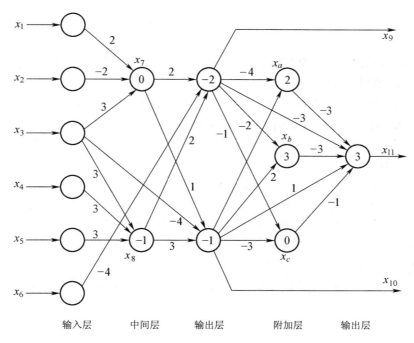

输入层   中间层   输出层   附加层   输出层

图 5.11 一个医疗诊断系统的神经网络模型

（3）图中连接弧上标出的 w_{ij} 值是根据一组训练样本，通过某种学习算法（如 BP 算法）对网络进行训练得到的。这就是神经网络系统所进行的知识获取。

（4）由全体 w_{ij} 的值及各种症状、疾病、治疗方案名所构成的集合就形成了该疾病诊治系统的知识库。

2. 基于神经网络的推理

基于神经网络的推理是通过网络计算实现的。把用户提供的初始证据用作网络的输入，通过网络计算最终得到输出结果。例如，对上面给出的诊治疾病的例子，若用户提供的证据是 $x_1=1$（即病人有 x_1 这个症状），$x_2=x_3=-1$（即病人没有 x_2 与 x_3 这两个症状），当把它们输入网络后，即可算出 $x_7=1$，因为

$$0 + 2 \times 1 + (-2) \times (-1) + 3 \times (-1) = 1 > 0$$

由此可知该病人患的疾病是 x_7。若给出进一步的证据，还可推出相应的治疗方案。

本例中，如果病人的症状是 $x_1=x_3=1$（即该病人有 x_1 与 x_3 这两个症状），此时即使不指出是否有 x_2 这个症状，也能推出该病人患的疾病是 x_7，因为不管病人是否还有其他症状，都不会使 x_7 的输入加权和为负值。由此可见，在用神经网络进行推理时，即使已知的信息不完全，照样可以进行推理。一般来说，对每一个神经元 x_i 的输入加权和可分两部分进行计算，一部分为已知输入的加权和，另一部分为未知输入的加权和，即

$$I_i = \sum_{x_{j \text{已知}}} w_{ij} x_j$$

$$I_i = \sum_{x_{j \text{已知}}} |w_{ij} x_j|$$

当 $|I_i| > U_i$ 时，未知部分将不会影响 x_i 的判别符号，从而可根据 I_i 的值来使用特性函数：

$$x_i = \begin{cases} 1 & I_i > 0 \\ -1 & I_i < 0 \end{cases}$$

由上例可以看出网络推理的大致过程。一般来说，正向网络推理的步骤如下：

（1）把已知数据输入网络输入层的各个节点。

（2）利用特性函数分别计算网络中各层的输出。计算中，前一层的输出作为后一层有关节点的输入，逐层进行计算，直至计算出输出层的输出值。

（3）用阈值函数对输出层的输出进行判定，从而得到输出结果。

上述推理具有如下特征：

（1）同一层的处理单元（神经元）是完全并行的，但层间的信息传递是串行的。由于层中处理单元的数目要比网络的层数多得多，因此它是一种并行推理。

（2）在网络推理中不会出现传统人工智能系统中推理的冲突问题。

（3）网络推理只与输入及网络自身的参数有关，而这些参数又是通过使用学习算法对网络进行训练得到的，因此它是一种自适应推理。

以上仅讨论了基于神经网络的正向推理。也可实现神经网络的逆向及双向推理，它们要比正向推理复杂一些。

5.2　神经控制的结构方案

神经控制器的结构随其分类方法的不同而有所不同。本节将举例简要介绍神经控制结构的典型方案。

5.2.1　NN 学习控制

当受控系统的动态特性是未知的或者仅有部分是已知时，需要寻找某些支配系统动作和行为的规律，使得系统能被有效地控制。在有些情况下，可能需要设计一种能够模仿人类作用的自动控制器。基于规则的专家控制和模糊控制是实现这类控制的两种方法，而神经网络（NN）控制是另一种方法，我们称它为基于神经网络的学习控制、监督式神经控制或 NN 监督式控制。图 5.12 给出了一个 NN 学习控制的结构，其中包括一个导师（监督程序）和一个可训练的神经网络控制器（NNC）。在控制初期，监督程序作用较大；随着 NNC 训练的成熟，NNC 将对控制起到较大作用。控制器的输入对应于由人接收（收集）的传感输入信息，而用于训练的输出对应于人对系统的控制输入。

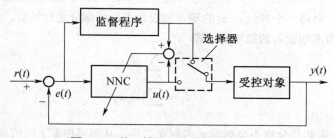

图 5.12　基于神经网络的监督式控制

实现 NN 监督式控制的步骤如下：

（1）通过传感器和传感信息处理来调用必要的和有用的控制信息。

（2）构造神经网络，选择 NN 类型、结构参数和学习算法等。

（3）训练 NN 控制器，实现输入和输出间的映射，以便进行正确的控制。在训练过程中，可采用线性律、反馈线性化或解耦变换的非线性反馈作为导师（监督程序）来训练 NN 控制器。

NN 监督式控制已被用于标准的倒摆小车控制系统。

5.2.2　NN 直接逆模控制与内模控制

1．NN 直接逆模控制

NN 直接逆模控制，顾名思义，采用受控系统的一个逆模型，它与受控系统串接以便使系统在期望响应（网络输入）与受控系统输出间得到一个相同的映射。因此，该网络（NN）直接作为前馈控制器，而且受控系统的输出等于期望输出。本控制方案已用于机器人控制，即在 Miller 开发的 CMAC 网络中应用直接逆模控制来提高 PUMA 机器人操作手（机械手）的跟踪精度达到 10^{-2}。这种方法在很大程度上依赖于作为控制器的逆模型的精确程度。由于不存在反馈，因此本法的鲁棒性不足。逆模型参数可通过在线学习调整，以期把受控系统的鲁棒性提高至一定程度。

图 5.13 给出了 NN 直接逆模控制的两种结构方案。在图 5.13（a）中，网络 NN1 和 NN2 具有相同的逆模型网络结构，而且采用同样的学习算法。NN1 和 NN2 的结构是相同的，二者应用相同的输入、隐层和输出神经元数目。对于未知对象，NN1 和 NN2 的参数将同时调整，NN1 和 NN2 将是对象逆动态的一个较好的近似。图 5.13（b）为 NN 直接逆模控制的另一种结构方案，图中采用一个评价函数（EF）。

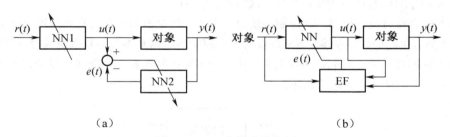

（a）　　　　　　　　　　　　　　（b）

图 5.13　NN 直接逆模控制

2．NN 内模控制

在常规内模控制（IMC）中，受控系统的正模型和逆模型被用作反馈回路内的单元。IMC 经过全面检验表明其可用于鲁棒性和稳定性分析，而且是一种新的和重要的非线性系统控制方法，具有在线调整方便、系统品质好、采样间隔不出现纹波等特点，常用于纯滞后、多变量、非线性等系统。

图 5.14 表示基于 NN 内模控制的结构，其中系统模型（NN2）与实际系统并行设置。反馈信号由系统输出与模型输出间的差得到，而且接着由 NN1（在正向控制通道上一个具有逆模型的 NN 控制器）进行处理，NN1 控制器应当与系统的逆有关。其中，NN1 为神经网络控制器，NN2 为神经网络估计器。NN2 充分逼近被控对象的动态模型，神经网络控制器 NN1 不是直接学习被控对象的逆动态模型，而是以充当状态估计器的 NN2 神经网络模型作为训练对象，间接学习被控对象的逆动态特性。

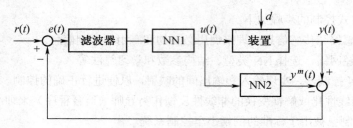

图 5.14　NN 内模控制

图 5.14 中，NN2 也是基于神经网络的，但具有系统的正向模型。该图中的滤波器通常为一线性滤波器，而且可被设计满足必要的鲁棒性和闭环系统跟踪响应。

5.2.3　NN 自适应控制

NN 自适应控制与常规自适应控制一样，也分为两类，即自校正控制（STC）和模型参考自适应控制（MRAC）。STC 和 MRAC 之间的差别在于：STC 根据受控系统的正和/或逆模型辨识结果直接调节控制器的内部参数，以期能够满足系统的给定性能指标；在 MRAC 中，闭环控制系统的期望性能是由一个稳定的参考模型描述的，而该模型又是由输入－输出对 $\{r(t), y^r(t)\}$ 确定的。本控制系统的目标在于使受控装置的输入 $y(t)$ 与参考模型的输出渐近地匹配，即

$$\lim_{t \to \infty} \left\| y^r(t) - y(t) \right\| \leqslant \varepsilon \tag{5.7}$$

式中，ε 为一指定常数。

1.　NN 自校正控制（STC）

基于 NN 的 STC 有两种类型：直接 STC 和间接 STC。

（1）NN 直接自校正控制。该控制系统由一个常规控制器和一个具有离线辨识能力的识别器组成，后者具有很高的建模精度。NN 直接自校正控制的结构基本上与直接逆模控制相同。

（2）NN 间接自校正控制。本控制系统由一个 NN 控制器和一个能够在线修正的 NN 识别器组成，图 5.15 为 NN 间接 STC 的结构。

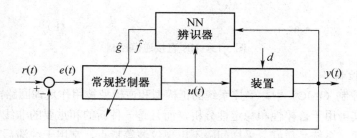

图 5.15　NN 间接自校正控制

一般地，假设受控对象（装置）为下式所示的单变量非线性系统：

$$y_{k+1} = f(y_k) + g(y_k)u_k \tag{5.8}$$

式中，$f(y_k)$ 和 $g(y_k)$ 为非线性函数。令 $\hat{f}(y_k)$ 和 $\hat{g}(y_k)$ 分别代表 $f(y_k)$ 和 $g(y_k)$ 的估计值。如果 $f(y_k)$ 和 $g(y_k)$ 是由神经网络离线辨识的，那么能够得到足够近似精度的 $\hat{f}(y_k)$ 和 $\hat{g}(y_k)$，而且可以直接给出常规控制律：

$$u_k = \left[y_{d,k+1} - \hat{f}(y_k) \right] \Big/ \hat{g}(y_k) \tag{5.9}$$

式中，$y_{d,k+1}$ 为在$(k+1)$时刻的期望输出。

2. NN 模型参考自适应控制

基于 NN 的 MRAC 也分为两类：NN 直接 MRAC 和 NN 间接 MRAC。

（1）NN 直接模型参考自适应控制。从图 5.16 的结构可知，直接 MRAC 神经网络控制器力图维持受控对象输出与参考模型输出间的差 $e_c(t) = y(t) - y^m(t) \to \infty$。由于反向传播需要知道受控对象的数学模型，因而该 NN 控制器的学习与修正已遇到许多问题。

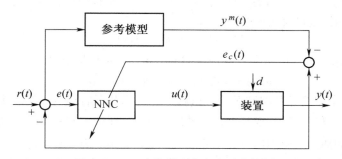

图 5.16　NN 直接模型参考自适应控制

（2）NN 间接模型参考自适应控制。该控制系统结构如图 5.17 所示，NN 识别器（NNI）首先离线辨识受控对象的前馈模型，然后由 $e_i(t)$ 进行在线学习与修正。显然，NNI 能提供误差 $e_c(t)$ 或者其变化率的反向传播。

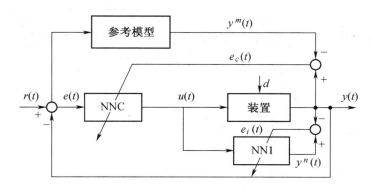

图 5.17　NN 间接模型参考自适应控制

5.3　神经控制器的设计

对神经控制系统和神经控制器尚缺乏规范的设计方法。在实际应用中，根据受控对象及其控制要求，人们应用神经网络的基本原理，采用各种控制结构，设计出许多行之有效的神经控制系统。

5.3.1　神经控制系统的设计内容和结构

1. 神经控制系统的设计内容

从已有的设计情况来看，神经控制系统的设计一般应包括（但不是全部）下列内容：

（1）建立受控对象的数学计算模型或知识表示模型。

（2）选择神经网络及其算法，进行初步辨识与训练。

（3）设计神经控制器，包括控制器结构、功能表示与推理。

（4）进行控制系统仿真试验，并通过试验结果改进设计。

下面以一个神经模糊自适应控制器为例讨论神经控制系统的设计问题。

2．控制器的结构和工作原理

综合反馈误差学习法和直接自适应控制的特点，提出的神经网络在线学习模糊自适应控制结构如图 5.18 所示。它由一个普通的反馈控制器（FC）和一个神经控制器（NNC）组成，二者的输入信号之和作为实际控制量对系统进行控制，即

$$u(k) = u_n(k) + u_f(k) \qquad (5.10)$$

式中，u_f 是反馈控制器的输出，u_n 神经控制器的输出，通常可描述为

$$u_n(k) = NN[r(k), e(k), w(k), \theta(k), \sigma(x)] \qquad (5.11)$$

其中，r 是参考输入，e 为系统跟踪误差，$w(k)$、$\theta(k)$ 分别是神经网络的连接权和神经元的输入偏置，$\sigma(\bullet)$ 为神经元激发函数，取其形式为对称 Sigmoid 函数（即双正切函数）。反馈控制器 FC 起着监控作用，在 NNC 训练初期，FC 对系统实施启动控制，并保证闭环系统的稳定性。神经控制器 NNC 是一个在线学习的自适应控制器，作用是综合系统的参考输入和跟踪误差，利用模糊推理机 FIE 的输出信号进行学习，不断逼近被控对象的逆动力学，使 FC 的输出及其变化趋于零，从而逐步取消 FC 的作用，实现对系统的高精度跟踪控制。这两个过程是同时进行的。

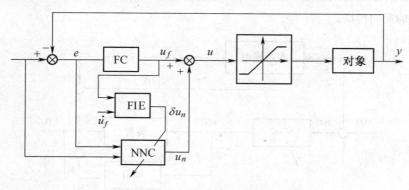

图 5.18　神经模糊自适应控制系统结构

在控制初期，神经控制器 NNC 未经训练，反馈控制器起主要作用，NNC 通过 FIE 的输出信号不断得到训练，并逐渐在控制行为中占据主导地位，最终取代反馈控制器单独对系统实施高精度控制。当系统受到干扰或对象发生变化时，反馈控制器重新起作用，通过补偿控制消除上述因素对控制系统的影响，同时为 NNC 提供训练误差。这种控制策略使学习与控制同时进行，且完备性好，具有良好的鲁棒性以及适应对象和环境变化的能力。

5.3.2　神经控制器的训练与学习算法

由于一个三层神经网络就具有任意逼近能力，因此 NNC 采用一个单隐含层线性输出前馈网络，其模型结构如图 5.19 所示，输入输出关系可描述为：

$$u_n(k) = W_{OH}^T(k)\sigma[W_{HI}^T(k)X_1(k) + \theta_H(k)] \qquad (5.12)$$

式中，$X_1 = \{r, e(k), \ldots, e(k-m+1)\}$ 是网络的输入向量，$W_{OH}(k)$、$W_{HI}(k)$ 分别是 NNC 输出层到隐含层和隐含层到输入层的权值矩阵，$\theta_H(k)$ 是隐含单元的输入偏置。

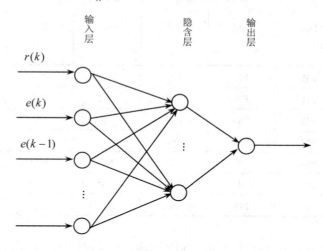

图 5.19　NNC 模型结构

根据反馈误差学习法，网络权值的学习规则为：

$$\frac{\mathrm{d}w(t)}{\mathrm{d}t} = \eta(t)\left(\frac{\partial u_n(t)}{\partial w(t)}\right)^T u_f(t) \tag{5.13}$$

式中，η 为学习步长，$u_f(t)$ 为学习误差，即反馈控制器的输出信号。研究表明，在学习期间无外部干扰的情况下，基于上述学习规则的神经控制方案能大幅降低系统的跟踪误差，取得更好的控制效果。然而，在实际的系统中，干扰和误差是实际存在的。另一方面，在 NNC 训练初期，由于系统存在较大的跟踪误差，直接采用 FC 的输出信号训练神经网络时，常常使网络的输出产生振荡或进入饱和状态，造成系统响应缓慢或控制初期输出产生抖动。

由于工业控制系统实际上存在惯性，通常不能从某个状态跃变到另一个状态。因此，也就无须要求控制器的输出从某个初始值一次跃变到最终的期望值。

为了改善神经网络的学习效果，使 NNC 的输出变化与系统的运动特性相匹配，根据误差和误差变化，将系统的最终目标分解成若干分目标。控制系统在每个采样周期中实现对一个分目标的跟踪。经过若干控制周期后，系统即可平滑地到达最终目标状态。在分目标跟踪过程中，神经控制器的学习误差不再基于系统的最终目标误差，而是基于该时刻系统所应消除的分目标误差。采用分目标学习方式不仅能使 NNC 在每个采样周期中的学习目标易于实现，保证系统的跟踪控制更符合工业过程的实际，而且可有效避免 NNC 的输出产生振荡或进入饱和状态。

分目标学习误差由模糊推理机的一组模糊规则给出，如表 5.3 所示。表中符号 PB、PM、PS、0、NS、NM、NB 分别表示正大、正中、正小、零、负小、负中、负大的概念。表中的模糊关系不再是传统意义上的模糊控制策略，而是每一控制周期中用于 NNC 训练的分目标学习误差。这样，NNC 在学习中逐步跟踪系统的逆动力学，并产生一自适应控制信号，使系统输出跟踪给定的参考信号。它消除的不单是系统的输出误差，而是误差和误差变化的综合影响，从而避免了反馈误差学习法可能造成的 NNC 的输出产生振荡或进入饱和状态。

表 5.3　分目标学习误差规则表

$\dot{U}_f$ ＼ U_f ＼ δ	NB	NM	NS	0	PS	PM	PB
NB	PB	PB	PB	PM	PM	PS	0
NM	PB	PB	PM	PM	PS	0	NS
NS	PB	PM	PM	PS	0	NS	NM
0	PM	PM	PS	0	NS	NM	NM
PS	PM	PS	0	NS	NM	NM	NB
PM	PS	0	NS	NM	NM	NB	NB
PB	0	NS	NM	NM	NB	NB	NB

　　为了实现上述模糊推理规则，必须对 FIE 的输入变量进行模糊化处理，即将输入变量从基本论域转化到相应的模糊论域。为此，引入 FC 输出变量 u_f 及其变化变量 $\dot{u}_f$ 的量化因子 K_{u_f}、$K_{\dot{u}_f}$。假定变量 u_f 的基本论域和模糊论域分别为 $(-u_{fm}, u_{fm})$ 和 $(-n_{u_f}, -n_{u_f}+1, \ldots, 0, \ldots, n_{u_f}-1, n_{u_f})$，且变量 $\dot{u}_f$ 的基本论域和模糊论域分别为 $(-\dot{u}_{fm}, \dot{u}_{fm})$ 和 $(-n_{\dot{u}_f}, -n_{\dot{u}_f}+1, \ldots, 0, \ldots, n_{\dot{u}_f}-1, n_{\dot{u}_f})$，则量化因子 K_{u_f}、$K_{\dot{u}_f}$ 可由下式确定：

$$K_{u_f} = \frac{n_{u_f}}{u_{fm}} \tag{5.14}$$

$$K_{\dot{u}_f} = \frac{n_{\dot{u}_f}}{\dot{u}_{fm}} \tag{5.15}$$

　　FC 的实时输出信号 u_f 及其变化 $\dot{u}_f$ 经量化后的模糊变量 $U_f(k)$、$\dot{U}_f(k)$ 分别为

$$U_f(k) = K_{u_f} u_f(k) \tag{5.16}$$

$$\dot{U}_f(k) = K_{\dot{u}_f} \dot{u}_f(k) \tag{5.17}$$

　　模糊变量 $U_f(k)$、$\dot{U}_f(k)$ 的论域、模糊子集及其隶属函数 μ 的定义如图 5.20 所示。为改善模糊推理机的输出特性，FIE 输出变量 δ 的论域、模糊子集及其隶属函数的定义如图 5.21 所示。当系统偏差较大时，模糊集隶属函数的分辨率较低，FIE 的输出变化比较缓慢，可保证 NNC 的学习比较平稳。而当系统偏差较小时，模糊集隶属函数的分辨率较高，有利于提高 NNC 学习的收敛精度。

　　在控制过程中，系统根据每一采样时间 FC 的输出信号及其变化，由图 5.15 确定各模糊集的隶属度，然后利用模糊推理规则表 5.2 确定图 5.16 中 FIE 输出变量 δ 所有可能的模糊隶属集，并以重心法进行模糊判决，得到分目标学习误差 ΔE：

$$\Delta E = \frac{\displaystyle\sum_{\delta=-6}^{6} \delta\mu(\delta)}{\displaystyle\sum_{\delta=-6}^{6} \mu(\delta)} \tag{5.18}$$

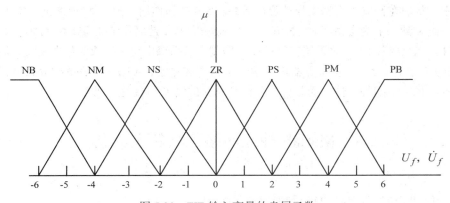

图 5.20　FIE 输入变量的隶属函数

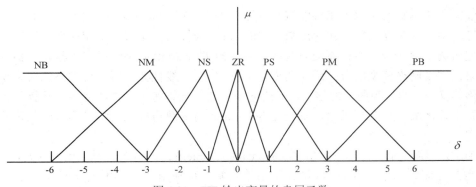

图 5.21　FIE 输出变量的隶属函数

为提高模糊判决精度，上式中离散计算步长取为 0.1。与模糊量化过程相反，ΔE 必须还原到其基本论域中方可用于 NNC 的学习。为此，将 ΔE 乘以一个比例因子 K_δ：

$$\delta_e(k) = K_\delta \Delta E(k) \tag{5.19}$$

量化因子和比例因子均是用于论域变换的变量，其大小对控制系统的动态性能影响较大，选配时应兼顾响应速度和超调量。

确定分目标学习误差后，定义 NNC 的训练误差函数如下：

$$E = \frac{1}{2}\delta_e^2 \tag{5.20}$$

综上分析，可归纳出神经网络在线学习模糊自适应控制的算法如下：

（1）初始化 FC 及 NNC 的结构、参数及各种训练参数。

（2）在时刻 k，采样 $y(k)$、$r(k)$，并计算系统输出偏差。

（3）计算反馈控制器 FC 的输出信号 $u_f(k)$ 及其变化量 $\dot{u}_f(k)$。

（4）根据模糊推理规则，求出 NNC 分目标学习误差 $\delta_e(k)$。

（5）若 $\delta_e(k) > \varepsilon$，修正 NNC 的权值，否则继续下一步。

（6）构造 NNC 的输入向量 $X_I = \{r(k+1), e(k), \ldots, e(k-m+1)\}$，并计算其输出 $u_n(k)$。

（7）计算控制器输出 $u(k)$，并送给被控对象，产生下一步输出 $y(k+1)$。

（8）令 $k = k+1$，对 $\{y(k)\}$、$\{u(k)\}$、$\{e(k)\}$ 进行移位处理，返回步骤（2）。

在控制过程中，NNC 利用模糊推理机的分目标学习误差进行学习和在线调整，逐渐使 FC 的输出趋于零，从而在控制中占据主导地位，最终取消 FC 的作用。随着 NNC 权值的调整，当分目标学习误差收敛到一个给定精度时，NNC 的训练暂告结束。此时，NNC 已能很好地代表对象的逆动力学特性，完全取代 FC，对系统实行高品质控制。当系统出现干扰或对象发生变化时，反馈控制器 FC 重新起作用，NNC 也将重新进入学习状态。这种控制策略具有良好的完备性，不仅可确保控制系统的稳定性和鲁棒性，而且可有效提高系统的精度和自适应能力。

5.4　Matlab 神经网络工具箱及其仿真

5.4.1　Matlab 神经网络工具箱图形用户界面设计

神经网络工具箱就是以人工神经网络理论为基础，在 Matlab 环境下用 Matlab 语言构造出典型神经元网络的激发函数（传递函数），如 S 形、线性、竞争层、饱和线性等激发函数，使设计者把所选定网络输出的计算变为对激发函数的调用。Matlab 神经网络工具箱包括许多神经网络成果，涉及网络模型的有：感知器模型、BP 网络、线性滤波器、控制系统网络模型、自组织网络、反馈网络、径向基网络、自适应滤波和自适应训练等。神经网络工具箱包含人工神经元网络设计函数及其分析函数，可通过 help nnet 命令获得神经网络工具箱函数及其相应的功能说明。

图形用户界面又称图形用户接口（Graphical User Interface，GUI），是采用图形方式显示计算机操作用户界面。利用 Matlab 的神经网络工具箱，可使用户操作更加友好与快捷。GUI 的 Network/Data Manager 窗口是一个独立的窗口。在 Matlab 命令行窗口中输入 nntool 后按回车键，出现如图 5.22 所示的 Network/Data Manager 窗口。

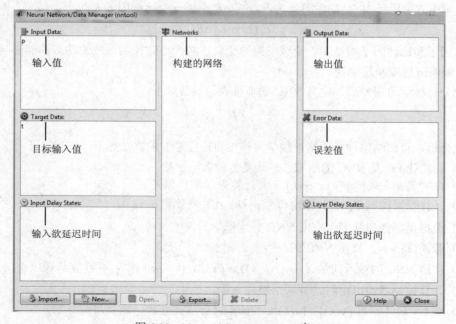

图 5.22　Network/Data Manager 窗口

该窗口有 7 个空白文本框（Inputs Data 输入值、Target Data 目标输入值、Inputs Delay states 输入欲延迟时间、Networks 构建的网络、Outputs Data 输出值、Error Data 误差值、Layer Delay Data 输出欲延迟时间），底部有一些功能按键。可将 GUI 得到的结果数据导出到命令窗口中，也可将命令窗口中的数据导入到 GUI 窗口中。GUI 开始运行后，就可以创建一个神经网络，而且可以查看其结构，对其进行仿真和训练，也可以输入和输出数据。

通过 Matlab 神经网络工具箱图形用户界面设计前向 BP 网络，以基于前向 BP 网络的 RLC 无源网络电路传递函数逼近为例，演示 GUI 的使用流程，具体实现步骤请参见有关 Matlab 的手册或参考书。

5.4.2 基于 Simulink 的神经网络及其控制仿真

Simulink 是 Matlab 中的软件包，采用模块描述系统的典型环节，因此是面向结构的动态系统仿真软件，适合用于连续线性与非线性系统、离散线性与非线性系统以及混合系统，具有可视化特点。应用 Simulink 构建设计神经网络有两条途径：

（1）在神经网络工具箱（NNTOOL，Neural Network Toolbox）中提供了可在 Simulink 中构建网络的模块。

（2）在 Matlab 工作空间中设计的网络，能用函数 gensim()很方便地生成相应的 Simulink 模型网络。函数为 gensim(net,st)，其中 net 为需要生成模块化描述的网络，该网络需要在 Matlab 工作空间中进行设计，st 为采样周期，若 st=-1，为连续；若 st=其他实数，则为离散采样。

Simulink 模型是程序，是扩展名为.mdl 的 ASCII 代码，方框图形式，采用分层结构。Simulink 神经网络模块有 5 个子模块库，在 Matlab 工作空间（Command Window）输入 Neural 后按回车键，可以看到如图 5.23 所示的界面。

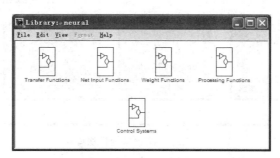

图 5.23 神经网络工具箱子模块窗口

Simulink 神经网络模块各子模块库如下：

（1）传递函数模块库（Transfer Functions），如图 5.24 所示。

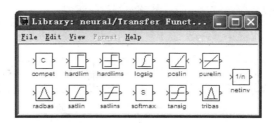

图 5.24 传递函数模块库

（2）网络输入模块库（Net Input Functions），有加或减、点乘或点除计算等，如图 5.25 所示。

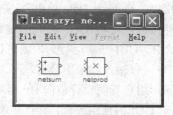

图 5.25　网络输入模块库

（3）权值设置模块库（Weight Functions），有点乘权值函数、距离权值函数、距离负值计算权值函数、规范化的点乘权值函数等，如图 5.26 所示。

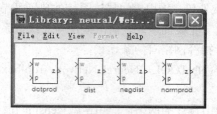

图 5.26　权值设置模块库

（4）控制系统模块库（Control Functions），有模型参考控制器、**NARMA-L2** 控制器、神经网络预测控制器、示波器等，如图 5.27 所示。

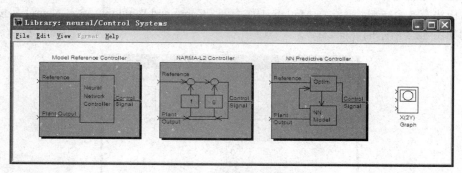

图 5.27　控制系统模块库

（5）过程处理模块库（Control Functions），如图 5.28 所示。

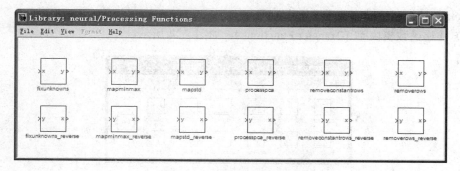

图 5.28　过程处理模块库

神经网络工具箱提供了一组 Simulink 模块工具，可用来建立神经网络和基于神经网络的控制器。工具箱提供三类控制的相关的 Simulink 实例，分别为模型预测控制（Model Predictive Control）、反馈线性化控制（Feedback Linearization or NARMA-L2）和模型参考控制（Model Reference Control）。

5.5　本章小结

5.1 节介绍了人工神经网络的基础知识，包括神经元的特性、人工神经网络的特点、基本类型、学习算法、典型模型、基于神经网络的知识表示与推理。5.2 节以控制工程师熟悉的语言和图示介绍了神经控制器的各种基本结构方案，包括基于神经网络的学习控制器、基于神经网络的直接逆模控制器、基于神经网络的自适应控制器、基于神经网络的内模控制器等。这些结构方案可用于构成更复杂的神经控制器。5.3 节讨论了神经控制系统的设计，即神经网络模糊自适应控制器的设计。5.4 节介绍了 Matlab 语言中的神经网络图形用户界面和基于 Simulink 的神经网络各子模块库及其控制仿真。

自从 McCulloch 和 Pitts 在 1943 年开始研究 ANN 以来，已经开发了各种有效的 ANN，用于模式识别、图像和信号处理与监控。然而，由于技术的现实性，尤其是计算机技术和 VLSI 技术当前水平的局限性，这些努力并非总是如愿以偿。随着计算机软件和硬件技术的发展，自 20 世纪 80 年代以来，出现了一股开发 ANN 的新热潮。近 20 年已经过去，可是，许多把 ANN 应用于控制领域的努力仍然收效甚微。其主要困难在于 VLSI 意义上的人工神经网络的设计和制造问题仍未获得突破性进展。要解决这一问题，研究人员可能还需要继续走一段很长的路。人工神经网络与模糊逻辑、专家系统、自适应控制，甚至 PID 控制的集成，有希望为智能控制创造出优良制品。

习题 5

5-1　人工神经网络为什么具有诱人的发展前景和潜在的广泛应用领域？

5-2　简述生物神经元及人工神经网络的结构和主要学习算法。

5-3　考虑一个具有阶梯型阈值函数的神经网络，假设：

（1）用常数乘所有的权值和阈值。

（2）用常数加于所有权值和阈值。

试说明网络性能是否会变化？

5-4　构建一个神经网络，用于计算含有两个输入的 XOR 函数，指定所用神经网络单元的种类。

5-5　假定有一个具有线性激励函数的神经网络，即对于每个神经元，其输出等于常数 c 乘以各输入权和。

（1）设该网络有个隐含层。对于给定的权 W，写出输出层单元的输出值，此值以权 W 和输入层 I 为函数，而对隐含层的输出没有任何明显的叙述。试证明：存在一个不含隐含单位的网络能够计算上述同样的函数。

（2）对于具有任何隐含层数的网络重复进行上述计算，并从中给出线性激励函数的结论。

5-6　试实现一个分层前馈神经网络的数据结构，为正向评价和反向传播提供所需信息。应用这个数据结构，写出一个神经网络输出，以作为一个例子，并计算该网络适当的输出值。

5-7 有哪些比较有名和重要的人工神经网络及其算法？试举例介绍。

5-8 神经学习控制有哪几种类型？它们的结构是怎样的？

5-9 神经自适应控制有哪几种类型？试述它们的工作原理。

5-10 神经直接逆模控制和神经内模控制的主要区别是什么？

5-11 举例说明神经控制系统的设计步骤。

5-12 举出一个你知道的神经控制系统，并分析其工作原理和运行效果。

5-13 给定训练集 $\left(\begin{pmatrix} 1 \\ 1 \end{pmatrix}, -1\right)$，$\left(\begin{pmatrix} -1 \\ -1 \end{pmatrix}, 1\right)$，$\left(\begin{pmatrix} 1 \\ -1 \end{pmatrix}, 1\right)$，$\left(\begin{pmatrix} -1 \\ 1 \end{pmatrix}, -1\right)$，用感知器训练学习权值，画出所求分界面。

5-14 利用 Matlab 神经网络工具箱图形用户界面实现正弦与余弦函数的逼近。

5-15 请学习 Matlab 神经控制工具箱，并用于一种跟踪控制系统。

第 6 章

学习控制

人类与其他高等动物的主要区别就在于人类具有学习能力。通过模拟人类良好的调节控制机能来实现对装置或系统的控制，就是一种学习控制。学习控制系统是智能控制最早的研究领域之一。早在 40 多年前就已提出关于学习和学习控制的概念；在过去的 30 年中，学习控制应用于动态系统（如机器人操作和飞行制导等）的研究，已成为日益重要的研究课题。

本章首先介绍学习控制的一些基本概念，包括学习控制的定义、研究动机和发展历史，以及学习控制与自适应控制的关系。接着讨论学习控制的各种方案，涉及基于模式识别的学习控制、迭代学习控制、重复学习控制、基于神经网络的学习控制和基于规则的学习控制等。最后给出一个学习控制的例子，即弧焊过程自学习模糊神经控制系统，来说明学习控制的应用。

6.1　学习控制概述

本节首先探讨学习和学习控制的定义、研究学习控制的动机与意义，然后介绍学习控制的简要发展过程以及学习控制与自适应控制的关系。

6.1.1　学习控制的定义与研究意义

学习（Learning）是一个非常普遍的术语，人和计算机都通过学习获取和增加知识，改善技术和技巧。由于具有不同背景的人们对"学习"具有不同的看法，所以至今尚无关于学习的统一定义。

1. 学习控制的定义

学习是人类的主要智能之一，人类活动（包括对某个自动装置进行控制）也需要学习。在人类进化过程中，学习起到了很大作用，而且学习控制实际上是一种模拟人类良好的调节控制机能的尝试。下面给出关于学习和学习控制的不同定义。

Wiener 于 1965 年对学习给出一个比较普遍的定义：

定义 6.1　一个具有生存能力的动物在它的一生中能够被其经受的环境所改造。一个能够繁殖后代的动物至少能够生产出与自身相似的动物（后代），即使这种相似可能随着时间变化。如果这种变化是自我可遗传的，那么就存在一种能受自然选择影响的物质。如果该变化是以行为形式出现，并假定这种行为是无害的，那么这种变化就会世代相传下去。这种从一代至其下一代的变化形式称为种族学习（Racial Learning）或系统发育学习（System Growth Learning），而发生在特定个体上的这种行为变化或行为学习，则称为个体发育学习（Individual Growth Learning）。

C. Shannon 在 1953 年对学习给予较多限制的定义：

定义 6.2　假设①一个有机体或一部机器处在某类环境中，或者同该环境有联系；②对该环境存在一种"成功的"度量或"自适应"度量；③这种度量在时间上是比较局部的，也就是说，人们能够用一个比有机体生命期短的时间来测试这种成功的度量。对于所考虑的环境，如果这种全局的成功度量能够随时间而改善，那么我们就说，对于所选择的成功度量，该有机体或机器正为适应这类环境而学习。

Osgood 在 1953 年从心理学的观点提出学习的定义：

定义 6.3　在同类特征的重复环境中，有机体依靠自己的适应性使自身行为及在竞争反应中的选择不断地改变和增强。这类由个体经验形成的选择变异即谓学习。

Tsypkin 为学习和自学习下了较为一般的定义：

定义 6.4　学习是一种过程，通过对系统重复输入各种信号，并从外部校正该系统，从而系统对特定的输入具有特定的响应。自学习就是不具外来校正的学习，即不具奖罚的学习，它不给出系统响应正确与否的任何附加信息。

Simon 对学习给予更准确的定义：

定义 6.5　学习表示系统中的自适应变化，该变化能使系统比上一次更有效地完成同一群体所执行的同样任务。

Minsky 用一个比较一般的学习判据代替改善学习判据，他的判据只要求变化是有益的：

定义 6.6　学习在于使我们的智力工作发生有益的变化。

下面综述学习系统、学习控制和学习控制系统的定义。

定义 6.7 学习系统（Learning System）是一个能够学习有关过程的未知信息，并用所学信息作为进一步决策或控制的经验，从而逐步改善系统性能的系统。

定义 6.8 如果一个系统能够学习某一过程或环境的未知特征固有信息，并用所得经验进行估计、分类、决策或控制，使系统的品质得到改善，那么称该系统为学习系统。

定义 6.9 学习控制（Learning Control）能够在系统进行过程中估计未知信息，并据之进行最优控制，以便逐步改进系统性能。

定义 6.10 学习控制是一种控制方法，其实际经验起到控制参数和算法的类似作用。

定义 6.11 如果一个学习系统利用所学得的信息来控制某个具有未知特征的过程，则称该系统为学习控制系统。

学习控制的定义还可用数学描述如下：

定义 6.12 在有限时间域$[0,T]$内，给出受控对象的期望响应$y_d(t)$，寻求某个给定输入$u_k(t)$，使得$u_k(t)$的响应$y_k(t)$在某种意义上获得改善，其中k为搜索次数，$t \in [0,T]$。称该搜索过程为学习控制过程。当$k \to \infty$时，$y_k(t) \to y_d(t)$，该学习控制过程是收敛的。

根据上述定义，可把学习控制的机理概括如下：

（1）寻找并求得动态控制系统输入与输出间的比较简单的关系。

（2）执行每个由前一步控制过程的学习结果更新了的控制过程。

（3）改善每个控制过程，使其性能优于前一个过程。

希望通过重复执行这种学习过程和记录全过程的结果来稳步改善受控系统的性能。

2. 研究学习控制的动机和意义

在设计线性控制器时，通常需要假设：受控系统模型的参数是知道的则比较好。不过，许多控制系统具有模型参数的不确定性问题。这些问题可能源于参数随时间的缓慢变化（如飞机飞行过程中飞机周围的空气压力）或者参数的突然变化（如机器人抓起新物体时的惯性参数）。一个基于不准确或过时的模型参数值的线性控制器，其性能可能大大下降，甚至不稳定。可把非线性引入控制系统的控制器，以便能够容许模型的不确定性。自适应控制和鲁棒控制即是为此而开发的。

自适应控制系统能够在不确定的条件下进行有条件的决策。随着控制理论和应用的发展，控制问题涉及的范围越来越广。在不确定的和复杂的环境中进行决策，要求控制系统具有更多的智能因素。学习系统是自适应系统的发展与延伸，它能够按照运行过程中的"经验"和"教训"来不断改进算法，增长知识，更广泛地模拟高级推理、决策和识别等人类的优良行为和功能。自适应控制系统在未知环境下的控制决策是有条件的，因为其控制算法依赖于受控对象数学模型的精确辨识，并要求对象或环境的参数和结构能够发生大范围突变。这就要求控制器有较强的适应性、实时性并保持良好的控制品质。在这种情况下，自适应控制算法将变得过于复杂，计算工作量大，而且难以满足实时性和其他控制要求。因此，自适应控制的应用范围比较有限。当受控对象的运动具有可重复性时，即受控系统每次进行同样的工作时，就可以把学习控制用于该对象。在学习控制过程中，只需要检测实际输出信号和期望信号，而受控对象复杂的动态描述计算和参数估计可被简化或省略。所以，对于工业机器人、数控机床和飞机飞行等受控对象的重复运动，学习控制具有广泛的应用前景。

这样，学习控制已成为智能控制一个重要的领域。学习与掌握学习控制的基本原理和技术能够明显增强控制工程师对实际控制问题的处理能力，并提供对含有不确定性现实世界的敏锐理解。

在过去的 30 年中，学习控制的应用因学习控制设计和分析等方面的计算困难而受到限制。不过，近年来，智能系统和计算机技术的发展极大地缓解了这个问题。因此，当前对学习控制的研究和应用表现出相当大的热情。对大范围运行的学习控制的研究课题已引起特别关注，因为一方面，强功能的微处理器的出现已经使学习控制（包括在线学习控制）的实现变得比较简单，另一方面，现代技术（如高速高精度机器人或高性能飞行器）要求控制系统具有更为精确的设计技术。学习控制在智能控制和智能自动化方面有日益显著的地位。

6.1.2　学习控制的发展及其与自适应控制的关系

1. 学习控制的发展概况

对学习机的设想与研究始于 20 世纪 50 年代，学习机是一种模拟人的记忆与条件反射的自动装置。学习机的概念是与控制论同时出现的。后来，学习机的概念超出了预测器和滤波器的范围。下棋机是学习机器早期研究阶段的成功例子。

为了解决大量的随机问题，在 60 年代发展了自适应和自学习等方法。学习控制最初用于解决飞行器的控制、模式分类和通信等问题，然后逐渐用于电力系统和生产过程控制。学习系统可分为离线可训练系统和在线自学习系统两类。前者直接由外界对受控系统的反应做出"奖""罚"反馈，以改进学习算法；后者在一定程度上能够进行各种试探、搜索、品质评判、决策以及先验知识的自修改。在线自学习控制需要大容量的高速计算机。由于早期计算机发展水平的限制，往往采用离线与在线相结合的学习方法实现当时的学习控制。随着计算机技术的发展，尤其是微型计算机功能和容量的快速进展，在线自学习控制可望获得新的发展。60 年代开始研究双重控制和人工神经网络的学习控制理论，其控制原理是建立在模式识别方法的基础上的。K.S.Narendra 等在 1962 年提出了一种基于性能反馈的校正方法。F.W.Smith 于 1964 年提出了一种应用模式识别自适应技术的开关式（Bang-Bang）控制方法。同时，F.B.Smith 研究了可训练飞行控制系统，Butz 开发了一个开关式学习调节器，Mendel 把可训练阈值逻辑方法作为一种人工智能技术用于控制系统。

另一类基于模式识别的学习控制方法把线性增强技术用于学习控制系统。其中，Waltz 和 Fu 于 1965 年提出把启发式方法用于强化学习控制系统。此类方法的另一些工作包括子目标选择和两级学习控制方法等，还有的把上述概念用于卫星的精确姿态控制。

研究基于模式识别的学习控制的第三种方法是利用 Bayes 学习估计方法，这是由 Fu 于 1965 年首先提出的。此外，Tsypkin、Nikolic 和 Fu 还从另一思路研究了这类学习控制的随机逼近方法，并采用随机自动机作为学习系统的模型。

Wee 和 Fu 于 1969 年提出模糊学习控制系统，而 Saridis 等在 1977～1982 年间发展了递阶语义学习方法。这些学习方法在处理指令和决策中具有较高的智能水平，因而适用于多级递阶控制的较高控制层级。

由于基于模式识别的学习控制方法存在收敛速度慢、占用内存大、分类器选择涉及训练样本的构造以及特征选择与提取较难等具体实现问题，因而此类方法后来发展较慢。另两类学习控制原理，即迭代学习控制和重复学习控制在 80 年代被提出来并获得发展，它们采用比较简单的控制律，把学习控制用于工程实际。

内山于 1978 年首先提出重复学习控制（Repetitive Learning Control）方法，并把这种方法用于控制机器人操作机。井上和中野等从频域角度发展了重复学习控制。1984 年，有本、川村和宫崎等将内山的初步研究成果进一步理论化，提出了时域学习控制方法，即迭代学习控制（Iterative

Learning Control）。

迭代学习控制具有广泛的应用领域。川村等研究了迭代学习控制的逆系统、有界实性、灵敏度和最优调节问题，深刻地揭示其学习过程实质上是逼近逆系统的过程。古田等于 1986 年基于 Hilbert 空间和逆时间角度提出一种多变量的最优迭代学习控制，其系统参数较易确定，并能平滑地跟踪期望输出。Gu 和 Loh 于 1987 年提出一种多步迭代学习控制方法，能够有效地改善系统的鲁棒性。到 80 年代末，许多有关迭代学习控制的课题得到研究，这些课题涉及离散时间系统、在线参数估计、收敛性、最优设计方法、二维模型和非线性系统等。

学习控制源于基于神经网络的学习，并从研究基于模式识别的学习控制开始。早期的参数学习控制方法是为简单的控制对象开发的，并利用神经元而不是神经网络。然而，在实现这类控制时这类方法存在一些不足之处，如收敛速度慢、内存容量大、分类器选择复杂以及特征选择与提取困难等，因此限制了它的发展，使其在 70 年代出现了衰落。

自从 80 年代初期以来，连接主义（Connectionist）学习方法为学习控制输入新的动力。Rwmelhart 等提出了能够实现多层神经网络的误差反向传播模型。与此同时，Hopfield 提出一种具有联想记忆功能的反馈互连网络，后被称为 Hopfield 网络。到目前为止，已经发表了大约 100 种神经网络模型。我们已在 5.1 节中介绍了一些典型的神经网络。由于神经网络具有并行分布处理、非线性映射、通过训练进行学习、适应性和集成性等优良特性，近年来对连接主义学习控制的研究非常活跃。该领域有代表性的工作包括基于神经网络的具有再励（强化）学习的学习控制、基于神经网络的迭代学习控制、基于神经网络的自学习控制，以及基于规则的学习控制等。这方面的成功应用例子有倒立摆、机器人操作机、水下遥控机器人和飞机飞行控制等。

2. 学习控制与自适应控制的关系

自适应控制与学习控制存在一些相似的研究动机和相关实现技术，因此有必要考虑适应与学习间的关系，因为这是：①进一步研究自适应控制和学习控制的需要；②开发具有自适应和学习组合特性的控制方法的需要；③进一步开发学习控制实现技术的需要。

自适应控制和学习控制都应在受控对象与闭环交互作用基础上探求改善未来的控制性能。不过，学习控制能够在存储器中保持所获取的技巧，并在相似的未来情况下允许重新调用这些技巧。这样，一个系统如果把每种明显的操作状况看作新奇，那么该系统局限于自适应操作；然而，一个系统把过去的经验与过去的状态联系起来，而且能够在未来重新调用和开发这些经验，那么就认为该系统是能够学习的。

现有的自适应控制强调时间特性，其目标是强调在出现扰动和时变动力学时保持某些需要的闭环行为。这些功能形式包括可调节参数的一个小集合，而这些参数被优化以局部地考虑受控对象的行为。一个有效的自适应控制器必须具有相当快的动力学，以便迅速反映对象行为的变化。

对于一些实例，假定的功能形式参数可能变化得如此之快以至自适应系统无法通过自适应作用单独保持所需性能。包括非线性动力学在内的动力学特性的变化，可能引起系统运行点随时间移动。对于这种情况，学习系统更为可取，因为学习系统能保持性能，而且原则上能够更快地反映空间的变化。

因此，学习控制系统强调空间特性，它们需要一个能够存储信息（作为对象当前运行条件的函数）的存储器。学习系统存储的实现可通过通用函数合成技术达到。这些学习系统通过对一个大的可调节参数集合的优化来运行，建立一个获取问题空间关系的映射。要成功地执行该全局优化过程，学习系统要加强对以往信息的应用，并采用相当慢的学习动力学。

对学习控制器的训练，通过一些操作包使用一种把合适的控制作用（或控制集合或模型参数）与每一操作条件联系起来的自动机制。这样，就能够以过去的经验为基础，考虑和预计早先存在的未知非线性及其影响。一旦这样的控制系统得到"学习"，就不再会出现由空间动力学变化引起的瞬态行为，从而比自适应控制策略更有效，性能更优良。

尽管适应目标（更新通过时间的行为）与学习目标（把行为与状况联系起来）有明显的区别，但适应过程和学习过程是互补的，各自具有唯一的要求特性。例如，自适应技术能够适合缓慢时变动力学和新情况（如从未实验过的情况），但对具有明显非线性动力学的问题效果不佳。与此相反，学习方法具有相反的特性：它们能够适应建模很差的非线性动力学行为，但不大适合应用于时变动力学问题。一个感兴趣的研究目标是开发和设计能够同时具有自适应和学习能力的混合系统结构。

6.1.3　对学习控制的要求

对于许多控制设计问题，可供使用的演绎模型信息是如此有限，以至很难或者不可能设计一个满足规定性能要求的控制系统。在这种情况下，控制系统设计者面临三种选择：降低控制性能要求水平、预先开发另外的理论或经验模型以减少不确定性、使所设计的控制系统具有在线自动调节能力以减少不确定性或改善其性能。其中，第三种方案与前两个方案大为不同，因为其设计结果不是固定不变的，具有固有的操作灵活性。

在许多情况下，为了满足控制系统的性能、成本或灵活性等要求，降低控制性能要求水平或预先开发另外的理论或经验模型的方案是无法接受的。这样，设计者只能通过减少不确定性来提高可达到的系统性能水平，而减少不确定性只能通过与实际系统的在线交互作用才能实现。

通过自身改变控制律直接地或借助模型辨识和重新设计控制律间接地实现控制系统的自动在线调节，已由许多研究人员进行相当长时间的研究。特别对线性系统的自适应控制已获得很好的开发，对非线性系统的在线调节技术也已存在，但还未开发好。现有的大多数非线性调节技术主要用于具有已知模型结构和未知参数的非线性系统。学习控制技术通过与实际系统的在线交互作用获得开发经验，已成为增强缺少建模的非线性系统性能的一种工具。

实现学习控制系统需要 3 种能力：

（1）性能反馈。要进一步改善系统性能，学习系统必须能够定量地估计系统的当前和以往的性能水平。

（2）记忆。学习系统必须具备存储所积累的并将在以后应用的知识的方法。

（3）训练。要积累知识，就必须有一种能够把定量的性能信息转化为记忆的机制。

这里所讨论的学习系统的记忆是由一种能够表示连续族函数的适当的数学框架实现的，而训练或记忆调节过程是设计用于自动调节逼近函数的参数（或结构）以综合要求的输入输出映射。

图 6.1 给出了学习控制系统的相关研究领域。研究领域的分解是建立在适当的控制思想上的，而且估计结构的研究是以"黑匣"学习系统的概念为基础的。学习系统的记忆和训练算法可以比较独立地进行开发，以达到所要求的黑匣性能和有效的实现。

许多学习控制和估计结构已被建议用于不同的应用场合。

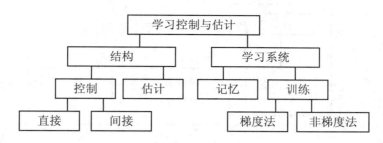

图 6.1 学习控制系统的相关研究领域

6.2 学习控制方案

自 20 世纪 70 年代初以来,研究者已经提出各种各样的学习控制方案。学习控制的主要方案如下:

- 基于模式识别的学习控制。
- 迭代学习控制。
- 重复学习控制。
- 连接主义学习控制,包括增强学习控制。
- 基于规则的学习控制,包括模糊学习控制。
- 拟人自学习控制。
- 状态学习控制等。

学习控制具有四个主要功能:搜索、识别、记忆和推理。在学习控制系统的研制初期,对搜索和识别的研究较多,而对记忆和推理的研究比较薄弱。与学习系统相似,学习控制系统也分两类,即在线学习控制系统和离线学习控制系统,如图 6.2 所示。其中,R 为参考输入,Y 为输出响应,u 为控制作用,S 为转换开关。当开关接通时,该系统处于离线学习状态。

离线学习控制系统应用比较广泛,而在线学习控制系统则主要用于比较复杂的随机环境。在线学习控制系统需要高速和大容量计算机,而且处理信号需要花费较长时间。在许多情况下,这两种方法互相结合:首先,无论什么时候只要可能,先验经验总是通过在线方法获取,然后再在运行中进行在线学习控制。

6.2.1 基于模式识别的学习控制

我们已在上一节中比较详细地介绍了基于模式识别的学习控制的发展过程,并在第 3 章提出过一个工业专家控制器的简化结构。实际上,该控制器也是一个基于模式识别的学习控制器。为便于比较,把该控制器的结构重画于图 6.3,从图中可见,该控制器中含有一个模式(特征)识别单元和一个学习(学习与适应)单元。模式识别单元实现对输入信息的提取与处理,提供控制决策和学习适应的依据,这包括提取动态过程的特征信息和识别特征信息。换句话说,模式识别单元对学习控制系统起到重要作用。学习与适应单元的作用是根据在线信息来增加与修改知识库的内容,改善系统的性能。

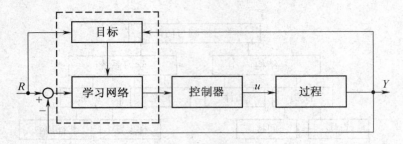

（a）在线学习控制系统

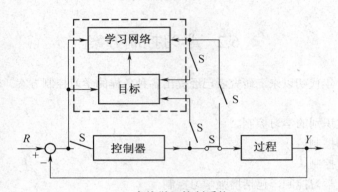

（b）离线学习控制系统

图 6.2　学习控制系统原理框图

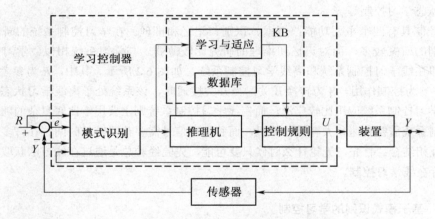

图 6.3　基于模式识别学习控制系统的一种结构

　　图 6.3 所示的基于模式识别的学习控制系统可被推广为一具有在线特征辨识的分层（递阶）结构，如图 6.4 所示。从图 6.4 可知，该控制系统由三级组成，即组织级、自校正级和执行控制级。组织级由自学习器 SL（Self-Learner）内的控制规则来实现组织作用；自校正级由自校正器 ST（Self-Turner）来调节受控参数；执行控制级由主控制器 MC（Main Controller）和协调器 K 构成。MC、ST 和 SL 内的在线特征辨识器 CI1～CI3、规则库 RB1～RB3 以及推理机 IE1～IE3 是逐级分别设置的。总数据库 CDB 为三级所共用，以便进行密切联系与快速通信。各级信息处理的决策过程分别由三个三元序列{A,CM,F}、{B,TM,H}和{C, LM, L}描述。

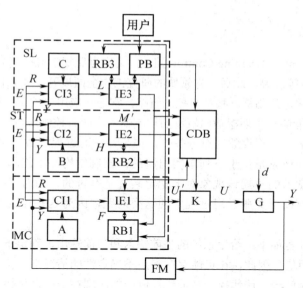

图 6.4　一个多级学习控制系统

　　来自指令 R、系统输出 Y 和偏差 E 等的在线信息分别送到 MC 和 ST 的 CI1 和 CI2，与相应的特征模型 A（系统动态运行特征集）及 B（系统动态特性变化特征集）进行比较和辨识，并通过 IE1 和 IE2 内的产生式规则集 F 和 H 映射到控制模式集 CM 和参数校正集 TM 上，产生控制输出 U' 和校正参数 M'。U' 经协调器 K 形成受控对象 G 的输入向量 U，而 M' 则输入到 CDB，以取代原控制参数 M。

　　对于执行控制级的 MC 和参数校正级的 ST、$\{A,CM,F\}$ 和 $\{B,TM,H\}$ 均为由设计者赋给的或由 SL 形成的先验知识，分别存放在规则库 RB1、RB2 和 CDB 中。SL 中的 RB3 是控制器的总数据库，用于存放控制专家经验集 $\{C,LM,L\}$，它包含 $\{A,CM,F\}$，$\{B,TM,H\}$，选择、修改和生成规则以及学习效果的评判规则。其中，存放的性能指标包括总指标集 PA 和子指标集 PB。PA 由用户给定，PB 则为 PA 的分解子集，由 CI3 的特征辨识结果选择与组合，作为不同阶段和不同类型对象学习的依据。

　　学习过程分为启动学习和运行学习两种。启动学习过程是控制器启动后初始运行的学习，它迭代依据当前特征状态 C、前段运行效果的特征记忆 D 以及相应问题求解的子指标集 PB 之间的关系，确定 MC 的 $\{A,CM,F\}$ 和 ST 的 $\{B,TM,H\}$，即

　　　　IF$< C, D,$ PB$>$

　　　　THEN$\{A,CM,F\}$ AND$\{B,TM,H\}$

　　运行学习过程是指控制运行中对象类型变化时的自学习过程。首先，SL 从反映对象类型变化的特征集 C' 确定出新的子指标集 PB'，然后依据特征记忆 D' 来增删或修改 $\{A,CM,F\}$ 和 $\{B,TM,H\}$，即

　　　　IF C'　THEN PB$'$

　　　　IF$<C',D',$PB$'>$

　　　　THEN$\{A',CM',F'\}$ AND$\{B',TM',H'\}$

　　学习过程结束后，ST 就停止工作，处于监视状态。对于受控对象类型不变时参数和环境的不确定性变化，由 MC 和 ST 来实现快速自校正。

6.2.2　迭代学习控制

迭代学习控制（Iterative Learning Control，ILC，又称为反复学习控制）方法最先由内山提出，并由有本、川村和美多等发展。此后，本领域的研究工作全面展开，如 6.1 节所述。

定义 6.13　迭代学习控制是一种学习控制策略，它迭代应用先前试验得到的信息（而不是系统参数模型），以获得能够产生期望输出轨迹的控制输入，改善控制质量。

虽然给出了保证学习过程收敛的充分条件，但是在学习过程收敛至 0 之前，轨道误差仍然可能很快地增大。这种现象是由于下列事实引起的：控制结构并不能单独补偿每次试验产生的输出误差。因此，在学习的早期该现象对于稳定装置是有害的，而对于不稳定装置是更坏的。采用常规反馈控制器有助于克服学习过程中的这类问题，因为这些控制器能够补偿控制输入，以减少误差。

迭代学习控制的任务如下：给出系统的当前输入和当前输出，确定下一个期望输入使得系统的实际输出收敛于期望值。因此，在可能存在参数不确定性的情况下，可通过实际运行的输入输出数据获得更好的控制信号。迭代控制与最优控制间的区别在于：最优控制根据系统模型计算最优输入，而迭代控制则通过先前试验获得最好输入。迭代控制与自适应控制的区别为：迭代控制的算法是在每次试验后离线实现的，而自适应控制的算法是个在线算法，而且需要大量计算。

迭代学习控制系统的基本结构如图 6.5 所示。$u_k(t)$、$y_k(t)$、$y_d(t)$ 和 $e_k(t)$ 为系统第 k 次运行的输入变量、输出变量、期望输出和输出误差，$u_{k+1}(t)$ 为系统第 $k+1$ 次的输入变量，$k=1, 2, \cdots, n$。输出误差为：

$$e_k(t) = y_d(t) - y_k(t) \tag{6.1}$$

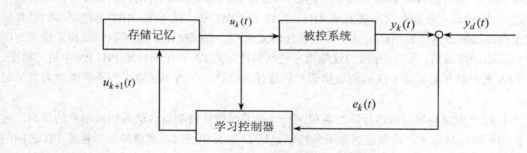

图 6.5　迭代学习控制基本结构图

图 6.6 更形象地说明了迭代学习控制系统的一般作用过程。从图 6.6 可见，控制总输入由两部分组成：一个为由反馈控制器（PID 控制器或自适应控制器）产生的反馈输入 u_{k+1}^{fb}，另一个为由前一个控制输入 u_k 和学习控制器的输出 Δu_k 组成前馈输入 u_{k+1}^{ff}，即第 $(k+1)$ 次操作的总控制输入为：

$$u_{k+1} = u_{k+1}^{ff} - u_{k+1}^{fb}$$
$$= u_k + \Delta u_k - u_{k+1}^{fb}$$

假设受控对象（装置）具有下列动态过程：

$$\dot{x}_k(t) = f(x_k(t), u_k(t), t)$$
$$y_k(t) = g(x_k(t), u_k(t), t) \tag{6.2}$$

式中，$x_k \in \mathbf{R}^{n \times 1}$，$y_k \in \mathbf{R}^{m \times 1}$，$u_k \in \mathbf{R}^{r \times 1}$，$f$、$g$ 为具有相应维数及未知结构和参数的矢量函数。

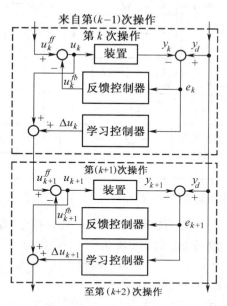

图 6.6　迭代学习控制原理框图

从图 6.6 能够知道，第 k 次学习的参考输入 $u_k(t)$ 和修正信号 Δu_k 相加并存储后作为第$(k+1)$次学习的给定输入，即

$$u_{k+1}(t) = L(u_k(t), e_k(t)) \qquad (6.3)$$

上式给出迭代控制清晰和基本的思想（迭代学习控制的学习律），也就是说，对于第$(k+1)$次学习，其输入是从第 k 次输入和第 k 次学习经验得到的，随着有效经验的迭代积累，下式成立：

$$e_k(t) \to 0, \; k \to \infty, \; (k-1)T \leqslant t \leqslant kT \qquad (6.4)$$

或者

$$y_k(t) \to y_d(t), \; k \to \infty, \; (k-1)T \leqslant t \leqslant kT \qquad (6.5)$$

因而学得的实际输出逐渐逼近期望输出，即当 k 趋向无穷大时，如果 $e_k(t)$ 在给定时间区间$[0,T]$上一致趋向于 0，则该学习控制是收敛的。只有收敛的迭代学习控制过程才有实际应用意义。式中，T 为学习采样周期。

在 20 世纪 80 年代中期，开发了几种迭代学习律或算法，它们被用于连续或离散线性控制系统。其他的迭代学习方法被用于非线性控制系统。所有这些系统均为开环迭代学习控制系统，不存在反馈回路。

提出一种闭环迭代学习控制的概念，它具有更强的抗干扰能力。图 6.7 表示一种具有闭环系统的迭代学习控制方案。这种方法能够在有限时间间隔内精确跟踪一类非线性系统，而且学习是在反馈结构下进行的，学习律更新了由前一次试验装置输入得到的反馈输入。通过采用装置输入饱和器，能够扩展这类非线性系统。严密的证明表明，收敛条件不影响控制器的动态性能，因而该反馈控制器并不影响收敛条件，学习性能可得到很大改善。可用当前的装置输入（而不是当前的前馈控制输入）更新下一次迭代的前馈控制输入。

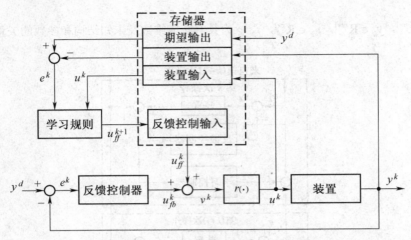

图 6.7   具有反馈控制器和输入饱和器的迭代学习控制（据 Jang 等，1995）

如果使用一个能够提供良好性能的稳定的控制器，而且把饱和范围设定得足够大，那么该反馈控制输出一定能够使装置的输出不偏离期望输出轨迹，而停留在其邻域内。借助反馈控制输入，前馈控制输入能够很快地收敛于期望值。当前馈控制输入使实际输出精确地跟随期望输出轨迹时，反馈控制器的输出为 0，因为反馈控制器的输入也是 0。

人们期望迭代学习控制将能十分有效地减少反馈控制系统的误差，并可能作为非线性系统理论的一个工具。上面提出的学习控制系统已用于一台二连杆机器人操作机的跟踪控制，并且得到良好的模拟跟踪性能。

迭代学习控制的种类很多，可分为开环迭代学习控制、闭环迭代学习控制、开一闭环迭代学习控制、连续系统迭代学习控制、离散系统迭代学习控制、离散一连续系统迭代学习控制、分布参数系统迭代学习控制等。

迭代学习控制要研究的论题涉及迭代控制学习律、迭代控制系统分析方法、学习速度问题、初始条件问题、控制器设计和鲁棒收敛性等。

对各种类型迭代学习控制系统及其特性和方法的深入研究已超出本书范围，有兴趣的读者可参阅国内外关于迭代学习控制系统的专著。

迭代学习控制已在工业过程控制、机器人控制、倒立摆系统控制、医学治疗和其他工业生产中得到越来越广泛的应用。

6.2.3   重复学习控制

如所周知，为了使伺服控制系统在阶跃输入 F 达到稳定跟踪或者在阶跃扰动下达到稳定抑制，必须把积分补偿器引入闭环系统。反过来，只要把积分补偿器引入系统，使其闭环系统稳定，那么就能够实现一个没有稳定误差的伺服系统。根据内模原理，对于一个具有单一振荡频率 ω 的正弦输入（函数），只要把传递函数为 $1/(s^2 + w_c^2)$ 的机构设置在闭环系统内作为内模即可。

如果所设计的机构产生具有固定周期 L 的周期信号，并且被设置在闭环内作为内模，那么周期为 L 的任意周期函数可通过下列步骤产生：给出一个对应于一个周期的任意初始函数，把该函数存储起来，每隔一个周期 L 就重复取出此周期函数。因此，可把周期为 L 的周期函数发生器想象为如图 6.8 所示的时间常数为 L 的时滞环节。实际上，令时滞环节 e^{-Ls} 的初始函数为 $\varphi(\theta)$，那

么 $\varphi(\theta)$ 每隔一个周期 L 就重复一次，而且其目标传递函数 $r(t)$ 可表示为：

$$r(iL+\theta) = \varphi(\theta) \qquad 0 \leqslant \theta \leqslant L, \ i = 0, \ 1, \ \dots \tag{6.6}$$

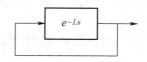

图 6.8　周期函数发生器

可以得出推论，只要把此发生器作为内模设置在闭环内，就能够构成对周期为 L 的任意目标信号均无稳态误差的伺服系统。称该函数发生器为重复补偿器，而称设置了重复补偿的控制系统为重复控制系统（Repetitive Control System）。图 6.9 给出了重复控制系统的基本结构。

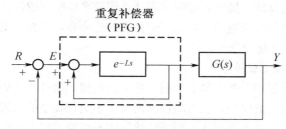

图 6.9　重复控制系统基本结构

重复控制和迭代控制在控制模式上具有密切关系，它们均着眼于有限时间内的响应，而且都利用偏差函数来更新下一次的输入。不过，它们之间存在一些根本差别：

（1）重复控制构成一个完全闭环系统，进行连续运行，而迭代控制每次都是独立进行的，每运行一次，系统的初始状态也被复原一次，因而系统的稳定性条件要比重复控制的宽松。

（2）两种控制的收敛条件是不同的，而且用不同的方法确定。

（3）对于迭代控制，偏差的导数被引入更新了的控制输入表达式。

（4）迭代控制能够处理控制输入为线性地加入的非线性系统。

从上述讨论可知，迭代控制具有重复控制所没有的一些优点。不过，迭代控制在应用方面也有其局限性）。重复控制已用于直流电动机的伺服控制、电压变换器控制以及机器人操作机的轨迹控制等。

6.2.4　基于神经网络的学习控制

我们已在第 5 章中比较详细地讨论了神经控制系统。事实上，神经控制系统的核心是神经控制器（NNC），而神经控制的关键技术是学习（训练）算法。从学习的观点看，神经控制系统自然地是学习控制系统的一部分。有些人称这种神经控制为连接主义学习控制，另一些人称它为基于神经网络的学习控制。我们不打算对神经控制增加新的内容，不过读者可以把第 5 章（神经控制）当作本章的一节来复习，也可以作为第 10 章（复合智能控制）的一节来预习。

6.3　学习控制系统应用举例

学习控制系统通过与环境的交互作用，能够改善系统的动态特性。学习控制系统的设计应保证其学习控制器具有改善闭环系统特性的能力。学习控制系统为受控装置提供指令输入，并从该装置得到反馈信息。近年来学习控制系统已在实时工业领域获得许多应用。本节将举例介绍学习控制系统的应用，即用于无缝钢管张力减径过程壁厚控制迭代学习控制系统。

6.3.1　无缝钢管张力减径过程壁厚控制迭代学习控制算法

由 6.2 节讨论可知，迭代学习控制适于重复运行的系统。控制系统利用系统的实际输出与期望输出的误差信号作为学习控制器的控制信号，使受控对象跟踪与映射，调节与提高其性能。本应用实例是介绍一个用于宝钢集团钢管公司的无缝钢管张力减径过程壁厚控制迭代学习控制系统。该系统根据张力减径（以下简称"张减"）过程中轧制前后钢管壁厚的实测数据和钢管的特征数据，采用迭代学习控制算法，提出无缝钢管张减过程的平均壁厚控制的迭代学习控制。在轧制过程中，系统能够在线自适应调整各轧制机架的稳态转速分布，并补偿由物理参数的时变不确定性和建模误差造成的轧辊转速分布参数误差。

1. 无缝钢管张力减径过程简介

无缝钢管张力减径过程应用相互紧靠和适当串列的轧辊，通过预定的轧辊速率变化对钢管进行轧制，使管壁厚度按预定值成型。张力减径机通常由多架带孔型的三辊式轧机组成，通过预定的轧辊速率变化产生张力。通过改变各轧辊间转速的速差可调节张力大小。在实时控制中，张减机的张力计算主要考虑轧辊转速与钢管壁厚的定性和定量关系。

令待轧制钢管的初始厚度为 s_0，初始外径为 D_0，那么张减过程中钢管壁厚与设定的稳态辊轮转速间的关系可形式化描述如下：

$$s = F(N, s_0, D_0) \tag{6.7}$$

式中，s 为钢管的出口壁厚（即平均壁厚），$N = (n_1, n_2, \cdots, n_m)^T$ 为参与轧制机架的轧辊转速分布，m 为参与轧制的机架数，$n_1, n_2, \cdots, n_m$ 为 m 个机架的稳态轧辊转速分布，F 为待求的非线性函数。

轧辊工作直径与轧辊间速差的定性关系如下：设前、后轧辊分别为第 i 机架和第 $i+1$ 机架上的轧辊，它们的轧制速度分别为 n_i 和 n_{i+1}，工作直径分别为 Φ_i 和 Φ_{i+1}。若前后轧辊的轧制速度变化分别为 $\tilde{n}_i$ 和 $\tilde{n}_{i+1}$，则前后轧辊的工作直径 $\tilde{\Phi}_i$ 和 $\tilde{\Phi}_{i+1}$ 的变化趋势为：

若 $\tilde{n}_i > n_i$，$\tilde{n}_{i+1} = n_{i+1}$，则 $\tilde{\Phi}_i < \Phi_i$，$\tilde{\Phi}_{i+1} > \Phi_{i+1}$

若 $\tilde{n}_i < n_i$，$\tilde{n}_{i+1} = n_{i+1}$，则 $\tilde{\Phi}_i > \Phi_i$，$\tilde{\Phi}_{i+1} < \Phi_{i+1}$

若 $\tilde{n}_i = n_i$，$\tilde{n}_{i+1} > n_{i+1}$，则 $\tilde{\Phi}_i > \Phi_i$，$\tilde{\Phi}_{i+1} < \Phi_{i+1}$

若 $\tilde{n}_i = n_i$，$\tilde{n}_{i+1} < n_{i+1}$，则 $\tilde{\Phi}_i < \Phi_i$，$\tilde{\Phi}_{i+1} > \Phi_{i+1}$

又令轧制第 k 根钢管时张减机第 1 机架的轧辊工作直径为 Φ_1^k，轧辊转速为 n_1^k，第 i 机架的轧辊工作直径为 Φ_i^k，轧辊转速为 n_i^k，钢管直往为 D_i^k，管壁厚度为 s_i^k。在稳态时，根据体积不变规律，钢管截面积变化、相邻机架转速及工作直径满足如下关系：

$$\frac{n_i^k}{n_1^k} = \frac{(D_0 - s_0)s_0\Phi_1^k}{(D_i^k - s_i^k)s_i^k\Phi_i^k} \tag{6.8}$$

2. 控制平均壁厚的迭代学习算法

本应用采用 PID 迭代自学习控制律实现迭代学习控制。其具体描述如下：对于一个受控非线性系统或过程，令 $y_d(t)$、$u_k(t)$ 和 $y_k(t)$ 分别表示给定时间区间 $[0,T]$ 上的期望输出、系统的第 k 次输入

和第 k 次输出，T 为运行周期。系统每次的初始状态相同，即 $y_{k+1}(t_0) = y_k(t_0)$，期望输出 $y_d(t)$ 与实际输出 $u_k(t)$ 的误差为 $e_k(t) = y_d(t) - y_k(t)$。于是，可表示 PID 自学习控制律如下：

$$u_{k+1}(t) = u_k(t) + \left[K_p + K_d \frac{\mathrm{d}}{\mathrm{d}x} + K_i \int \mathrm{d}t \right] e_k(t) \tag{6.9}$$

式中，K_p、K_d 和 K_i 分别表示比例、微分和积分学习因子。

　　PID 迭代自学习控制律比较简洁，且可实现训练间隙的离线计算，不仅具有较好的实时性，而且对干扰和系统模型变化具有一定的鲁棒性。迭代学习控制理论已经证明，若受控系统满足一定的条件（如 Lipschitz 条件），PID 型控制律可使整个系统的稳定性及算法的收敛性均能得到保证 [Moore，Saab]。

　　针对张减过程，提出一种类似于 PID 型迭代控制方法的无缝钢管张减过程的平均壁厚控制算法。该算法不依赖张减机的数学模型，而是依据实际任务调度系统的要求，读取过程控制应用系统基本数据管理模块的钢管工艺参数和轧管的理想设定值，接受由实际数据收集模块传输到过程机的现场实测的壁厚，在线修正轧制钢管的轧辊转速分布，并将新的转速传输给轧管控制模块。

　　考虑张减过程，假设参与轧制的机架数为 m，希望轧制出的钢管满足期望的平均壁厚为 s^d，期望的外径为 D^d。令对应于期望理想壁厚和外径的参与轧制各机架的轧辊转速分布为 N^d，$N^d = (n_1^d, n_2^d, ..., n_m^d)^T$。每次轧制时待轧钢管的初始壁厚为 s_0，初始外径为 D_0，若轧制第 k 根钢管时，轧辊的转速分布为 N^k，$N^k = (n_1^k, n_2^k, ..., n_m^k)^T$，成品钢管的壁厚为 s^k，外径为 D^k，定义期望壁厚 s^d 与实际壁厚 s^k 之间的误差为：

$$e^k = s^d - s^k$$

依据迭代学习控制理论和张减过程的特点，计算轧制第 $k+1$ 根钢管时轧制转速分布为 N^{k+1}：

$$N^{k+1} = (n_1^{k+1}, n_2^{k+1}, ..., n_m^{k+1})^T$$

$$N^{k+1} = N^k + Pe^k \tag{6.10}$$

式中，$P = (P_1, P_2, ..., P_m)^T$ 为一矢量，应满足 $P_1 \geqslant P_2 \geqslant \cdots \geqslant P_m \geqslant 0$。

　　出口机架辊轮的速度与无缝钢管张减过程的生产节奏有关，其具体值往往是预先确定的。因此，在平均壁厚的迭代自学习控制算法中，尽量保持出口机架辊轮的转速不变。

　　在张减过程中，根据壁厚误差程度的不同，提出如下动态选择 P 的方法：假设在轧制第 $k+1$ 根钢管时，希望有 $l-1$ 个机架的轧辊参与平均壁厚控制的转速分布的调整，即在迭代自学习控制算法中，保持第 l 个机架的转速固定不变，则按以下算法计算 P：

$$P_i = \frac{n_l^k - n_i^k}{n_l^k - n_1^k} \cdot \frac{(D^d - s^d - s^k)}{(D^d - s^k)s^k} \cdot n_1^k \tag{6.11}$$

　　图 6.10 描述了张减过程平均壁厚控制迭代自学习方法的运行结构和过程，在该算法实际应用中，可以用下式代替式（6.10）：

$$N^{k+1} = N^k + \alpha e^k P \tag{6.12}$$

式中，$\alpha \in [0,1]$ 为算法的学习因子，可根据误差的大小在算法中自适应调整。

6.3.2　钢管壁厚迭代学习控制的仿真及应用结果

　　基于以上张力减径壁厚自学习控制技术的理论研究成果，结合宝钢集团钢管分公司张减机的特点，在该厂过程机（Alpha4000）系统上建立了所提出的壁厚迭代自学习计算机控制系统。选取以下三种规格的钢管进行平均壁厚迭代学习控制试验研究。由于张力下降机架是精整机架，在轧制中的主要作用是调节钢管的圆度，因此在试验中仅让张力升起机架和工作机架参与转速调整。

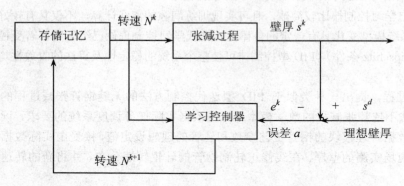

图 6.10　迭代自学习控制的运行结构

对于表 6.1 中的三种钢管，该系统的平均壁厚自学习计算结果如表 6.2 至表 6.4 所示，控制效果图如图 6.11 至图 6.13 所示。试验结果表明，经过自学习修正轧辊转速，轧制钢管 5 根后，规格1、规格 2 和规格 3 的平均壁厚误差分别下降为初始误差的 6.7%、1.4%和 4.5%。

表 6.1　受试钢管的规格参数

规格代号	孔型代号	荒管外径（mm）	荒管壁厚（mm）	成品管外径（mm）	成品管壁厚（mm）	参与轧制轧机架数	旋转固定轧机架数
1	A-O	152.50	4.25	42.20	3.56	24	18
2	B-R	119.00	12.50	60.30	12.50	20	14
3	B-O	152.50	6.00	73.00	5.51	18	12

表 6.2　规格 1 钢管平均壁厚的自学习计算结果

机架编号	孔型直径（mm）	初始转速（r·min⁻¹）	一次学习后转速（r·min⁻¹）	二次学习后转速（r·min⁻¹）	三次学习后转速（r·min⁻¹）	四次学习后转速（r·min⁻¹）
1	149.51	238.80	230.04	223.78	220.97	219.85
2	145.16	251.01	242.48	236.38	233.64	232.55
3	139.00	266.01	257.76	251.86	249.21	248.16
4	129.68	289.74	281.19	276.35	273.85	272.85
5	120.61	304.96	297.44	292.06	289.64	288.68
6	112.29	322.10	314.82	309.68	307.36	306.44
7	104.62	341.10	334.20	329.31	327.11	326.23
8	97.56	362.10	355.55	350.94	348.87	348.04

机架编号	孔型直径（mm）	初始转速（r·min⁻¹）	一次学习后转速（r·min⁻¹）	二次学习后转速（r·min⁻¹）	三次学习后转速（r·min⁻¹）	四次学习后转速（r·min⁻¹）
9	91.05	385.10	378.99	374.68	372.74	371.97
10	85.02	410.23	404.67	400.70	398.92	398.21
11	79.43	437.82	432.78	429.18	427.56	426.92
12	74.27	467.78	463.30	460.10	458.66	458.09
13	69.47	500.47	496.60	493.84	492.59	492.10
14	65.04	535.79	532.58	530.29	529.26	528.85
15	60.94	573.96	571.46	569.68	568.88	568.56
16	57.14	615.20	613.48	612.24	611.69	611.47
17	53.62	659.64	658.75	658.11	657.82	657.71
18	50.36	707.43	707.43	707.43	707.43	707.43
19	47.32	748.81	748.81	748.81	748.81	748.81
20	44.50	786.76	786.76	786.76	786.76	786.76
21	43.00	814.11	814.11	814.11	814.11	814.11
22	42.78	821.72	821.72	821.72	821.72	821.72
23	42.62	828.32	828.32	828.32	828.32	828.32
24	42.62	833.18	833.18	833.18	833.18	833.18

表 6.3　规格 2 钢管平均壁厚的自学习计算结果

机架编号	孔型直径（mm）	初始转速（r·min⁻¹）	一次学习后转速（r·min⁻¹）	二次学习后转速（r·min⁻¹）	三次学习后转速（r·min⁻¹）	四次学习后转速（r·min⁻¹）
1	116.67	141.41	135.68	133.95	133.40	133.24
2	113.27	146.74	141.32	139.68	139.16	139.01
3	109.10	153.80	148.78	147.26	146.78	146.64
4	103.89	162.74	158.23	156.87	156.44	156.32
5	99.20	168.72	164.56	163.30	162.90	162.78
6	94.81	175.07	171.27	170.12	169.76	169.65
7	90.69	181.82	178.41	177.38	177.05	176.96
8	86.82	188.97	185.97	185.06	184.77	184.69
9	83.18	196.53	193.96	193.19	192.94	192.87
10	79.74	204.54	202.43	201.80	201.59	201.53
11	76.50	213.00	211.38	210.89	210.73	210.68
12	74.44	221.93	220.82	220.48	220.38	220.34
13	70.54	231.37	230.80	230.63	230.57	230.56
14	67.80	241.32	241.32	241.32	241.32	241.32
15	65.23	250.51	250.51	250.51	250.51	250.51

续表

机架编号	孔型直径（mm）	初始转速（r·min⁻¹）	一次学习后转速（r·min⁻¹）	二次学习后转速（r·min⁻¹）	三次学习后转速（r·min⁻¹）	四次学习后转速（r·min⁻¹）
16	63.08	258.42	258.42	258.42	258.42	258.42
17	61.77	265.90	265.90	265.90	265.90	265.90
18	61.13	269.91	269.91	269.91	269.91	269.91
19	60.90	272.37	272.37	272.37	272.37	272.37
20	60.90	272.37	272.37	272.37	272.37	272.37

表 6.4　规格 3 钢管平均壁厚的自学习计算结果

机架编号	孔型直径（mm）	初始转速（r·min⁻¹）	一次学习后转速（r·min⁻¹）	二次学习后转速（r·min⁻¹）	三次学习后转速（r·min⁻¹）	四次学习后转速（r·min⁻¹）
1	149.51	214.70	222.90	228.24	230.55	231.71
2	145.16	225.71	233.37	238.36	240.52	241.60
3	139.57	238.82	245.84	250.41	252.38	252.38
4	131.50	259.06	265.09	269.01	270.71	271.56
5	124.01	270.48	275.95	279.51	281.05	281.82
6	117.06	282.99	287.85	291.01	292.37	293.06
7	110.60	296.58	300.77	303.50	304.68	305.27
8	104.57	311.31	314.78	317.04	318.01	318.50
9	98.94	327.20	329.89	331.64	332.40	332.78
10	93.69	344.24	346.10	347.30	347.83	348.09
11	88.76	362.57	363.53	364.15	364.42	364.56
12	84.16	382.11	382.11	382.11	382.11	382.11
13	79.83	397.42	397.42	397.42	397.42	397.42
14	76.60	408.13	408.13	408.13	408.13	408.13
15	74.19	417.29	417.29	417.29	417.29	417.29
16	74.02	422.32	422.32	422.32	422.32	422.32
17	73.73	425.51	425.51	425.51	425.51	425.51
18	73.73	428.01	428.01	428.01	428.01	428.01

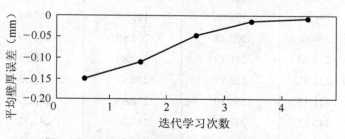

图 6.11　规格 1 钢管的平均壁厚自学习控制效果

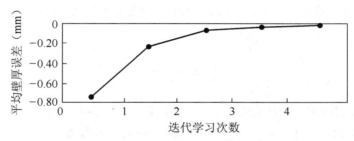

图 6.12　规格 2 钢管的平均壁厚自学习控制效果

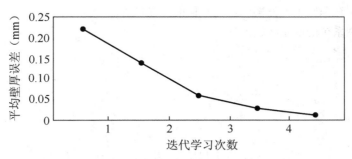

图 6.13　规格 3 钢管的平均壁厚自学习控制效果

　　本无缝钢管张减过程平均壁厚控制的迭代自学习方法已在上海宝钢集团钢管公司生产现场实际运行多年。计算机仿真研究和生产实际效果表明：上述迭代学习控制方法能够有效地调整钢管的平均壁厚，保证钢管生产质量。

6.4　本章小结

　　学习是人类的一种重要行为和智能能力。本章从学习和学习控制的定义开始，比较详细地研究了学习、学习控制和学习系统的概念，讨论了各种不同的定义。根据这些定义，把学习控制机理归纳为：

　　（1）寻求并发现动态控制系统输入输出间比较简单的关系。

　　（2）执行由上一次控制过程的学习结果更新过的每一控制过程。

　　（3）改善每个过程的性能，使其优于前一个过程。重复这一学习过程，并记录全过程积累的控制结果必将稳步地改善学习控制系统的性能。

　　学习控制系统能够处理具有不确定性和非线性的过程，并能保证良好的适应性、满意的稳定性以及足够快的收敛。因此，近年来学习控制已获得广泛应用。随着机器学习研究的进展，学习控制将具有新的推动力，走向新的发展阶段。

　　6.1 节还讨论了学习控制与自适应控制的关系和对学习控制的要求等。

　　存在许多种学习控制方案，诸如基于模式识别的学习控制、迭代学习控制、重复学习控制以及连接主义学习控制等。6.2 节介绍了上述四种学习控制系统的原理与结构。

　　作为应用示例，6.3 节介绍的是一个用于无缝钢管张力减径过程壁厚控制迭代学习控制系统，并研究了钢管壁厚迭代学习控制的控制算法及钢管壁厚迭代学习控制的仿真及应用结果。计算机仿真研究和生产实际效果表明：上述迭代学习控制方法能够有效地调整钢管的平均壁厚，保证钢管生产质量。

习题 6

6-1 什么是学习控制、学习系统和学习控制系统？

6-2 为什么要研究学习控制？学习控制与自适应控制的关系是什么？

6-3 学习控制的基本结构是怎样的？

6-4 学习控制有哪些主要方案？试述它们的控制机理。

6-5 学习控制系统的应用状况如何？

6-6 试举例介绍一个学习控制系统。

第 7 章
进化控制与免疫控制

前面几章中已经讨论了一些相对成熟的智能控制系统，包括递阶控制、模糊控制、专家控制、神经控制和学习控制等系统。从本章起，将探讨另一些新的智能控制系统。本章所研究的进化控制和免疫控制就是近 10 多年来发展起来的两种新的智能控制机制和方法。进化控制（Evolutionary Control）综合遗传算法机制和传统的反馈机制的控制过程，免疫控制（Immune Control）则把人工免疫系统（Artificial Immune System）用于控制。

7.1　遗传算法简介

　　自然界中生物群体的生存与发展过程普遍遵循达尔文的物竞天择、适者生存的进化准则。群体中的个体根据对环境的适应能力而被大自然所选择或淘汰。进化过程的结果反映在个体结构上，其染色体包含若干基因，相应的表现型和基因型的联系体现了个体的外部特性与内部机理间的逻辑关系。生物通过个体间的选择、交叉、变异来适应自然环境。生物染色体用数学方式或计算机方式来体现就是一串数码，仍叫染色体，有时也叫个体；适应能力用对应一个染色体的数值来衡量；染色体的选择或淘汰问题是按求最大还是最小问题来进行的。

　　把进化计算，特别是遗传算法机制和传统的反馈机制用于控制过程，则可实现一种新的控制——进化控制。

7.1.1　遗传算法的基本原理

　　遗传算法是模仿生物遗传学和自然选择机理，通过人工方式构造的一类优化搜索算法，是对生物进化过程进行的一种数学仿真，是进化计算的一种最重要形式。遗传算法与传统数学模型是截然不同的，它为那些难以找到传统数学模型的难题指出了一个解决方法。同时进化计算和遗传算法借鉴了生物科学中的某些知识，这也体现了人工智能这一交叉学科的特点。自从霍兰德（Holland）于 1975 年在他的著作 *Adaptation in Natural and Artificial Systems* 中首次提出遗传算法以来，经过近 30 年的研究，现在已发展到一个比较成熟的阶段，并且在实际中得到了很好的应用。下面将介绍遗传算法的基本机理和求解步骤，使读者了解到什么是遗传算法，它是如何工作的。

　　霍兰德的遗传算法通常称为简单遗传算法（SGA）。现以此作为讨论主要对象，加上适应的改进来分析遗传算法的结构和机理。

　　首先介绍主要的概念。在讨论中会结合销售员旅行问题或旅行商问题（TSP）来说明：设有 n 个城市，城市 i 和城市 j 之间的距离为 $d(i,j)$，式中 i，$j=1$，…，n。TSP 问题是要找遍访每个城市恰好一次的一条回路，且其路径总长度为最短。

　　1. 编码与解码

　　许多应用问题的结构很复杂，但可以化为简单的位串形式编码表示。将问题结构变换为位串形式编码表示的过程叫编码，而相反将位串形式编码表示变换为原问题结构的过程叫解码或译码。把位串形式编码表示叫染色体，有时也叫个体。

　　GA 的算法过程简述如下：在解空间中取一群点，作为遗传开始的第一代；每个点（基因）用一个二进制数字串表示，其优劣程度用一个目标函数——适应度函数（Fitness Function）来衡量。

　　遗传算法最常用的编码方法是二进制编码，其编码方法为：假设某一参数的取值范围是$[A,B]$，$A<B$。我们用长度为 l 的二进制编码串来表示该参数，将$[A,B]$等分成 2^l-1 个子部分，记每一个等分的长度为 δ，则它能够产生 2^l 种不同的编码，参数编码的对应关系如下：

$$00000000 \cdots\cdots 00000000=0 \quad \longrightarrow \quad A$$
$$00000000 \cdots\cdots 00000001=1 \quad \longrightarrow \quad A+\delta$$
$$\vdots \qquad \vdots \qquad \vdots \qquad \vdots \quad \vdots$$
$$11111111 \cdots\cdots 11111111=2^l-1 \longrightarrow \quad B$$

其中：

$$\delta = \frac{B-A}{2^l-1}$$

假设某一个体的编码是：

$$X:\ x_l x_{l-1} x_{l-2} \cdots x_2 x_1$$

则上述二进制编码所对应的解码公式为：

$$x = A + \frac{B-A}{2^l-1} \cdot \sum_{i=1}^{l} x_i 2^{i-1} \tag{7.1}$$

二进制编码的最大缺点之一是长度较大，对很多问题用其他主编码方法可能更有利。其他编码方法主要有：浮点数编码方法、格雷码、符号编码方法、多参数编码方法等。

浮点数编码方法是指个体的每个染色体用某一范围内的一个浮点数来表示，个体的编码长度等于其问题变量的个数。因为这种编码方法使用的是变量的真实值，所以浮点数编码方法也叫做真值编码方法。对于一些多维、高精度要求的连续函数优化问题用浮点数编码来表示个体时将会有一些益处。

格雷码是其连续的两个整数所对应的编码值之间只有一个码位是不相同的，其余码位都完全相同。例如十进制数 7 和 8 的格雷码分别为 0100 和 1100，而二进制编码分别为 0111 和 1000。

符号编码方法是指个体染色体编码串中的基因值取自一个无数值含义而只有代码含义的符号集。这个符号集可以是一个字母表，如{A，B，C，D，…}；也可以是一个数字序号表，如{1，2，3，4，5，…}；还可以是一个代码表，如{x_1，x_2，x_3，x_4，x_5，…}等。

例如，对于销售员旅行问题就采用符号编码方法，按一条回路中城市的次序进行编码，例如码串 134567829 表示从城市 1 开始，依次是城市 3、4、5、6、7、8、2、9，最后回到城市 1。一般情况是从城市 w_1 开始，依次经过城市 w_2，…，w_n，最后回到城市 w_1，就有如下编码表示：

$$w_1 \quad w_2 \ldots w_n$$

由于是回路，记 $w_{n+1}=w_1$。它其实是 1，…，n 的一个循环排列。要注意 w_1，w_2，…，w_n 是互不相同的。

2. 适应度函数

为了体现染色体的适应能力，引入了对问题中的每一个染色体都能进行度量的函数，叫适应度函数（Fitness Function）。通过适应度函数来决定染色体的优劣程度，它体现了自然进化中的优胜劣汰原则。对优化问题，适应度函数就是目标函数。TSP 的目标是路径总长度为最短，自然地，路径总长度就可作为 TSP 问题的适应度函数：

$$f(w_1 w_2 \cdots w_n) = \frac{1}{\sum_{j=1}^{n} d(w_j, w_{j+1})} \tag{7.2}$$

其中，$w_{n+1}=w_1$。

适应度函数要有效反映每一个染色体与问题的最优解染色体之间的差距。若一个染色体与问题的最优解染色体之间的差距小，则对应的适应度函数值之差就小，否则就大。适应度函数的取值大小与求解问题对象的意义有很大的关系。

3. 遗传操作

简单遗传算法的遗传操作主要有三种：选择（Selection）、交叉（Crossover）、变异（Mutation）。改进的遗传算法大量扩充了遗传操作，以达到更高的效率。

选择操作也叫复制（Reproduction）操作，根据个体的适应度函数值所度量的优劣程度决定它在下一代是被淘汰还是被遗传。一般地说，选择将使适应度较大（优良）个体有较大的存在机会，而适应度较小（低劣）的个体继续存在的机会也较小。简单遗传算法采用赌轮选择机制，令 Σf_i 表示群体的适应度值的总和，f_i 表示群体中第 i 个染色体的适应度值，它产生后代的能力正好为其适应度值所占份额 $f_i/\Sigma f_i$。

交叉操作的简单方式是将被选择出的两个个体 P_1 和 P_2 作为父母个体，将两者的部分码值进行交换。假设有如下 8 位长的两个个体：

1	0	0	0	1	1	1	0	P_1
1	1	0	1	1	0	0	1	P_2

产生一个在 1~7 之间的随机数 c，假如现在产生的是 3，将 P_1 和 P_2 的低三位交换：P_1 的高五位与 P_2 的低三位组成数串 10001001，这就是 P_1 和 P_2 的一个后代 Q_1 个体；P_2 的高五位与 P_1 的低三位组成数串 11011110，这就是 P_1 和 P_2 的另一个后代 Q_2 个体，其交换过程如图 7.1 所示。

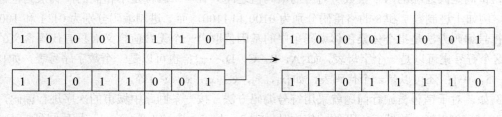

图 7.1　交叉操作示意图

变异操作的简单方式是改变数码串的某个位置上的数码。先以最简单的二进制编码表示方式来说明，二进制编码表示的每一个位置的数码只有 0 与 1 这两个可能，比如有如下二进制编码表示：

1	0	1	0	0	1	1	0

其码长为 8，随机产生一个 1~8 之间的数 k，假如现在 $k=5$，对从右往左的第 5 位进行变异操作，将原来的 0 变为 1，得到如下数码串（第 5 位的数字 1 是被变异操作后出现的）：

1	0	1	1	0	1	1	0

二进制编码表示的简单变异操作是将 0 与 1 互换：0 变异为 1，1 变异为 0。

现在对 TSP 的变异操作进行简单介绍，随机产生一个 1~n 之间的数 k，决定对回路中的第 k 个城市的代码 w_k 作变异操作，又产生一个 1~n 之间的数 w，替代 w_k，并将 w_k 加到尾部，得到：

$$w_1 w_2 \cdots w_{k-1} w_k w_{k+1} \cdots w_n w_k$$

这个串有 $n+1$ 个数码，注意数 w_k 在此串中重复了，必须删除与数 w_k 相重复的数得到合法的染色体。

7.1.2　遗传算法的求解步骤

1. 遗传算法的特点

遗传算法是一种基于空间搜索的算法，它通过自然选择、遗传、变异等操作以及达尔文适者生存的理论模拟自然进化过程来寻找所求问题的解答。因此，遗传算法的求解过程也可看作最优化过程。需要指出的是，遗传算法并不能保证所得到的是最佳答案，但通过一定的方法，可以将误差控制在容许的范围内。遗传算法具有以下特点：

（1）遗传算法是对参数集的编码而非针对参数本身进行进化。

（2）遗传算法是从问题解的编码组开始而非从单个解开始搜索。

（3）遗传算法利用目标函数的适应度这一信息而非利用导数或其他辅助信息来指导搜索。

（4）遗传算法利用选择、交叉、变异等算子而不是利用确定性规则进行随机操作。

遗传算法利用简单的编码技术和繁殖机制来表现复杂的现象，从而解决非常困难的问题。它不受搜索空间的限制性假设的约束，不必要求诸如连续性、导数存在和单峰等假设，能从离散的、多极值的、含有噪音的高维问题中以很大的概率找到全局最优解。

2. 遗传算法框图

遗传算法类似于自然进化，通过作用于染色体上的基因寻找好的染色体来求解问题。与自然界相似，遗传算法对求解问题的本身一无所知，它所需要的仅是对算法所产生的每个染色体进行评价，并基于适应值来选择染色体，使适应性好的染色体有更多的繁殖机会。在遗传算法中，通过随机方式产生若干个所求解问题的数字编码，即染色体，形成初始群体；通过适应度函数给每个个体一个数值评价，淘汰低适应度的个体，选择高适应度的个体参加遗传操作，经过遗传操作后的个体集合形成下一代新的群体。再对这个新群体进行下一轮进化。这就是遗传算法的基本原理。

简单遗传算法的求解步骤如下：

（1）初始化群体。

（2）计算群体上每个个体的适应度值。

（3）按由个体适应度值所决定的某个规则选择将进入下一代的个体。

（4）按概率 P_c 进行交叉操作。

（5）按概率 P_c 进行突变操作。

（6）若没有满足某种停止条件，则转至第（2）步，否则进入下一步。

（7）输出群体中适应度值最优的染色体作为问题的满意解或最优解。

算法的停止条件最简单的有如下两种：

（1）完成了预先给定的进化代数则停止。

（2）群体中的最优个体在连续若干代没有改进或平均适应度在连续若干代基本没有改进时停止。

一般遗传算法的主要步骤如下：

（1）随机产生一个由确定长度的特征字符串组成的初始群体。

（2）对该字符串群体迭代地执行下面的步骤①和②，直到满足停止标准：

① 计算群体中每个个体字符串的适应值。

② 应用复制、交叉和变异等遗传算子产生下一代群体。

（3）把在后代中出现的最好的个体字符串指定为遗传算法的执行结果，这个结果可以表示问题的一个解。

根据遗传算法思想可以画出简单遗传算法框图如图 7.2 所示。

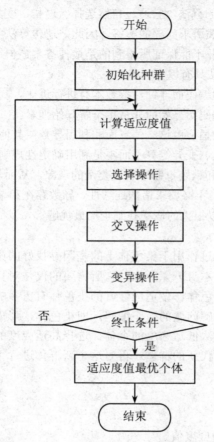

图 7.2　简单遗传算法框图

基本的遗传算法框图由图 7.3 给出，其中 GEN 是当前代数。

也可将遗传算法的一般结构表示为如下形式：

Procedure：Genetic Algorithms
begin
 t <- 0;
 initialize P(t);
 evaluate P(t);
 while (not termination condition) do
 begin
  recombine P(t) to yield C(t);
  evaluate C(t);
  select P(t+1) from P(t) and C(t);
  t <- t+1;
 end
end

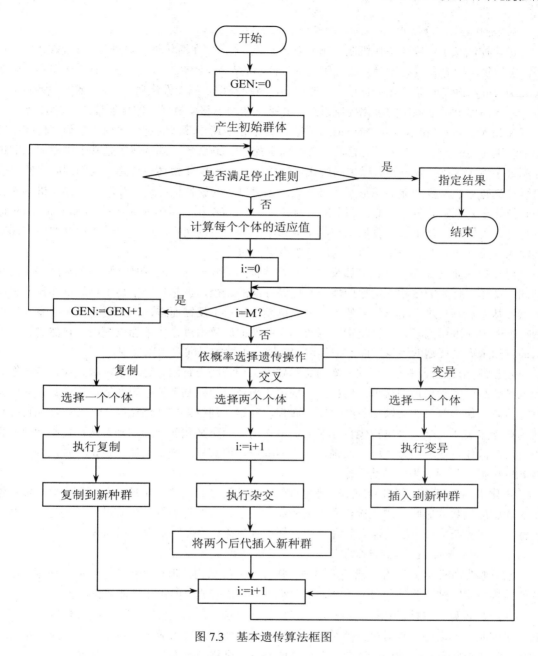

图 7.3　基本遗传算法框图

7.2　进化控制基本原理

7.2.1　进化控制原理与系统结构

进化控制是一种新的控制方案，它是建立在进化计算（尤其是遗传算法）和反馈机制的基础上的。本节将对进化控制的基本思想和进化控制系统的一般结构进行研讨。

1. 进化控制及基本思想

进化控制源于生物的进化机制。20 世纪 90 年代末，即在遗传算法等进化计算思想提出 20 年后，在生物医学界和自动控制界出现研究进化控制的苗头。1998 年，埃瓦尔德（Ewald）、萨斯曼（Sussmam）和维森特（Vicente）等人把进化计算原理用于病毒性疾病控制。1997～1998 年，蔡自兴、周翔提出机电系统的进化控制思想，并把它应用于移动机器人的导航控制。2001 年，日本学者 Seiji Yasunobu 和 Hiroaki Yamasaki 提出一种把在线遗传算法的进化建模与预测模糊控制结合起来的进化控制方法，并用于单摆的起摆和稳定控制。2002 年，郑浩然等把基于生命周期的进化控制时序引入进化计算过程，以提高进化算法的性能。2003 年媒体报道称，英国国防实验室研制出一种具有自我修复功能的蛇形军用机器人，该机器人的软件依照遗传算法，能够使机器人在受伤时依然在"数字染色体"的控制下继续蜿蜒前进。2004 年，泰国的 Somyot Kaiwanidvilai 提出一种把开关控制与基于遗传算法的控制集成起来的混合控制结构。尽管对进化控制的研究尚需继续深入开展，但已有一个良好的开端，可望有更大的发展。

进化控制是建立在进化计算和反馈控制相结合的基础上的。反馈是一种基于刺激—反应（或感知—动作）行为的生物获得适应能力和提高性能的途径，也是各种生物生存的重要调节机制和自然界基本法则。进化是自然界的另一适应机制。相对于反馈而言，进化更着重于改变和影响生命特征的内在本质因素，通过反馈作用所提高的性能需要由进化作用加以巩固。自然进化需要漫长的时间来巩固优越的性能，而反馈作用却能够在很短的时间内加以实现。

从控制角度看，进化计算的基本概念和要素（如编码与解码、适应度函数、遗传操作等）中都或多或少地隐含了反馈原理。例如，可把适应函数视为控制理论中的性能目标函数，对给定的目标信息和作用效果的反馈信息经过比较评判，并据评判结果指导进化操作。又如，遗传操作中的选择操作实质上是一种维持优良性能的调节作用，而交叉和变异操作则是两种提高和改善性能可能性的操作。在编码方式中，反馈作用不够直观，但其启发知识实质上也是一种反馈，一种类似 PID 中微分作用的先验性前馈作用。

进化机制与反馈控制机制的结合是可行的。对这种结合的进一步理论分析和研究（如反馈作用对适应度函数的影响、进化操作算子的控制和表示方式的选取等）将有助于对进化计算收敛可控性、时间复杂度等方面的深入研究，并有利于进化计算中一些基本问题的解决。

2. 进化控制系统的基本结构

进化控制的研究开发者们已提出多种进化控制系统结构，但至今仍缺乏一般（通用）的和公认的结构模式。结合我们的研究体会，下面给出两种比较典型的进化控制系统结构。

第一种可称为直接进化控制结构，它是由遗传算法（GA）直接作用于控制器，构成基于 GA 的进化控制器。进化控制器对受控对象进行控制，再通过反馈形成进化控制系统。图 7.4（a）表示这种进化控制系统的结构原理图。在许多情况下，进化控制器为一混合控制器。

第二种可称为间接进化控制，它是由进化机制（进化学习）作用于系统模型，再综合系统状态输出与系统模型输出作用于进化学习，然后系统再应用一般闭环反馈控制原理构成进化控制系统，如图 7.4（b）所示。与第一种结构相比，本结构比较复杂，其控制性能优于前者。

在实际研究和应用中进化控制系统往往采用混合结构，例如采用进化计算与模糊预测控制的结合、遗传算法与开关控制的集成、进化机制与神经网络的综合控制等。不过，它们的控制系统结构仍然是以图 7.4 所表示的结构为基础而发展起来的。实际上它们属于混合控制。

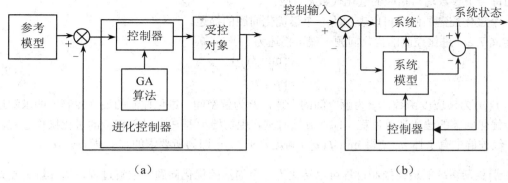

图 7.4 进化控制系统的基本结构

7.2.2 进化控制的形式化描述

在运用进化计算方法解决某个任务时，其本质就是在任务的解空间中寻找某种次优解。如果在进化计算的实现中引入反馈就形成了一种进化控制的机制。我们运用这一思想解决控制问题时曾得到一种进化控制系统的解决方案，如图 7.5 所示。

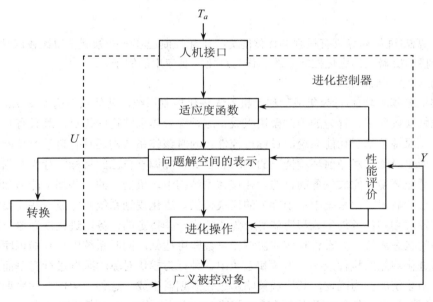

图 7.5 进化控制系统的一种解决方案

进化控制系统可以由如下定义来描述。

定义 7.1 一个进化控制系统可由六元组$(T_a, f, \&, U, P, Y)$来描述。其中，T_a 为给定任务，f 为适应度函数，$\&$ 为进化操作算子，P 为解空间表示，U 为控制作用，Y 为广义被控对象输出（或反馈信息）。

这里 T_a 不是一种以数值形式给定的待跟踪量，而是一种任务的抽象描述。需要进化控制器将任务描述转化为控制目标的数学描述。一般来说，f 的设计就是为了实现这一目标。P 代表整个解空间，P 中的最佳个体和控制作用 U 相对应。值得指出的是，进化控制过程是一个动态调节过程，这里的每一个参数均与相应的进化代数 k 对应。

一个进化控制的问题可以表示为一个最优化问题的描述。

定义 7.2 进化控制的优化问题一般可描述为

$$\begin{cases} \min\limits_{u} f(p) \\ p \in P \end{cases} \tag{7.3}$$

式中，$f(p)$ 为适应度函数，p 为解空间的个体，P 为解空间。进化控制的最优控制器的求解过程是该最优化问题的迭代计算过程。即在开始时刻产生初始种群 P_o，进入相应的进化操作过程，直到第 k 代种群中有个体 p_{ki} 使得 $\min\limits_{p_{ki} \in P_k} f(p_{ki})$ 满足要求，p_{ki} 即为所要求的 U，即 $U = p_{ki}$。

由于复杂系统的进化控制过程可以转化为一个简洁的优化问题的求解过程，这样就为复杂系统的通用解决方案提供了一条可行的途径。

值得指出的是，这里的进化不是特指某一具体的进化算法，而是指模拟自然进化机制的方法的总称。进化算法当然是模拟这一机制理想的计算机实现方法。此外，不同的研究开发者可以采用不同的形式来实现进化控制机制。

7.3 进化控制系统示例

由于遗传算法/进化计算具有很强的优化能力，进化控制已在一些领域获得比较成功的应用。本节介绍一个移动机器人的进化控制系统，作为进化控制应用的例子。

1. 进化控制系统的体系结构

我们提出的是基本功能/行为集成的移动机器人进化控制系统，其体系结构如图 7.6 所示。该系统由进化规划模块和基于行为的控制模块组成。这种综合体系结构的优点是既具有基于行为系统的实时性，又保持了基于功能系统的目标可控性。同时该体系结构还具有自学习功能，能够根据先验知识、历史经验、对当前环境情况的判断和自身状况调整自己的目标、行为及相应的协调机制，以达到适应环境、完成任务的目的。在该体系结构中，机器人的一些基本能力如避障、平衡、漫游、前进、后退等由系统中基于行为的模块提供。进化规划系统则完成一些需要较高智能的任务，如路径规划和任务的生成和协调等。为了完成一些特定的任务，进化规划器只需将一些目标驱动行为的状态激活，并设置相应的协调器参数即可达到。同时系统中设有知识库和经验库以指导和提高进化规划的执行效率。为缓和系统中各种行为模块对驱动装置进行竞争而设置的协调器，其结构由系统的行为确定，其协调策略由进化规划器生成。这种"柔性"的协调策略能根据机器人所处环境和执行任务的不同而调整，并能在一定原则的基础上不断地完善。

2. 进化规划器的结构与算法

系统实现包括逻辑设计与物理实现，逻辑设计中以进化规划器与各种反射行为的实现为核心。

在本系统中，进化规划器的结构如图 7.7 所示。具体运行过程是，离线进化算法模块根据先验知识对机器人运动路线做出离线规划，机器人再根据规划路线移动，其运动姿态由运动规划模块保障。当遇到未知障碍时，启动反射式行为，使机器人避障。然后启动在线进化规划，计算新的路径，再由运动规划器保障实施，以保持路径跟踪的鲁棒性。

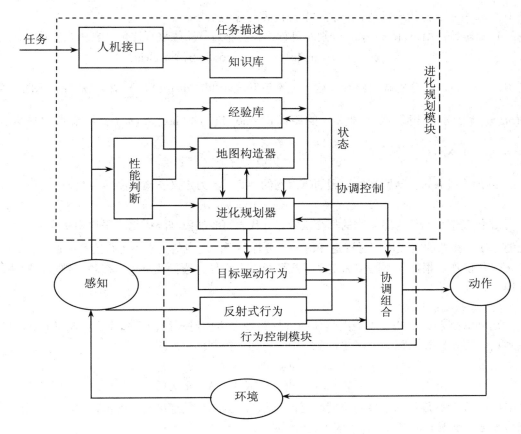

图 7.6 规划、行为综合的进化控制体系结构

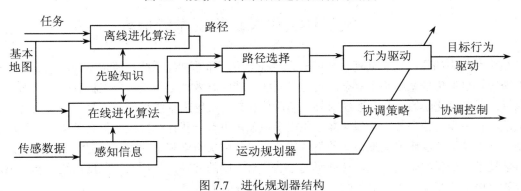

图 7.7 进化规划器结构

离线与在线进化计算的实现形式描述如下:

编码方式:机器人移动路径由起始节点至目标节点的线段连接而成,一条路径描述如图 7.8 所示。

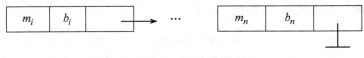

图 7.8 路径的基因表示

其中，m_i 表示节点的坐标值，b_i 表示节点是否可行的状态。

评估函数：用 eval_f 和 eval_u 分别对可行路径与不可行路径进行评价，表达式如下：

$$\text{eval}_f(p) = w_d \text{dist}(p) + w_s \text{smooth}(p) + w_c \text{clear}(p)$$

其中，w_d、w_s、w_c 分别代表路径长度、光滑度和安全度。$\text{dist}(p) = \sum_{i=1}^{n-1} d(m_i, m_{i+1})$ 表示路径总长，$d(m_i, m_{i+1})$ 表示两相邻点 m_i 和 m_{i+1} 的距离，$\text{smooth}(p) = \max_{i=2}^{n-1} S(m_i)$ 表示节点的最大曲率，$\text{clear}(p) = \max_{i=2}^{n-1} C_i$，其中 $C_i = \begin{cases} g_i - \tau & g_i \geqslant \tau \\ e^{a(\tau - g_i) - 1} & \text{其他} \end{cases}$

g_i 为线段 $\overline{m_i m_{i+1}}$ 至所有检测到的障碍物的距离，τ 为定义安全距离的参数。

$$\text{eval}_u(p) = \mu + \eta$$

μ 代表整个路径与障碍物的相交次数，η 代表每条线段与障碍物的平均相交次数，为了实现上的方便，在总的路径排序时规定任何一条可行路径的适应值大于不可行路径的适应值。

进化操作：根据问题的实际定义了几种交叉、变异、选择及节点的移动、删除、增加、平滑等操作。

3. 运动规划算法

运动规划器的目的在于给出具体的规划路径之后如何求得合适的速度控制量 u_r 和驾驶角度控制 u_θ，保持路径跟踪的鲁棒性。系统中采用如下控制模型：

$$\begin{bmatrix} v \\ w \end{bmatrix} = \begin{bmatrix} v_r \cos\theta_e + K_x\theta_e \\ w_r + v_r(K_y Y_e + K_\theta \sin\theta_e) \end{bmatrix} \tag{7.4}$$

其中，v、w 为应施加的速度和角度速度值，v_r、w_r 为当前的速度与角速度，θ_e、Y_e 分别为当前姿态与参考姿态偏差，K_r、K_y、K_θ 为正常数。

7.4　免疫算法和人工免疫系统原理

生物系统中的自然信息处理系统可分为四种类型，即脑神经系统、遗传系统、免疫系统和内分泌系统。自然免疫系统是个复杂的自适应系统，能够有效地运用各种免疫机制防御外部病原体的入侵。通过进化学习，免疫系统对外部病原体和自身细胞进行辨识。自然免疫系统具有许多研究课题，有不少理论和数学模型解释了免疫学现象，也有一些计算机模型仿真了免疫系统的部分机制。从生物学角度研究免疫系统的整体特性，寻找解决科学和工程实际问题的智能方法，是智能科学技术一个新的研究领域。这种研究方法具有不同的称呼，包括人工免疫系统、基于免疫的系统和免疫学计算等。本节中我们采用人工免疫系统这个名字。

把免疫机制和计算方法用于控制系统，即可构成免疫控制系统。下面首先介绍人工免疫系统的基本概念、结构、免疫算法的原理和设计方法，然后讨论免疫控制系统的结构和计算流程，最后分析几种典型的免疫控制实例。

7.4.1　自然免疫系统的概念、组成与功能

1798 年英国医生爱德华·詹纳（Edward Jenner）发明了牛痘疫苗，标志着现代免疫学的开端。经过 200 多年的研究与发展，人类对自身免疫问题和免疫能力的研究已有长足进步。现在，

免疫学已从微生物学的一个分支发展成为一门独立的学科，已形成细胞免疫学、分子免疫学、内分泌免疫学、生殖免疫学、遗传免疫学、神经免疫学和行为免疫学等分支，对人类的健康做出了重要贡献。

生物（例如人类）通过空气、水源、食物和其他直接接触等使自然界中的有害细菌和病毒进入肌体，这时如果人体仍然能够健康地生存，那么要归功于身体内生物免疫系统的保驾护航。生物免疫系统能够保护生物自身免受外来病毒的侵害；当外部抗原（如细菌、病毒或寄生虫等）侵入机体时，免疫系统就能够识别"自体"和"异体"，并消灭异物。"自体"是生物体自身细胞和分子，"异体"是指外来抗原。因此，生物免疫系统的任务就是"自体"和"异体"的模式识别问题。

1. 生物免疫系统的概念

生物免疫系统是由肌体组织、细胞和分子等组成的复杂系统，其基本概念和术语如下：

（1）免疫（Immunity）。原意是免除税赋和差役，引入医学领域后指免除瘟疫和疾病。

定义 7.3　免疫是指肌体对自体和异体识别与响应过程中产生的生物学效应的总和，正常情况下是一种维持机体循环稳定的生理性功能。换句话说，生物肌体识别异体抗原，对其产生免疫响应并清除之；肌体对自体抗原不产生免疫响应。

（2）抗原（Ag，Antigen）。

定义 7.4　抗原是能够被淋巴细胞识别并启动特异性免疫响应的物质。它具有两个重要特性，即免疫原性（能够刺激肌体产生抗体或致敏淋巴细胞的能力）和抗原性或免疫反应性（能够与其他诱生抗体或致敏淋巴细胞特异性结合的能力）。

（3）抗体（Ab，Antibody）。

定义 7.5　抗体是一种能够特异识别和清除抗原的免疫分子，一种具有抗细菌和抗毒素免疫功能的球蛋白物质，也称为免疫球蛋白分子（Ig，Immunoglobulin）。抗体有分泌型和膜型之分，分泌型抗体存在于血液与组织液中，发挥免疫功能；膜型抗体构成 B 细胞表面的抗原受体。免疫球蛋白即为抗体，因此有时也把抗体简写为 Ig。

（4）T 细胞。

定义 7.6　T 细胞即 T 淋巴细胞，用于调节其他细胞的活动，并直接袭击宿主感染细胞。T 细胞可分为毒性 T 细胞和调节 T 细胞两类，调节 T 细胞又分为辅助性 T 细胞和抑制性 T 细胞两种。毒性 T 细胞能够清除微生物入侵者、病毒或癌细胞等。辅助性 T 细胞用于激活 B 细胞。

（5）B 细胞。

定义 7.7　B 细胞即 B 淋巴细胞，是体内产生抗体的细胞在消除病原体过程中受到刺激，分泌出抗体结合抗原，其免疫作用要得到 T 辅助细胞的帮助。

2. 生物免疫系统的组成

免疫系统，顾名思义是生物体内执行免疫任务的生物组织系统，由中枢免疫器官（骨髓与胸腺）和外围免疫器官（脾脏、淋巴结与黏膜免疫系统）组成。免疫器官中执行免疫功能的是各类免疫细胞，如淋巴细胞（T 细胞、B 细胞、自然杀伤细胞等）、抗原递呈细胞、粒细胞以及其他参与免疫响应和效应的细胞等。其中，T 和 B 淋巴细胞是参与适应性免疫响应的关键细胞，分别发挥细胞免疫和体液免疫效应；抗原递呈细胞具有摄取、加工、处理抗原的能力；粒细胞发挥非特异性免疫功能。除上述免疫器官和免疫细胞外，各种免疫分子也是免疫系统的组成部分，例如活化的免疫细胞所产生的多种效应分子、表达于免疫细胞表面的各类膜分子等。

可以把人体免疫系统分为固有免疫系统和适应性免疫系统。第一层固有免疫系统是天生的，不随特异病原体变化，由补体、内吞作用系统和噬菌细胞系统组成。固有免疫系统与病原体首次遭遇就能消灭病原体，还能够识别自体和异体组织结构，并起到促进适应性免疫作用。适应性免疫系统使用 T 和 B 两类淋巴细胞能够执行固有免疫系统无法完成的任务，清除固有免疫系统无法清除的病原体。

3. 生物免疫系统的功能

免疫系统在正常情况下保持机体内环境的稳定，起到保护作用。当发生异常情况时，机体免疫系统将发挥免疫防御、免疫自稳和免疫监视等作用。

（1）免疫防御。即抗感染免疫，指机体针对外来抗原的保护作用。异常情况可能对抗体产生不良影响；如果响应过强或持续时间过长，那么在清除致病微生物的同时，可能导致组织损伤和功能异常，即产生过敏反应；若响应过低，则可能发生免疫缺陷病。

（2）免疫自稳。指机体免疫系统具有极为复杂而有效的调节网络，实现免疫系统功能的相对稳定。如果免疫自稳发生异常，就可能使机体对自体或异体抗原的响应出现紊乱，导致自身产生免疫病。

（3）免疫监视。指机体免疫系统识别各种畸变和突变的异常细胞并将其清除的功能。如果该功能失常，就可能导致肿瘤发生或持续感染。

7.4.2 免疫算法的提出和定义

免疫是生物体的特异性生理反应，由具有免疫功能的器官、组织、细胞、免疫效应分子及基因等组成。免疫系统通过分布在全身的不同种类的淋巴细胞识别和清除侵入生物体的抗原性异物。当生物系统受到外界病毒侵害时，就激活自身的免疫系统，其目标是尽可能保证整个生物系统的基本生理功能得到正常运转。当人工免疫系统受到外界攻击时，内在的免疫机制被激活，其目标是保证整个智能信息系统的基本信息处理功能得到正常发挥。免疫算法具有良好的系统响应性和自主性，对干扰有较强的维持系统自平衡的能力，自体/异体的抗原识别机制使免疫算法具有较强的模式分类能力。此外，免疫算法还模拟了免疫系统的学习－记忆－遗忘的知识处理机制，使其对分布式复杂问题的分解、处理和求解表现出较高的智能性和鲁棒性。

1. 免疫算法的提出

根据泊内特（Burnet）的细胞克隆选择学说（Clonal selection theory）和杰尼（Jerne）的免疫网络学说，生物体内先天具有针对不同抗原特性的多样性 B 细胞克隆，抗原侵入机体后，在 T 细胞的识别和控制下选择并刺激相应的 B 细胞系，使之活化、增殖并产生特异性抗体结合抗原；同时，抗原与抗体、抗体与抗体之间的刺激和抑制关系形成的网络调节结构维持着免疫平衡。随着理论免疫学和人工免疫系统的发展，人们相继提出了几种免疫网络学说。杰尼提出了独特型网络（Idiotype network），以描述抗体之间、抗体与抗原之间的相互作用。艾世古如（Ishiguro）等提出一种互联耦合免疫网络模型。唐（Tang）等提出一种与免疫系统中 B 细胞和 T 细胞之间相互反应相似的多值免疫网络模型。赫曾伯格（Herzenberg）等提出一种更适合于分布式问题的松耦合网络结构。利安德鲁（Leandro）和费尔南多（Fernando）提出使用克隆选择原理进行人工机器的学习和优化研究。基于这些自然免疫学说，可以创建一定的算法来模拟免疫机制。这种算法称为免疫算法。

人工免疫系统是由免疫学理论和观察到的免疫功能、原理和模型启发而产生的适应性系统。这方面的研究最初从 20 世纪 80 年代中期的免疫学研究发展而来。1990 年伯西尼（Bersini）首次使用免疫算法来解决实际问题。20 世纪末福雷斯特（Forrest）等人开始将免疫算法应用于计算机安全领域。同期亨特（Hunt）等人开始将免疫算法应用于机器学习领域。

近年来越来越多的研究者投身到免疫算法的研究行列。自然免疫系统显著的信息处理能力对计算技术有不少重要的启发。一些研究者基于遗传算法已经提出一些模仿生物机理的免疫算法，人工免疫系统的应用问题也得到了研究。有的学者还研究了控制系统与免疫机制的关系。

免疫算法的关键在于系统对受侵害部分的屏蔽、保护和学习控制。设计免疫算法可从两种思路来考虑：一种是用人工免疫系统的结构模拟自然免疫系统的结构，类似于自然免疫机理的流程设计免疫算法，包括对外界侵害的检测、人工抗体的产生、人工抗体的复制、人工抗体的变异和交叉等；另一种是不考虑人工免疫系统的结构是否与自然免疫系统的结构相似，而着重考察两个系统在相似的外界有害病毒侵入下，其输出是否相同或类似，侧重对免疫算法的数据分析，而不是流程上的直接模拟。由于免疫机制与进化机制紧密相关，所以免疫算法往往利用进化计算来优化求解。

2. 免疫算法的有关定义

目前对免疫算法和相关问题还没有明确、统一的定义，以下定义仅供进一步讨论参考。

定义 7.8　免疫算法是模仿生物免疫学和基因进化机理，通过人工方式构造的一类优化搜索算法，是对生物免疫过程的一种数学仿真，是免疫计算的一种最重要形式。

当然还有其他定义方法。例如把免疫概念及理论应用于遗传算法，在保留原算法优点的前提下，力图有选择和有目的地利用待解问题中的一些特征信息或知识来抑制其优化过程中出现的退化现象，这种算法称为免疫算法。

定义 7.9　人工免疫系统是由免疫学理论和观察到的免疫功能、原理和模型启发而产生的适应性系统。可通过免疫算法进行人工免疫系统的计算和控制。

斯塔拉布（Starlab）的定义为：人工免疫系统是一种数据处理、归类、表示和推理策略的模型，它依据似是而非的生物范式，即自然免疫系统。达斯格普塔（Dasgupta）给出的定义为：人工免疫系统由生物免疫系统启发而来的智能策略所组成，主要用于信息处理和问题求解。蒂米斯（Timmis）给出的定义为：人工免疫系统是一种由理论生物学启发而来的计算范式，它借鉴了一些免疫系统的功能、原理和模型，并用于复杂问题的求解。斯塔拉布仅从数据处理的角度对人工免疫系统进行定义，而后两者则着眼于生物隐喻机制的应用，强调了人工免疫系统的免疫学机理，因而更为贴切。

定义 7.10　免疫系统在受到外界病菌的感染后，能够通过自身的免疫机制恢复健康以保持正常工作的一种特性或属性称为免疫系统的鲁棒性。

7.4.3　免疫算法的步骤和框图

目前还没有统一的免疫算法及其框图。下面首先介绍一种含有免疫算子（Immune Operator）的免疫算法。生物体的免疫功能主要由参与免疫反应的细胞完成。免疫细胞主要有两类，即淋巴细胞和非淋巴细胞，前者对抗原反应有明显的专一性，是特异性免疫反应的主要细胞；后者具有摄取和处理抗原，并把处理后的抗原提供给淋巴细胞，其作用在于参与非特异性免疫反应，并能参与特异性免疫反应。免疫算子也有两种：全免疫算子和目标免疫算子，它们的作用分别对应于非特异性免疫和特异性免疫。全免疫是指群体中每个个体在变异操作后对其每个环节都进行一次免疫操作，主要应用于个体进化的初始阶段，而在其后的进化过程中基本上不产生作用。目标免疫指个体在变异操作后，经过一定判断仅在作用点处产生免疫反应，其作用一般伴随群体进化的全过程。

免疫算法的实际操作过程为：

（1）具体分析待求解的问题，提取出最基本的特征信息。

（2）处理该特征信息，并把它转化为一种问题求解方案。

（3）以适当形式把此方案变换为免疫算子以实施具体操作。

本免疫算法框图如图 7.9 所示。

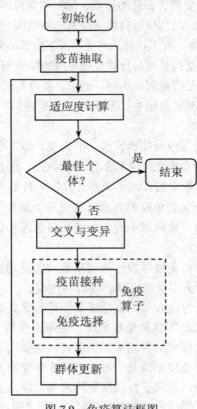

图 7.9 免疫算法框图

本免疫算法在合理提取疫苗的基础上借助疫苗接种和免疫选择两个操作来完成。疫苗接种用于提高适应度，免疫选择用于防止群体退化。图 7.9 所示免疫算法的执行步骤如下：

（1）随机产生初始父代种群 A_l。

（2）根据先验知识抽取疫苗。

（3）若当前群体内包含最佳个体，则算法结束运行；否则继续。

（4）对于当前第 k 代父代种群 A_k 进行交叉操作，得到种群 B_k。

（5）对 B_k 进行变异操作，得到种群 C_k。

（6）对 C_k 进行疫苗接种操作，得到种群 D_k。

（7）对 D_k 进行免疫选择操作，得到新一代父代种群 A_{k+1}，然后转至第（3）步。

上述免疫算法的群体状态转移情况可由图 7.10 表达。

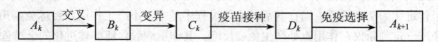

图 7.10 免疫算法的群体状态转移情况

一般来说，免疫算法的处理对象是自体和异体，通过抗体对未知的异体进行学习和识别实现免疫作用。这种检测、识别和消除异体的免疫算法框图如图 7.11 所示，其计算步骤如下：

（1）对人工免疫系统的自体和已知异体进行编码，构建自体数据库和异体数据库。

（2）通过自体/异体的编码及构建其数据库从抗原中检测异体。

（3）如果已检测的异体是已知的，就通过异体数据库直接识别已知的异体，并转至第（5）步；否则进入第（4）步。

（4）如果已检测的异体是未知的，用进化计算、神经网络、示例学习等具有学习能力的智能技术识别该未知异体，并将学习的结果存储到异体数据库中。

（5）对已识别的异体进行消除，在消除原本是正常组件的异体时先保存其信息。

（6）对丢失的、残缺的或已消除的正常组件进行系统修复。

（7）结束。

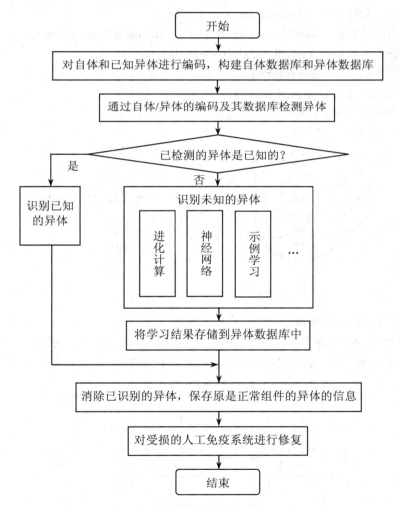

图 7.11　通过自体和异体检测、识别和消除异体的免疫算法框图

7.5 免疫控制系统的结构

1. 免疫控制的四元结构

在第 1 章中介绍了智能控制的四元结构，把智能控制看作自动控制（CT）、人工智能（AI）、信息论（IT）和运筹学（OR）四个学科的交集。在智能控制四元交集结构的基础上，又提出了免疫控制的四元交集结构，认为免疫控制（IMC）是智能控制论（ICT）、人工免疫系统（AIS）、生物信息学（BIN）和智能决策系统（IDS）四个子学科的交集，如图 7.12 所示。与智能控制的四元结构相似，也可以由下列交集公式或合取公式表示免疫控制的结构：

$$IMC = AIS \cap ICT \cap BIN \cap IDS \tag{7.5}$$

$$IMC = AIS \wedge ICT \wedge BIN \wedge IDS \tag{7.6}$$

式中，各子集（或合取项）的含义如下：

- AIS：人工免疫系统（Artificial Immune System）。
- ICT：智能控制论（Intelligence Cybernetics 或 Intelligent Control Theory）。
- IDS：智能决策系统（Intelligent Decision System）。
- BIN：生物信息学（Bio-Informatics）。
- IMC：免疫控制（Immune Control）。
- ∩ 和 ∧ 分别表示交集和连词"与"符号。

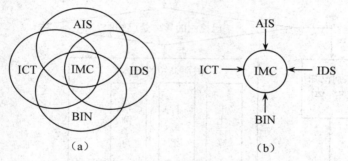

图 7.12　免疫控制的四元结构

2. 免疫控制系统的一般结构

免疫控制器因控制任务和采用智能技术的不同，其体系结构也可能有所不同。不过，免疫控制器通常为一反馈控制，并一般由三层构成，即底层、中间层和顶层，如图 7.13 所示。

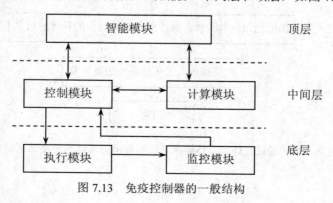

图 7.13　免疫控制器的一般结构

反馈信息由控制目标和控制要求决定。控制器底层包括执行模块和监控模块，用于执行控制程序和监控执行结果及系统异常。中间层包括控制模块和计算模块。计算模块用于信号综合、免疫计算和其他智能计算，而控制模块则向执行模块发出控制指令。顶层为智能模块，是控制器的决策层，提供免疫算法类型、系统任务和相关智能技术，用于模拟人类的决策行为。

图 7.14 表示免疫控制系统的结构框图。图中的免疫控制器与图 7.13 一致。一般地，免疫控制为反馈控制，具体反馈信号视控制对象和系统要求而定。

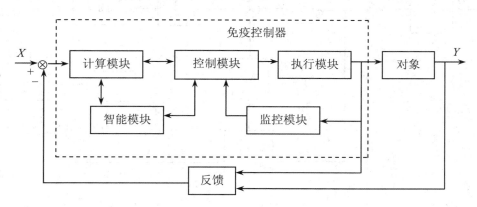

图 7.14　免疫控制系统原理框图

图 7.15 表示基于正常模型免疫 PID 控制系统结构。图中，计算模块为自体/异体检测模块，智能模块为未知异体学习模块，监控模块为异体消除模块，而这里的控制器为 PID 控制器。也就是说，本免疫控制器以 PID 控制器为中心，以免疫机制为核心技术，对受控对象实行免疫控制。

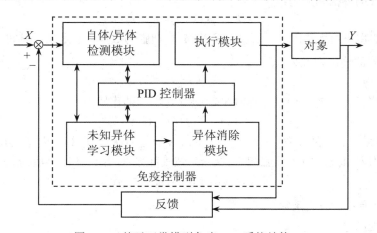

图 7.15　基于正常模型免疫 PID 系统结构

7.6　免疫控制系统示例

近年来，免疫控制已在生产过程控制、机器人控制、顺序控制、伺服控制、噪声控制等方面得到一些比较成功的应用。这些应用系统不仅引入了免疫机制，而且还与神经网络、自适应、反馈等机制结合，以期获得更好的控制效果。

下面介绍一个免疫控制的实例。本免疫系统引入一种免疫反馈机制、一种具有扰动抑制作用的电动机免疫反馈 PID 控制器，并提出一种基于免疫反馈机制的规则。

免疫反馈控制原理图如图 7.16 所示。下面研究免疫反馈规则与免疫反馈控制器的设计问题。

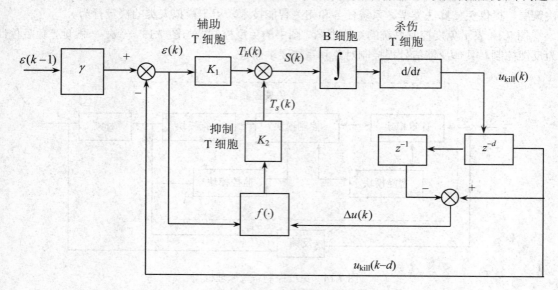

图 7.16   直流伺服速度控制系统原理图

1. 免疫反馈规则

定义第 k 代的外部输入为：

$$\varepsilon(k) = \gamma\varepsilon(k-1) - u_{\text{kill}}(k-d) \tag{7.7}$$

其中，γ 是外部物质的增殖因子，$u_{\text{kill}}(k)$ 是杀伤 T 细胞的数量，d 是死亡时间。受到外部刺激的来自辅助 T 细胞的输出定义为：

$$T_h(k) = K_1\varepsilon(k) \tag{7.8}$$

其中，K_1 是刺激因子，符号为正。抑制 T 细胞对 B 细胞的作用为：

$$T_S(k) = K_2 f[\Delta u_{\text{kill}}(k)]\varepsilon(k) \tag{7.9}$$

其中，K_2 是抑制因子，符号为正；$\Delta u_{\text{kill}}(k)$ 定义为 $\Delta u_{\text{kill}} = (k) = u_{\text{kill}}(k-d) - u_{\text{kill}}(k-d-1)$；$f(\cdot)$ 是非线性函数，引入负责杀伤 T 细胞和第 $(k-d)$ 代外部输入的反作用。函数 $f(\cdot)$ 定义为：

$$f(x) = 1.0 - \exp(-x^2/a)$$

其中，a 是一个参数，改变函数形式。

B 细胞接受的总激励为：

$$S(k) = T_h(k) - T_s(k) \tag{7.10}$$

B 细胞的活动通过对 $S(k)$ 积分给出。假设杀伤 T 细胞的输出量由 B 细胞活动微分给出，即由 $S(k)$ 经积分再微分后得到：

$$u_{\text{kill}}(k) = K_1\varepsilon(k) - K_2 f[\Delta u_{\text{kill}}(k)]\varepsilon(k) = K\{1 - \eta_0 f[\Delta u_{\text{kill}}(k)]\}\varepsilon(k) \tag{7.11}$$

其中，$K = K_1$，$\eta_0 = K_2/K_1$。这样，式（7.11）给出免疫规则。参数 K 控制响应速度，参数 η_0 控制稳定作用。因此，免疫反馈规则的性能极大地依赖于这些参数的选择。

2. 免疫反馈控制器的设计

基于免疫反馈规则的反馈控制器 IMF 方框图如图 7.17 所示。把 k 作为采样数，把控制误差 $e(k)$ 作为 IMF 的输入：

$$e(k) = y_d(k) - y(k) \tag{7.12}$$

式中，$y_d(k)$ 为期望系统输出即控制系统输入，$y(k)$ 为受控对象输出，即控制系统实际输出。用杀伤 T 细胞 u_{kill} 的量作为受控对象的输入。离散 PID 控制规则如下式所示：

$$u_{\text{PID}}(k) = K_p \left(1 + \frac{K_i}{z-1} + K_d \frac{z-1}{z} \right) e(k)$$

式中，K_p、K_i、K_d 分别为增益系数、积分作用系数、微分作用系数，z 是零阶保持器，$zu(k)=u(k+1)$。

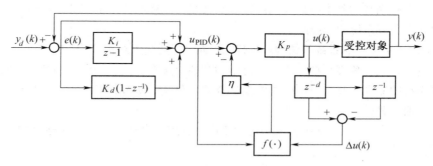

图 7.17　免疫反馈控制器方框图

考虑以 PID 型控制器输出 $u_{\text{PID}}(k)$ 作为外部输入 $\varepsilon(k)$ 的量，从图 7.17 可得到 IMF 控制器如下：

$$
\begin{aligned}
u(k) &= K_p \left\{ u_{\text{PID}}(k) - \eta f \left[u_{\text{PID}}(k) \cdot \Delta u(k) \right] \right\} \\
&= K_p u_{\text{PID}}(k) \left\{ 1 - \eta f \left[\Delta u(k) \right] \right\} \\
&= K_p \left\{ 1 - \eta f \left[\Delta u(k) \right] \right\} \left(1 + \frac{K_i}{z-1} + K_d \frac{z-1}{z} \right) e(k)
\end{aligned} \tag{7.13}
$$

式中，η 为抑制参数。各系数满足下列关系：

$$(K_p, K_i, K_d) > 0, \quad \eta \geq 0$$

可见，若 $0 < \eta f \left[\Delta u(k) \right] \leq 1$，则起负反馈作用；若 $\eta f \left[\Delta u(k) \right] > 1$，则起正反馈作用。抑制系数 η 的上限保持控制系统稳定，当 $\eta = 0$ 时，IMF 控制器与传统的 PID 控制论一样。

PID 控制器已广泛应用于包括电动机控制的过程闭环控制。不过，对于含有扰动的控制环，很难获得最优的 PID 增益。由于 PID 控制器的增益必须通过手工反复试验校正，以往的 PID 控制器的校正可能不涉及含有复杂动力学（如大时延、逆反应和高度非线性等）的受控对象。为了校正能够对电动机进行实际控制的最优控制器，本示例注重研究了具有扰动抑制的 PID 控制器的校正问题。P、I、D 参数以抗体进行编码在选择过程中是随机配位的，使受控对象获得最优收益。通过选择控制器的增益可使目标函数为最小。对本免疫控制系统进行了仿真实验，包括参数变化扰动抑制的反应和免疫网络对参数学习平均值的反应等。实验结果表明，所建议的控制器能够有效地用于控制系统。

7.7　本章小结

本章讨论了进化控制和免疫控制。

7.1 节介绍了进化控制的基础。进化控制是建立在进化计算（尤其是遗传算法）和反馈机制的基础上的。首先讨论了作为进化控制基础的遗传算法的基本原理和求解方法。遗传算法是模仿生物遗传学和自然选择机理，通过人工方式构造的一类优化搜索算法，是对生物进化过程进行的一种数学仿真，是进化计算的一种最重要形式。接着对遗传算法的一些基本概念，如编码方法、适应度函数和遗传操作等加以介绍，并进一步讨论了遗传算法的特点、算法框图和计算步骤。然后着重讨论了进化控制的基本思想，提出了进化控制系统的结构和形式化描述。

7.2 节对进化控制的基本思想、进化控制系统的一般结构和进化控制的形式化描述等问题进行研讨。7.3 节给出进化控制的一个实例，以求进一步说明进化控制器的设计和参数选择。

本章讨论的另一重点是免疫控制，它是建立在生物免疫机制和反馈机制的基础上的。7.4 节首先讨论了人工免疫系统的基本概念和免疫算法及其定义，接着介绍了免疫算法的结构框图和计算步骤，给出人工免疫系统的一般结构。

7.5 节提出了免疫控制系统的结构。在智能控制"四元交集结构理论"的基础上，认为免疫控制是智能控制论、人工免疫系统、生物信息学和智能决策系统四个子学科的交集。此外，还研究了免疫控制系统的原理、基于正常模型免疫 PID 系统结构、免疫控制的自然计算体系结构和免疫控制系统的一般计算框图。

7.6 节以一个用于直流电动机伺服系统的免疫速度控制为例，讨论了免疫控制的免疫反馈规则和免疫反馈控制器的设计。

习题 7

7-1 何谓进化计算？其出发点是什么？

7-2 遗传算法的实质是什么？试述遗传算法的基本原理和求解步骤。

7-3 你是如何理解进化控制的？试简述进化控制的工作原理。

7-4 怎样对进化控制进行形式化描述？你认为有别的方法能够更好地描述进化控制吗？请举例说明。

7-5 试以移动机器人的控制为例，分析进化控制系统的体系结构，并探讨其控制算法。

7-6 给出生物免疫系统概念的一些定义。

7-7 免疫算法是如何提出的？免疫算法的定义和求解步骤是什么？

7-8 人工免疫系统是如何构成的？

7-9 生物免疫系统有哪些功能？

7-10 免疫算法的设计方法的要点是什么？

7-11 什么是免疫控制？试述免疫控制的作用原理。

7-12 免疫控制系统的结构是什么？

7-13 免疫控制的四元结构的主要思想是什么？它与智能控制的四元结构有什么关系？

7-14 试举例说明免疫控制器的结构，分析免疫控制器的设计。

7-15 在直流电动机伺服系统的免疫速度控制示例中，免疫反馈规则与免疫反馈控制器的设计是如何进行的？

第 8 章

多真体控制

随着计算机技术和人工智能的发展，以及互联网（Internet）和万维网（WWW，World Wide Web）的出现与发展，集中式系统已不能完全适应科学技术的发展需要。并行计算和分布式处理等技术（包括分布式人工智能）应运而生，并在过去 20 多年中获得快速发展。近 10 多年来，真体（Agent）和多真体系统（MAS）的研究成为分布式人工智能研究的一个热点，引起计算机、人工智能、自动化等领域科技工作者的浓厚兴趣，为分布式系统的综合、分析、实现和应用开辟了一条新的有效途径，促进人工智能和计算机软件工程的发展，并为智能控制开辟了一个新的分支——多真体控制（Multi-agent Control）。本章将介绍真体、多真体及多真体控制系统的基本概念，探讨多真体控制系统的原理。

8.1　分布式人工智能与真体（Agent）

近代计算机通信、计算机网络、计算机信息处理的发展以及经济、社会和军事领域对信息技术提出的更高要求，促进分布式人工智能（Distributed Artificial Intelligence，DAI）的开发与应用。分布式人工智能系统能够克服单个智能系统在资源、时空分布和功能上的局限性，具备并行、分布、开放和容错等优点，因而获得很快的发展，得到越来越广泛的应用。

8.1.1　分布式人工智能

分布式人工智能的研究源于 20 世纪 70 年代末期。当时主要研究分布式问题求解（Distributed Problem Solving，DPS），其研究目标是要建立一个由多个子系统构成的协作系统，各子系统间协同工作，对特定问题进行求解。在 DPS 系统中，把待解决的问题分解为一些子任务，并为每个子任务设计一个问题求解的任务执行子系统。通过交互作用策略，把系统设计集成为一个统一的整体，并采用自顶向下的设计方法，保证问题处理系统能够满足顶部给定的要求。

分布式人工智能系统具有如下特点：

（1）分布性。整个系统的信息，包括数据、知识和控制等，无论在逻辑上还是物理上都是分布的，不存在全局控制和全局数据存储。系统中各路径和节点能够并行地求解问题，从而提高子系统的求解效率。

（2）连接性。在问题求解过程中，各个子系统和求解机构通过计算机网络相互连接，降低了求解问题的通信代价和求解代价。

（3）协作性。各子系统协调工作，能够求解单个机构难以解决或者无法解决的困难问题。例如，多领域专家系统可以协作求解单领域或者单个专家系统无法解决的问题，提高求解能力，扩大应用领域。

（4）开放性。通过网络互连和系统的分布，便于扩充系统规模，使系统具有比单个系统广大得多的开放性和灵活性。

（5）容错性。系统具有较多的冗余处理节点、通信路径和知识，能够使系统在出现故障时仅仅降低响应速度或求解精度，以保持系统正常工作，提高工作可靠性。

（6）独立性。系统把求解任务归约为几个相对独立的子任务，从而降低了各个处理节点和子系统问题求解的复杂性，也降低了软件设计开发的复杂性。

8.1.2　Agent 及其特性

1. 真体的概念

Agent 在英语中是个多义词，主要含有主动者、代理人、作用力（因素）或媒介物（体）等。在信息技术，尤其是人工智能和计算机领域，可把 Agent 看作能够通过传感器感知其环境，并借助执行器作用于该环境的任何事物。对于人 agent，其传感器为眼睛、耳朵和其他感官，其执行器为手、腿、嘴和其他身体部分。对于机器人 Agent，其传感器为摄像机和红外测距器等，而各种马达则为其执行器。对于软件 Agent，则通过编码位的字符串进行感知和作用。图 8.1 表示 Agent 通过传感器和执行器与环境的交互作用。

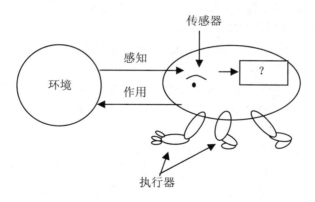

图 8.1　Agent 与环境的交互作用

2. 真体的要素

真体必须利用知识修改其内部状态（心理状态），以适应环境变化和协作求解的需要。真体的行动受其心理状态驱动。人类心理状态的要素有认知（信念、知识、学习等）、情感（愿望、兴趣、爱好等）和意向（意图、目标、规划和承诺等）三种。着重研究信念（Belief）、愿望（Desire）和意图（Intention）的关系及其形式化描述，力图建立真体的 BDI（信念、愿望和意图）模型，已成为真体理论模型研究的主要方向。

信念、愿望、意图与行为具有某种因果关系，如图 8.2 所示。其中，信念描述真体对环境的认识，表示可能发生的状态。愿望从信念直接得到，描述真体对可能发生情景的判断。意图来自愿望，制约真体，是目标的组成部分。

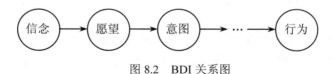

图 8.2　BDI 关系图

布拉特曼（Bratman）的哲学思想对心理状态研究产生深刻影响。1987 年，他从哲学角度研究行为意图，认为只有保持信念、愿望和意图的理性平衡，才能有效地实现问题求解。他还认为，在某个开放的世界（环境）中，理性真体的行为不能由信念、愿望及两者组成的规划直接驱动，在愿望和规划间还存在一个基于信念的意图。在这样的环境中，这个意图制约了理性真体的行为。理性平衡是使理性真体的行为与环境特性相适应。环境特性不仅包括环境客观条件，而且涉及环境的社会团体因素。对于每种可能的感知序列，在感知序列所提供证据和真体内部知识的基础上，一个理想的理性真体的期望动作应使其性能测度为最大。

在过去的 20 年中，在真体和 MAS 的建模方面进行了大量研究工作，几乎所有研究工作都以实现布拉特曼的哲学思想为目标。不过，这些研究都未能完全实现布拉特曼的哲学模型，仍然存在一些尚待进一步研究和解决的问题，如真体模型与结构的映射关系、建造真体系统的计算复杂性、真体问题求解与心理状态关系的表示等问题。

3. 真体的特性

真体与分布式人工智能系统一样具有协作性、适应性等特性。此外，真体还具有自主性、交互性、持续性等重要性质。

（1）行为自主性。真体能够控制它的自身行为，其行为是主动的、自发的和有目标和意图的，并能根据目标和环境要求对短期行为做出规划。

（2）作用交互性。也叫反应性，真体能够与环境交互作用，能够感知其所处的环境，并借助自己的行为结果对环境做出适当反应。

（3）环境协调性。真体存在于一定的环境中，感知环境的状态、事件和特征，并通过其动作和行为影响环境，与环境保持协调。环境和真体是对立统一体的两个方面，互相依存，互相作用。

（4）面向目标性。真体不是对环境中的事件做出简单的反应，它能够表现出某种目标指导下的行为，为实现其内在目标而采取主动行为。这一特性为面向真体的程序设计提供重要基础。

（5）存在社会性。真体存在于由多个真体构成的社会环境中，与其他真体交换信息、交互作用和通信。各真体通过社会承诺进行社会推理，实现社会意向和目标。真体的存在及其每一行为都不是孤立的，而是社会性的，甚至表现出人类社会的某些特性。

（6）工作协作性。各真体合作和协调工作，求解单个真体无法处理的问题，提高处理问题的能力。在协作过程中，可以引入各种新的机制和算法。

（7）运行持续性。真体的程序在启动后，能够在相当长的一段时间内维持运行状态，不随运算的停止而立即结束运行。

（8）系统适应性。真体不仅能够感知环境，对环境做出反应，而且能够把新建立的真体集成到系统中而无需对原有的多真体系统进行重新设计，因而具有很强的适应性和可扩展性。也可把这一特点称为开放性。

（9）结构分布性。在物理上或逻辑上分布和异构的实体（或真体），如主动数据库、知识库、控制器、决策体、感知器和执行器等，在多真体系统中具有分布式结构，便于技术集成、资源共享、性能优化和系统整合。

（10）功能智能性。真体强调理性作用，可作为描述机器智能、动物智能和人类智能的统一模型。真体的功能具有较高智能，而且这种智能往往是构成社会智能的一部分。

8.1.3　真体的结构

真体系统是个高度开放的智能系统，其结构如何将直接影响到系统的智能和性能。例如，一个在未知环境中自主移动的机器人需要对它面对的各种复杂地形、地貌、通道状况及环境信息做出实时感知和决策，控制执行机构完成各种运动操作，实现导航、跟踪、越野等功能，并保证移动机器人处于最佳的运动状态。这就要求构成该移动机器人系统的各个真体有一个合理和先进的体系结构，保证各真体自主地完成局部问题求解任务，显示出较高的求解能力，并通过各真体间的协作完成全局任务。

人工智能的任务就是设计真体程序，即实现真体从感知到动作的映射函数。这种真体程序需要在某种称为结构的计算设备上运行。这种结构可以是一台普通的计算机，或者可能包含执行某种任务的特定硬件，还可能包括在计算机和真体程序间提供某种程度隔离的软件，以便在更高层次上进行编程。一般地，体系结构使得传感器的感知对程序可用，运行程序并把该程序的作用选择反馈给执行器。可见，真体、体系结构和程序之间具有如下关系：

$$真体 ＝ 体系结构 ＋ 程序$$

计算机系统为真体的开发和运行提供软件和硬件环境支持，使各个真体依据全局状态协调地完成各项任务。具体地说：

（1）在计算机系统中，真体相当于一个独立的功能模块、独立的计算机应用系统，它含有独立的外部设备、输入/输出驱动设备、各种功能操作处理程序、数据结构和相应输出。

（2）真体程序的核心部分叫做决策生成器或问题求解器，起到主控作用，它接收全局状态、任务和时序等信息，指挥相应的功能操作程序模块工作，并把内部工作状态和执行的重要结果送至全局数据库。真体的全局数据库设有存放真体状态、参数和重要结果的数据库，供总体协调使用。

（3）真体的运行是一个或多个进程，并接受总体调度。特别是当系统的工作状态随工作环境而经常变化时以及各真体的具体任务时常变更时，更需要搞好总体协调。

（4）各个真体在多个计算机 CPU 上并行运行，其运行环境由体系结构支持。体系结构还提供共享资源（黑板系统）、真体间的通信工具和真体间的总体协调，使各真体在统一目标下并行协调地工作。

根据上述讨论，把真体看作从感知序列到实体动作的映射。根据人类思维的不同层次，可把真体分为反应式（reflex 或 reactive）真体、慎思式（deliberative）真体或认知式（cognitive）真体、跟踪式真体、基于目标的真体、基于效果的真体、复合式真体等几类。

8.2　多真体系统

上面所研究的真体都是单个真体在一个与它的能力和目标相适应的环境中的反应和行为。通过适当的真体反应能够影响其他真体的作用。每个真体能够预测其他真体的作用，在其目标服务中影响其他真体的动作。为了实现这种预测，需要研究一个真体对另一个真体的建模方法。为了影响另一个真体，需要建立真体间的通信方法。多个真体组成一个松散耦合又协作共事的系统，就是一个多真体系统。多真体系统除了具有交互性、社会性、协作性、适应性和分布性外，还具有数据分布或分散及计算过程异步、并发或并行等特性，每个真体具有不完全的信息和问题求解能力，不存在全局控制。

8.2.1　多真体系统的模型和结构

1．多真体系统的模型

在多真体系统的研究过程中，适应不同的应用环境而从不同角度提出了多种类型的多真体模型，包括理性真体的 BDI 模型、协商模型、协作规划模型和自协调模型等。

（1）BDI 模型。这是一个概念和逻辑上的理论模型，它渗透于其他模型中，成为研究真体理性和推理机制的基础。在把 BDI 模型扩展至多真体研究时，提出了联合意图、社会承诺、合理行为等描述真体行为的形式化定义。联合意图为真体建立复杂动态环境下的协作框架，对共同目标和共同承诺进行描述。当所有真体都同意这个目标时，就一起承诺去实现该目标。联合承诺用以描述合作推理和协商，社会承诺给出了社会承诺机制。

（2）协商模型。协商思想产生于经济活动理论，它主要用于资源竞争、任务分配和冲突消解等问题。多真体的协作行为一般是通过协商产生的。虽然各个真体的行动目标是要使自身效用最大化，然而在完成全局目标时，就需要各真体在全局上建立一致的目标。对于资源缺乏的多真体动态环境，任务分解、任务分配、任务监督和任务评价就是一种必要的协商策略。合同网协议是协商模型的典型代表，主要解决任务分配、资源冲突和知识冲突等问题。

（3）协作规划模型。多真体的规划模型主要用于制订其协调一致的问题求解规划。每个真体都具有自己的求解目标，考虑其他真体的行动与约束，并进行独立规划（部分规划）。网络节点上的部分规划可以用通信方式协调所有节点，达到所有真体都接受的全局规划。部分全局规划允许各真体动态合作。真体的相互作用以通信规划和目标的形式抽象地表达，以通信元语描述规划目标，相互告知对方有关自己的期望行为，利用规划信息调节自身的局部规划，达到共同目标。另一种协作规划模型为共享规划模型，它把不同心智状态下的期望定义为一个公理集合，指挥群体成员采取行动以完成所分配的任务。

（4）自协调模型。该模型是为适应复杂控制系统的动态实时控制和优化而提出的。自协调模型随环境变化自适应调整行为，是建立在开放和动态环境下的多真体模型。该模型的动态特性表现在系统组织结构的分解重组和多真体系统内部的自主协调等方面。

2. 多真体系统的结构

多真体系统的体系结构影响单个真体内部的协作智能的存在，其结构选择影响系统的异步性、一致性、自主性和自适应性的程度，并决定信息的存储方式、共享方式和通信方式。体系结构中必须有共同的通信协议或传递机制。对于特定的应用，应选择与其能力要求相匹配的结构。下面简介几种常见的多真体系统的体系结构。

（1）真体网络。在该体系结构下，无论是远距离还是短距离的真体，其通信都是直接进行的。该类多真体系统的框架、通信和状态知识都是固定的。每个真体必须知道：应在什么时候把信息发送至什么地方，系统中有哪些真体是可合作的，它们具有什么能力等。不过，把通信和控制功能都嵌入每个真体内部，要求系统中每一真体都拥有关于其他真体的大量信息和知识。而在开放的分布式系统中，这往往是难以实现的。此外，当真体数目较大时，这种一一交互的结构将导致系统效率低下。

（2）真体联盟。在该结构下，若干近程真体通过助手真体进行交互，而远程真体则由各个局部真体群体的助手真体完成交互和消息发送。这些助手真体能够实现各种消息发送协议。当某真体需要某种服务时，它就向其所在的局部真体群体的助手真体发出一个请求，该助手真体以广播形式发送该请求，或者把寻找请求与其他真体能力的匹配；一旦匹配成功，就把该请求发给匹配成功的真体。这种结构中，一个真体无需知道其他真体的详细信息，比真体网络有较大的灵活性。

（3）黑板结构。本结构与联盟系统的区别在于：黑板结构中的局部真体群共享数据存储——黑板，即真体把信息放在可存取的黑板上，实现局部数据共享。在一个局部真体群体中，控制外壳真体负责信息交互，而网络控制真体负责局部真体群体之间的远程信息交互。黑板结构中的数据共享要求群体中的真体具有统一的数据结构或知识表示，因而限制了多真体系统中真体设计和建造的灵活性。

8.2.2　多真体系统的协作、协商和协调

协作是多真体研究的核心问题之一。多真体的协调是真体间通过对资源和目标的合理安排，调整各自的行为，以求最大可能地实现各自或系统的目标。协调是一种动态行为，是真体对环境及其他真体的适应，它往往通过改变真体的心智状态来实现。协作则是保持非对抗真体间行为协调的特例，它通过适当的协调，合作完成共同目标。

1. 多真体的协作方法

对策和学习是真体协作的内在机制。真体通过交互对策，在理性约束下选择基于对手或联合策略的最佳响应行动。真体的行动选择又必须建立在对环境和其他真体行动了解的基础上，因而需要利用学习方法建立并不断修正对其他真体的信念。真体的协作均贯穿着对策和学习的思想。下面介绍几种协作方法。

（1）决策网络和递归建模。采用决策网络（又称作用图）来建立真体的动态模型。作用图是决策问题的一种图知识表示，可以看做是增加了决策节点和效益节点的贝叶斯网络。作用图中有三类节点，即自然节点、决策节点和效益节点。自然节点表示真体世界不确定性信念的随机变量或特性。决策节点表示对真体行动的选择，代表真体的能力。效益节点代表真体的偏好。节点间的连接体现相互依赖关系。根据对环境与其他真体的观察信息和贝叶斯学习方法来修正模型，即修正对其他真体可能行为的信念，并预测它们的行为。

递归建模的方法是：真体获取环境知识、其他真体知识和状态知识，并在此基础上建立递归决策模型。利用动态规划方法求解真体行为决策的表达。

（2）Markov 对策。在多真体系统中，真体间相互作用并随时间不断变化，系统中每个真体都面临一个动态决策问题。在单真体系统中真体的动态决策其实是一个 Markov 过程，而在多真体系统中真体的 Markov 决策过程的扩展形式就是随机对策，也就是 Markov 对策。因此，Markov 对策可以看作是 Markov 决策过程在多真体协作环境中的扩展。在 Markov 对策中，每个真体面临的是一个不同的 Markov 决策过程，这些真体的 Markov 决策过程通过它们的支付函数（Payment Function）以及依赖于真体联合行为的系统动态特性连接起来。

Markov 对策以 Nash 平衡点（Nash equillibrum）作为协作的目标，从而将真体协作过程的收敛性和稳定性引入到真体协作的研究中。

（3）真体学习方法。多真体的协作，从本质上说是每个真体学习其他真体的行动策略模型而采取相应的最优反应。学习内容包括环境内的真体数、连接结构、真体间的通信类型、协调策略等。主要的学习方法包括假设回合、贝叶斯学习和强化学习等。这些学习方法都与对策论有关。

在假设行动中，一个学习真体假设其他真体采取静态策略，通过其他真体采取的某种行动的次数进行计数，可以得到其他真体采取该行动的一个大致概率。这些概率（也就是这个真体的信念）是其他真体的混合策略。在每一回合，真体选取一个行动作为它对其他真体策略的信念的最优反应。并不能保证假设行动收敛到一个 Nash 平衡点，但在增加对对策结构的一些约束后，可以保证其收敛。

贝叶斯学习是学习真体从对另一个真体可能采取的策略的初始信念开始，不断根据贝叶斯法则更新信念。贝叶斯方法被应用到条件学习中，一个真体在过去记录条件下学习其他真体的策略。这种学习方法不同于假设行动中研究的静态策略，行动策略的识别比静态策略要困难得多。

强化学习是多真体的主要学习方法。

（4）决策树和对策树。以对策论为框架的多真体交互虽然在理论上非常引人注目，但在实现时却遇到很多问题，比如真体在对策过程中如何推理出其策略。建立定义在扩展决策树上的信息集合和相应的行为函数，然后从形式化的行为公理可以推导真体每一步的行动。该方法的实质是将对策理论和对策过程形式化，以实现真体的自动推理过程。

对策树的一种重要形式是扩展形式对策的表达。扩展形式对策也是一种动态对策，它指明了所有真体的执行序列以及它们最终支付的一个扩展形式对策，是一个有限节点的对策树。树中每个节点表示一个真体的执行步骤，一个节点的分支对应于节点表示的真体的可能行为，在树的末端节点指明了真体的支付。在有限时间区间具有有限行动和状态的随机对策均可表示为扩展形式对策，即对策树。

2. 多真体的协商技术

协商是多真体系统实现协同、协作、冲突消解和矛盾处理的关键环节，其关键技术有协商协议、协商策略和协商处理三种。

（1）协商协议。协商协议主要研究真体通信语言（ACL）的定义、表示、处理和语义解释。协商协议的最简单形式为

协商通信消息：(<协商元语>,<消息内容>)

其中，协商元语即为消息类型，其定义一般以对话理论为基础。消息内容包括消息的发送者、消息编号、消息发送时间等固定信息以及与协商应用的具体领域有关的信息描述。

（2）协商策略。该策略用于真体决策及选择协商协议和通信消息，包括一组与协商协议相对应的元级协商策略和策略的选择机制两部分内容。协商策略可分为破坏协商、拖延协商、单方让步、协作协商、竞争协商 5 类。只有后两类协商策略才有意义。对于竞争策略，参与协商者坚持各自的立场，在协商中表现出竞争行为，力图使协商结果有利于自身的利益。对于协作策略，各真体应动态和理智地选择适当的协商策略，在系统运行的不同阶段表现出不同的竞争或协作行为。策略选择的一般方法是：考虑影响协商的多方面因素，给出适当的策略选择函数。

（3）协商处理。协商处理包括协商算法和系统分析两方面，前者用于描述真体在协商过程中的行为（包括通信、决策、规划和知识库操作），后者用于分析和评价真体协商的行为和性能，回答协商过程中的问题求解质量、算法效率和系统的公平性等问题。

协商协议主要处理协商过程中真体间的交互，协商策略主要修改真体内的决策和控制过程，而协商处理则侧重描述和分析单个真体和多真体协商社会的整体协作行为。后者描述了多真体协商的宏观层面，而前两者则刻画了真体协商的微观方面。

3. 多真体的协调方法

真体间的负面交互关系导致冲突，一般包括资源冲突、目标冲突和结果冲突。为实现冲突消解，必须研究真体的协调。真体间的正面交互关系表示真体的规划和重叠部分，或某个真体具有其他真体所不具备的能力，各真体间可通过协作取得成功。

真体间的不同协作类型将导致不同的协调过程。当前主要有 4 种协调方法，即基于集中规划的协调、基于协商的协调、基于对策的协调和基于社会规划的协调。

（1）基于集中规划的协调。如果多真体系统中至少有一个真体具备其他真体的知识、能力和环境资源知识，那么该真体可作为主控真体对该系统的目标进行分解，对任务进行规划，并指示或建议其他真体执行相关任务。这种基于集中规划的协调方法特别适用于环境和任务相应固定、动态行为集可预计和需要集中监控的情况，如机器人协调和智能控制等。

（2）基于协商的协调。本协调方法属于分布式协调，系统中没有作为规划的主控真体。协商是真体间交换信息、讨论和达成共识的方式。具体协商方法有合同网协商、功能精确的合作和基于对策论的协商等。例如，合同网采用市场机制进行任务通告、投标和签订合同来实现任务分配。

（3）基于对策论的协调。此协调方法包括无通信协调和有通信协调两类。无通信协调是在没有通信的情况下，真体根据对方及自身的效益模型，按照对策论选择适当行为。这种协调方式中，

真体至多也只能达到协调的平衡解。在基于对策论的有通信协调中则可得到协作解。

（4）基于社会规划的协调。这是一类以每个真体都必须遵循的社会规则、过滤策略、标准和惯例为基础的协调方法。这些规则对各真体的行为加以限制，过滤某些有冲突的意图和行为，保证其他真体必须的行为方式，从而确保本真体行为的可行性，以实现整个真体系统的社会行为的协调。这种协调方法比较有效。

8.2.3 多真体系统的学习与规划

1. 多真体的学习

在人工智能领域对机器学习的研究已有 40 多年历史了。尽管真体的研究时间还不算太长，过去很长时间内也不把机器学习与真体挂钩，但其实质为单真体学习。近年来，以互联网为实验平台设计和实现了具有某种学习能力的用户接口真体和搜索引擎真体，表明单真体学习已获新的进展。与单真体学习相比，多真体学习比较新颖，发展也很快。单真体学习是多真体学习的基础，许多多真体学习方法也是单真体学习方法的推广和扩充。例如，上述用户接口真体和搜索引擎真体中的学习已被认为是多真体学习，因为在人机协作系统中人也是一个真体。

多真体学习要比单真体学习复杂得多，因为前者的学习对象处于动态变化中，且其学习离不开真体间的通信。为此，多真体学习需要付出更大的代价。当前在多真体学习领域，强化学习和在协商过程中学习已引起关注。结合动态编程和有师学习，以期建立强大的机器学习系统。只给计算机一个目标，然后计算机不断与环境交互以达到该目标。

多真体学习有许多需要深入研究的课题，包括多真体学习的概念和原理、具有学习能力的 MAS 模型和体系结构、适应 MAS 学习特征的新方法、MAS 多策略和多观点学习等。

2. 多真体的规划

规划是连接精神状态（如打算、设想等）与执行动作的桥梁。关于规划和动作的研究是真体研究的一个活跃领域。MAS 中的规划与经典规划有所不同，需要反映环境的持续变化。

对 MAS 的规划研究目前主要方法有两种：一种是可在世界状态间转换的抽象结构，如与或图；另一种是一类复杂的真体精神状态。这两种方法都在一定程度上降低了经典规划中解空间的搜索代价，能够有效地指导资源受限型真体的决策过程。其中，第一种方法的应用更广，其常用做法是把真体的规划库定义为一个与或图结构，库中每条规划包括 4 个部分：规划目标、规划前提、由规划序列和规划子目标组成的规划体、规划结果。

8.3　多真体控制系统的工作原理

基于多真体系统的控制是智能控制一个新的研究领域，近 10 年来取得了一些进展。但是，该领域的研究成果仍然不够多，真正用于控制的实例更不多见。本节主要探讨基于真体控制（简称真体控制，agent-based control）和基于多真体系统控制（简称多真体系统控制或 MAS 控制，MAS-based control）的基本原理，包括控制机理、结构和模型等。

8.3.1 MAS 控制系统的基本原理和结构

图 8.1 表示出真体通过传感器和执行器与环境的交互作用。实际上，那也是一个闭环控制系统，其作用原理可由图 8.3 表示，它与传统控制及其他控制一样，都具有反馈作用机理。

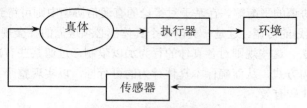

图 8.3　基于真体的控制原理

　　当采用多真体系统进行控制时，其控制原理随着真体结构的不同而有所差异。迄今为止，尚难以给出一个通用的或统一的多真体控制系统结构。图 8.4 表示一种反应式多真体控制系统原理结构图，它由多层真体构成，即由多个面向任务的专用真体模块组成。与慎思式真体系统不同之处在于：本控制系统没有功能分解，只有任务划分；各专用真体模块负责执行具体任务，完成具体的动作或行为。在系统底层的专用真体模块是基本模块，完成比较初级的任务，而比较高层的真体模块，执行更复杂的任务。此外，每个专用真体模块可独立工作；高层真体模块可与底层真体模块的任务子集协同工作。例如，如果图 8.4 为一移动机器人的 MAS 控制系统，那么底层专用真体模块（真体 1）执行避障任务，机器人能够借助传感器识别障碍物，并通过决策层指挥执行器，使机器人绕过（避开）有关障碍物。第 2 层的真体 2 执行运动功能，它能够影响真体 1 的输入和输出，使机器人避开障碍移向目标。……第 n 层的真体 n 用于探索和辨识机器人当前所处的环境（不仅仅是障碍物），建立环境模型，使机器人沿着一条理想的或满意的优化路径到达预定目的地。

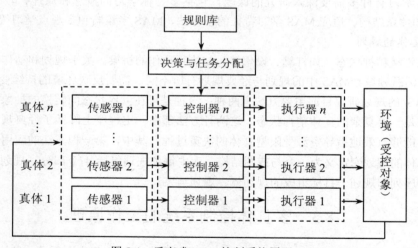

图 8.4　反应式 MAS 控制系统原理

　　图 8.5 给出一种用于具有触觉传感器的 7 自由度冗余机械手规划和控制的反应式多真体系统结构。每个真体控制一个关节，并计算相应连杆的传感器信息。称这种真体为关节真体，它反应传感数据集成和该关节的运动生成。真体间通过通信协调各关节的运动和优化总体规划。

　　从图 8.5 可见，本机械手多真体控制系统由 3 层构成：反应层（底层）的作用由关节真体考虑，能够在机械手工作空间内进行面向目标的避障运动；优化层应用所有机械手的知识对机械手的运动进行优化；任务层执行复杂的路径规划算法。优化层和任务层的计算需要比反应层多得多的时间，而且需要在更大的时区上集成。

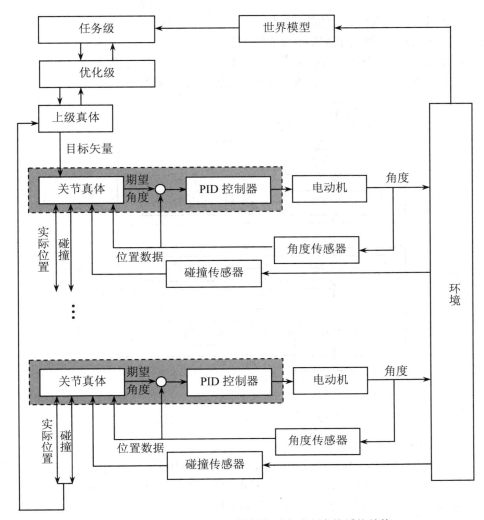

图 8.5　一个机械手规划和控制的反应式多真体系统结构

反应式多真体控制系统结构简单，开发费用较低；但也存在一些不足之处，如没有学习和规划能力，而且简单的分层结构不能表示复杂的模型，不宜用于比较复杂的控制系统。

对于具有比较复杂控制任务的系统，需要采用慎思式或复合式 MAS 控制系统结构。图 8.6 表示一种复合式 MAS 分层控制系统结构，除感知和动作等功能外，还具有建模、规划、推理、通信和协作等功能。图中，自上而下依次为协作层（模块）、规划层（模块）和控制层（模块），各层（模块）具有相应的精神模型或知识模型，从上至下分别是协作模型、自体模型和对象模型。

在介绍各模型之前，先对下列符号加以说明：

Believe：信念，已在前面说明过。

Int：意图，已在前面说明过。

Goal：目标，真体可能的目标，每个目标对应于实现该目标的动作序列（规划）。

Plan：规划，用于实现目标和意图的可采用的动作序列。

MB：互信念，每个真体具有的信念。

JG：联合目标，多真体成员的共同目标。

LInt：联合意图，真体承诺或选择的联合目标。

JP：联合规划，多真体联合目标和联合意图的实现形式，实际上为联合动作序列。

SL：社会规范，每个真体必须遵循的规则，通过约束规划表示。

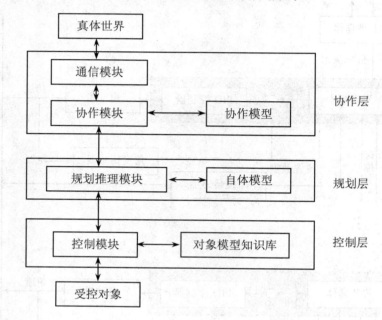

图 8.6　复合式 MAS 分层控制系统结构

现在对各模型的含义说明如下：

（1）协作模型。包括真体组织结构模型、熟人模型（相关各真体状态和能力等）、协议模型（含真体通信协议和协商策略）以及本真体的 JP、JInt、JG、MB 和部分 SL 等。

（2）自体模型。含本真体的精神状态（Goal、Believe、Int）及部分 SL、自身状态、规则库、中间结果暂存区等。

（3）对象模型。涉及作用对象的参数、模型（数值或符号模型、神经网络或模糊模型等）、知识库、控制规则集等。

下面对图 8.6 中各层（模块）的功能加以简要说明。

（1）控制模块。控制模块的功能包括感知、反应、通信、控制处理、任务执行等。感知功能涉及环境感知、信息采集、信息预处理。反应功能是指向执行部件发出执行动作指令；动作指令可为由本层感知信息作出的实时反应，也可以是与上层交互后通过承诺和规划而由控制层发出。通信功能是与上层进行信息交换的能力。控制处理功能包括更新对象模型的参数、维护对象模型中的信息库以及运行状态判断和实时控制的计算等。任务执行功能涉及提交信息和任务、接受任务和执行任务等。

（2）规划模块。规划模块的功能为：与控制层进行信息交互，获取控制层的信念和任务，发送任务至控制模块，维护自体模型，实现激活、选择、联合行动判断、承诺、规划、约束及相关控制流程，错误和异常处理，发送联合行动请求和接收联会行动指令等。

（3）协作模块。协作模块的功能包括接收来自和发送至其他真体的信息，接收下层的联合作用请求、评估联合作用的可行性，实现激活、选择、联合行动判断、协商、联合规划、约束及相关控制流程，错误和异常处理，对下层发送和接收联合规划与联合目标请求等。

（4）通信模块。通信模块的作用是负责真体间的通信。现在尚没有统一的通信协议标准。对于一些比较简单的通信协议，往往还用某种真体信息交换与协商原语，并以它为基础，结合 MAS 中真体对等协商情况，可采用有限自动机（FSM）通信协议。

8.3.2　MAS 控制系统的信息模型

随着 MAS 控制系统结构方案的不同，其信息模型和功能也有所差异。下面以图 8.6 所示的复合式 MAS 分层控制系统为例，按照多真体控制系统的结构，分 3 层阐述系统的分层真体模型及其功能。

1. 控制层模型与功能

本 MAS 控制系统真体的控制层模型如图 8.7 所示。图中的参数库、模型库和知识库组成控制层的对象（信息）模型。控制层的信息模型随着采用表示和推理方法的不同而具有多样性，图中的知识库和推理等都是可选择的。

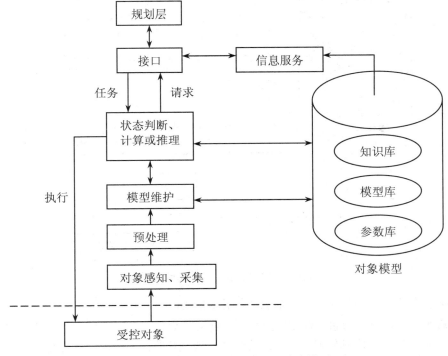

图 8.7　真体的控制层信息模型

对象感知、采集子模块（以下简称模块）用于传感信息采集，并把采集到的传感信息送至预处理模块进行信息预处理。

模型维护模块接收预处理过的信息和来自判断推理模块的决策信息，对对象模型中的参数库、模型库和知识库进行修正与更新。可在本模块中引入学习功能，使得对象库可以通过学习得到各模型和参数，也可以接收规划层的维护要求。

状态判断、计算和推理模块是控制层的核心模块，执行判决、计算、推理和评估等任务，并向被控对象发出执行指令。接口用于与规划层进行通信。信息服务模块用于对规划层提供信息服务，以便规划层能够及时获得控制层的状态信息。

2. 规划层模型与功能

真体规划层模型示于图 8.8，其自体模型包含 SL、PlanLib、Ints、Goals 和 Beliefs。当前规划栈 plans 起到中间结果库（当前数据库）的作用。规划层的主要功能包括规划、一致性处理、跟踪、信念维护、事件监控、任务执行、动作调度、信息接口和信息服务等。这些功能由相应子模块负责实现。

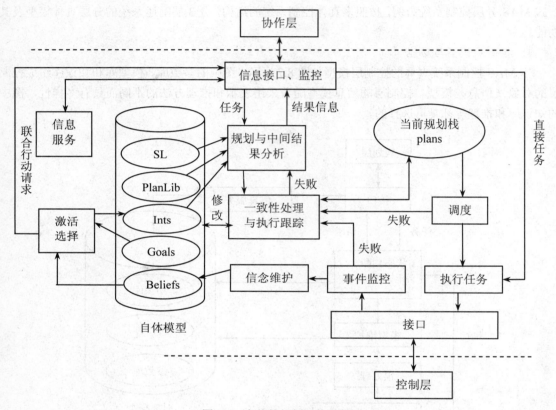

图 8.8　真体的规划层信息模型

规划与中间结果分析模块用于处理当前意图，并对照 SL 和 PlanLib 给出规划 plans。一致性处理与执行跟踪模块处理规划与自体模型以及已规划行动的一致性，检验所接受的 JP 中的分配任务是否与当前任务有冲突，同时处理跟踪、接受与处理调度和监控的失败，并对自体模型进行适当修改。信念维护模块根据实时事件更新维护信念。事件监控及任务执行模块分别通过控制层接口接收事件和发出动作指令。调度模块用于对规划进行动作调度。信息接口处理与协作层的信息交互。信息服务对协作层提供信息访问与交互服务及对自体模型进行维护。

3. 协作层模型与功能

真体协作层的信息模型如图 8.9 所示，它包括由 MB、JG、JInts、SL、Plib 和 JPLib 组成的协作模型及 JPlans 中间数据库。处理模块包括协商、联合规划、一致性检查、分解、信息服务、激活评估、与其他真体及规划层信息交互的接口等。

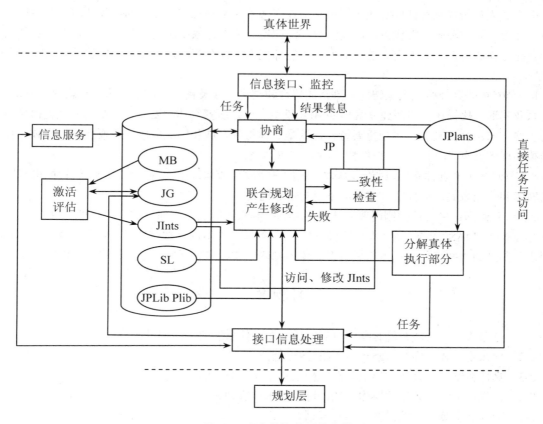

图 8.9 真体的协作层信息模型

协商模块负责各真体间的协商，可发出联合规划的请求，接受联合规划的申请。如果本真体产生的联合规划协商成功，则可直接加入当前规划库 JPlans；若 JP 由其他真体产生或本真体产生的 JP 协商没有成功，则转由联合规划产生修改模块处理。

联合规划产生修改模块一方面由本真体 JInts 产生联合规划，另一方面经协商后，若 JP 需要修改，则可由本模块进行修改；不管是否修改，都需经一致性检查模块进行处理。联合规划产生修改模块必要时可向低层进行咨询。

一致性检查模块用于检查 JP 是否同本真体的 JInts 和 JPlans 发生冲突。如有冲突，可返回重新产生 JP，或者必要时修改 JInts 和 JPlans。一致性检查只涉及本层，不冲突，而对本 Plans 的检查则由规划层进行。

分解模块将 JPlans 的本地部分分解出来，由规划层去执行。信息服务模块对其他真体提供服务，通过直接访问规划层而提供多真体访问下层的通道，更新维护协作模型的部分信息。信息接口与通信模块的通信对象主要为多真体组，但也包括人机接口。

8.4 本章小结

多真体系统是分布式人工智能研究的新领域。本章研究了真体性质、结构以及多真体系统等问题，是研究本领域的入门材料，为研究真体控制和多真体控制提供重要基础。

分布式人工智能系统能够克服单智能系统在资源、时空分布和功能上的局限性，具有并行、分布、开放、协作和容错等优点，因而获得广泛应用。多真体系统研究如何在一群自主的真体间进行智能行为的协调，具有更大的灵活性，更能体现人类社会智能，更加适应开放的和动态的世界环境。

8.1 节着重研究分布式人工智能与真体的特性和结构，涉及真体的信念、愿望和意图（BDI）的关系及其形式化描述，力图建立真体的 BDI 模型，这是研究真体的要素，也是真体理论模型研究的主要方向。真体具有一系列重要特性，这是真体得到发展和广泛应用的主要保证。真体、体系结构和程序具有"真体 ＝ 体系结构 ＋ 程序"的关系。

8.2 节研究了多真体系统，讨论多真体系统的基本模型和体系结构，探讨了多真体的协作方法、协商技术和协调方式，简介了多真体的学习与规划问题。

8.3 节开始探讨多真体控制问题，涉及多真体控制系统的工作原理、结构和信息模型。

由于基于 MAS 的控制是个崭新的研究与应用领域，许多问题都有待进一步深入探讨。本章中提出和归纳的一些思路和观点希望对多真体控制研究者和广大师生能起到某些参考作用。

习题 8

8-1　分布式人工智能系统有哪些特点？试与多真体系统的特性加以比较。

8-2　什么是真体？你对 Agent 的译法有何见解？

8-3　真体在结构上有什么特点？在结构上又是如何分类的？每种结构的特点是什么？

8-4　试说明多真体系统的协作方法、协商技术和协调方式。

8-5　为什么多真体系统需要学习与规划？

8-6　多真体控制系统与传统控制系统有哪些共同之处？

8-7　多真体控制系统从结构上看是否有不同的类型？试举例说明。

8-8　试举例介绍一个多真体控制系统的分层信息模型。

第 9 章

网络控制

　　网络时代的信息技术发展了计算机网络通信的新方向和新技术，为信息论增添了新的内涵。随着计算机网络技术、移动通信技术和智能传感技术的发展，计算机网络已迅速发展成为世界范围内广大软件用户的交互接口，软件技术也阔步走向网络化，通过现代高速网络为客户提供各种网络服务。计算机网络通信技术的发展为智能控制用户界面向网络靠拢提供了技术基础，智能控制系统的知识库和推理机也都逐步和网络智能接口交互起来。网络控制已成为智能控制一个新的富有生命力的重要研究方向，并在近年来获得突破性发展，得到日益广泛的应用。

9.1 计算机网络与网络控制基础

为了探讨网络智能控制的机制，有必要首先对计算机网络和网络控制基础知识有个初步的了解。本节将讨论计算机网络的定义、分类与体系结构，数据通信与网络通信，网络控制及其基本问题，为后续研究提供必要的基础。

9.1.1 计算机网络及其结构

尽管目前对 Web 和计算机网络的定义不是唯一的和十分严格的，但却是合理的和可以接受的。计算机网络已有约 40 年的历史，在其研究开发和应用发展过程中，人们提出了各种定义、分类和体系结构。下面首先介绍计算机网络的分类，然后讨论计算机网络的体系结构。

1. 计算机网络的分类

计算机网络的组成基本上包括计算机、网络操作系统、传输介质（可以是有形的，也可以是无形的，如无线网络的传输介质就是空气）和相应的应用软件四部分。

从地理范围划分可把各种网络类型划分为局域网、城域网、广域网和无线网四种。

（1）局域网。局域网（Local Area Network，LAN）是最常见和应用最广的一种网络，是连接近距离计算机系统或计算机的网络。所谓局域网，就是在局部地区范围内的网络，它所覆盖的地区范围较小，从几米到几千米，如办公室或实验室的网、同一建筑物内的网、校园网、单位园区或居民区内的网。局域网又称为企业网。局域网是城域网和广域网的基础。

局域网一般位于一个建筑物或一个单位内，不存在寻径问题，不包括网络层的应用。局域网的特点是：连接范围窄、用户数少、配置容易、连接速率高。目前局域网最快的速率要算现今的 10G 以太网（Ethernet）了。IEEE 的 802 标准委员会定义了多种主要的局域网：以太网、令牌环网（Token Ring）、光纤分布式接口网络（FDDI）、异步传输模式网（ATM）以及最新的无线局域网（WLAN）。

（2）城域网。城域网（Metropolitan Area Network，MAN）是一种介于局域网与广域网之间的高速网络，其覆盖范围为 10～100 公里，其规模一般限于一个城市范围，实现不同地理小区内的计算机互联。MAN 比 LAN 扩展的距离更长，连接的计算机数量更多，在地理范围上可以说是 LAN 网络的延伸。城域网采用 IEEE 802.6 标准，而采用 ATM 技术做骨干网。ATM 是一个用于数据、语音、视频、多媒体应用程序的高速网络传输方法。ATM 包括一个接口和一个协议，该协议能够在一个常规的传输信道上，在比特率不变及变化的通信量之间进行切换。ATM 也包括硬件、软件以及与 ATM 协议标准一致的介质。

（3）广域网。广域网（Wide Area Network，WAN）也称为远程网，其覆盖范围比城域网（MAN）更广，一般是在不同城市之间的 LAN 或 MAN 网络互联，以连接若干城乡、地区、国家，甚至横跨几大洲和覆盖全球，形成国际性的远程网络。地理范围可从几百公里到几千公里，因为距离较远，信息衰减比较严重，所以这种网络一般是要租用专线，通过接口信息处理协议（IMP）和线路连接构成网状结构，解决寻径问题。广域网因为所连接的用户多，总出口带宽有限，所以用户的终端连接速率一般较低，通常为 9.6kbps～45Mbps，例如我国邮电部的 CHINANET、CHINAPAC 和 CHINADDN 网等。

广域网的连接一般采用租用线路、VPN 虚拟专用网、DDN、X.25、卫星信道和帧中继等通信线路。

（4）无线网。随着笔记本电脑、智能手机和智能终端等便携式计算机的大量应用和日益普及，人们经常要在移动路途中接听电话、发送传真和电子邮件、阅读网上信息、登录到远程机器等。

无线网特别是无线局域网有很多优点，如易于安装和使用。但无线局域网也有许多不足之处，如它的数据传输率一般比较低，远低于有线局域网，另外无线局域网的误码率也比较高，而且站点之间相互干扰比较严重。无线网用户的实现有不同的方法。无线通信系统主要有：低功率的无绳电话系统、模拟蜂窝系统、数字蜂窝系统、移动卫星系统、无线 LAN 和无线 WAN 等。

2. 计算机网络的体系结构

网络体系结构是指通信系统的整体设计，它为网络硬件、软件、协议、存取控制和拓扑提供标准。

（1）Internet 的体系结构。Internet 是一个把世界范围内的众多计算机、数据库、软件、文件连接起来，通过共同的通信协议（TCP/IP 协议）相互通信的网络，译为因特网或国际互联网。也可把 Internet 定义为使用 TCP/IP 协议通过路由器连接起来的覆盖全球的网络系统。

Internet 集中了全球重要的信息资源，是当代交流信息不可缺少的手段。与 Internet 相连的任何一台计算机都叫做主机。Internet 具有下列技术内容：

- 采用 TCP/IP 标准协议，可以使用网上各种不同的计算机进行通信。
- 通过路由器把不同网络互相连接起来。
- 提供了建立在 TCP/IP 协议基础上的 WWW 浏览服务。
- 应用 DNS 域名解析系统完成网络计算机之间的地址解析工作。

Internet 是由分布在世界各地的网络系统通过光纤、电缆、卫星和微波等通信介质以及网络装置连接起来的能够交流信息的大规模网络系统。路由器能够实现不同技术的两个网络的互联，其作用是把各种网络、子网和网站连接起来并执行路由选择。交换机实现网络信息交换。随着光纤技术的发展，路由技术与交控技术正在融合，产生了路由交换技术。

（2）Intranet 的体系结构。Intranet 是基于 TCP/IP 协议，使用万维网工具，采用防止外部入侵的安全措施，并连接 Internet 的企业内部网络，为企业内部服务，译为内联网，通常称为企业网。Intranet 是一种使用 Intranet 技术和标准建立的企业内部的计算机网络，它可以与 Internet 互联，也可以不与 Internet 互联。Intranet 由网络、服务器、客户机和防火墙 4 个部分组成。Intranet 的服务器有 WWW 服务器、Mail 服务器、域名（DNS）服务器和数据库服务器等。

9.1.2　数据通信与网络通信

1. 数据通信系统的组成

计算机网络中，数据通信系统的任务是：把数据源计算机所产生的数据迅速、可靠、准确地传输到数据宿主（目的）计算机或专用外设。

从计算机网络技术来看，一个完整的数据通信系统一般有以下几个部分组成：

（1）数据终端设备。数据的生成者和使用者，根据协议控制通信功能。最常用的数据终端设备就是网络中的计算机，还可以是网络中的专用数据输出设备，如打印机等。

（2）通信控制器。除进行通信状态的连接、监控和拆除等操作外，还可以接收来自多个数据终端设备的信息，并转换信息格式。如计算机内部的异步通信适配器（UART）、数字基带网中的网卡就是通信控制器。

（3）通信信道。信息在信号变换器之间传输的通道，如电话线路等模拟通信信道、专用数字通信信道、宽带电缆（CATV）和光纤等。

（4）信号变换器。把通信控制器提供的数据转换成满足通信信道要求的信号形式，或把信道中传来的信号转换成可供数据终端设备使用的数据，最大限度地保证传输质量。在计算机网络的数据通信系统中，最常用的信号变换器是调制解调器和光纤通信网中的光电转换器。

信号变换器和其他的网络通信设备又统称为数据通信设备（DCE），DCE 为用户设备提供入网的连接点。

2. 网络通信及通信协议

用于网络通信的网络包括有线网络、无线网络或混合网络，如 Internet、无线局域网、传感器网络、工业以太网、现场总线或以太网与现场总线的结合等。按网络类型和媒体访问控制方式划分，通信网络有随机访问（Random Access）和轮询服务（Cyclic Service）两大类。

所谓计算机网络协议，就是通信双方事先约定的通信规则的集合。一个网络协议主要包含以下三个要素：

- 语法（Syntax）：数据与控制信息的结构和格式，包括数据格式、编码、信号电平等。
- 语义（Semantics）：是用于协调和差错处理的控制信息，如需要发出何种控制信息、完成何种动作、做出何种应答等。
- 定时（Timing）：对有关事件实现顺序的详细说明，如速度匹配、排序等。

常见的计算机网络体系结构有 DEC 公司的 DNA（数字网络体系结构）、IBM 公司的 SNA（系统网络体系结构）等。为解决异种计算机系统、异种操作系统、异种网络之间的通信，国际标准化组织（ISO）以及国际上其他的一些标准化团体，在各厂家提出的计算机网络体系结构的基础上提出了开放系统互连参考模型（OSI/RM）。

（1）OSI 参考模型。国际标准化组织 ISO 在 1977 年建立了一个分委员会来专门研究网络的体系结构，提出了开放系统互连（Open System Interconnect，OSI）模型，这是一个定义在异种机互连的主体结构。该模型自下到上依次由物理层、数据链路层、网络层、传输层、会话层、表示层和应用层及其相应协议组成，称为 OSI 七层模型。

（2）TCP/IP 参考模型。TCP/IP 协议起源于 ARPANET，目前已成为实际上的 Internet 的标准连接协议。它其实是一个协议集合，内含了许多协议。TCP（Transmission Control Protocol，传输控制协议）和 IP（Internet Protocol，互联协议）是其中最重要的、确保数据完整传输的两个协议，IP 协议用于在主机之间传送数据，TCP 协议则确保数据在传输过程中不出现错误和丢失。除此之外，还有多个功能不同的其他协议。TCP/IP 的体系结构一共定义了四层，从下到上依次是网络接口层、网络层、传输层和应用层。

网络用户经常直接接触的协议是 SMTP、HTTP、Telnet、FTP、NNTP，另外还有许多协议是最终用户不需要直接了解但又必不可少的，如 DNS、SNMP、RIP/OSPF 等。

9.1.3　网络控制的基本问题

网络控制通过计算机网络实现分布式大系统的无线控制和远程控制，具有分布性好、易于扩展、交互便捷、可靠性高和维修方便等优点。但由于网络控制是通过网络形成闭环控制，要比传统的点对点控制系统复杂，网络中存在诸多不确定问题，给系统设计与性能造成很大影响。这些问题主要有以下几个方面：

（1）网络共享资源调度。当一个控制网络存在多个控制回路连接时，网络带宽的优化调度显得特别重要。这时系统的控制性能不仅取决于控制算法的设计，而且有赖于共享网络资源的调度。在设计网络控制系统的调度算法时必须同时满足控制系统的可调度性和稳定性。

（2）网络诱导时延。网络控制系统中，多个网络节点分时共享网络通道。由于网络的带宽有限且数据流量变化不规则，在多个节点交换数据时往往会出现数据碰撞、连接中断、网络拥塞和多路径传输等现象。这就将出现网络交换时间的延迟，称为网络诱导时延。时延会使系统的性能降低，稳定性范围变窄，甚至使系统失稳。

（3）单包传输和多包传输。网络控制系统中，数据被封装成一定大小的数据包进行传输。单包传输是指网络控制系统中传感器或控制器等待传输的单位信息被封装成一个数据包进行传输，而多包传输是指网络控制系统中传感器或控制器等待传输的单位信息被封装成多个数据包进行传输。不同的数据包传输方式要求研究网络控制系统不同的模型和特性，提高了控制系统的复杂度。

（4）数据包丢失。在采用串行通信方式的网络控制系统中，当传感器、控制器和执行器利用网络传输数据和控制信息时，数据碰撞和节点竞争将不可避免地导致传输数据包丢失。大多数网络具有重传机制，但重传时间有所限制，如果超出限定时间，数据包仍然会丢失。在网络控制系统设计与分析时，必须考虑解决数据包丢失问题的途径。

（5）数据包时序错乱。在网络控制系统中，由于数据的多路径传输机制，网络中同一节点发送到同一目标端的数据包不可能在相同的时间内到达接收端，因而会产生数据包先后顺序的错乱，称为数据包时序错乱。如果时序错乱问题得不到合理解决，就会导致数据包不能按时到达，控制系统不能及时利用数据信息，系统的实时性就无法保证。

（6）网络调度。网络调度是指网络控制系统节点在共享网络中发送数据出现冲突时，规定节点的优先发送次序、发送时刻和时间间隔。网络调度的目的是要尽量避免网络中信息冲突和拥塞现象的发生，从而减少网络诱导时延和数据包丢失率。

9.2　网络控制系统的结构与特点

9.2.1　网络控制系统的一般原理与结构

网络控制与传统控制有何区别、为什么要研究与应用网络控制、网络控制系统的工作原理和体系结构是怎样的，本节将探讨这些问题。

1．网络控制系统的定义

进入 21 世纪以来，自动化与工业控制技术需要更深层次的通信技术与网络技术。一方面，现代工厂与智能传感器、控制器、执行器分布在不同的空间，其通信需要数据通信网络来实现，这是网络环境下典型的控制系统。另一方面，通信网络的管理与控制也要求更多的采用控制理论与策略。集中式控制系统和集散式控制系统都有一些共同的缺点，即随着现场设备的增加，系统布线十分复杂，成本大大提高，抗干扰性较差、灵活性不够、扩展不方便等。为了从根本上解决这些问题，必须采用分布式控制系统来取代独立控制系统。分布式控制系统就是将控制功能下放到现场节点，不需要一个中央控制单元进行集中控制和操作，通过智能现场设备来完成控制和通信任务。分布式控制系统可以分为现场总线控制系统和网络控制系统，前者可以看作是后者的初级阶段。

网络控制系统（NCS，Network Control Systems）又称为网络化的控制系统，即在网络环境下实现的控制系统。一般来说，组成网络控制系统的传感器、驱动器和控制器分布在网络上，而且这些器件的相应控制回路也是通过网络层形成的。具体来说，网络控制是指在某个区域内一些现场检测、控制及操作设备和通信线路的集合，以提供设备之间的数据传输，使该区域内不同地点的设备和用户实现资源共享、协调操作与控制。广义的网络控制系统包括狭义的在内，而且还包括通过企业信息网络以及 Internet 实现对工厂车间、生产线甚至现场设备的监视与控制等。

这里的"网络化"一方面体现在控制网络的引入使现场设备控制进一步趋向分布化、扁平化和网络化，其拓扑结构参照计算机局域网，包含星型、总线型和环型等几种形式；另一方面，现场控制与上层管理相联系，将孤立的自动化孤岛连接起来形成网络结构。其中，由于企业资源计划在维持和增强企业竞争力方面的重要作用，已成为工厂自动化系统中不可缺少的组成部分，能提供灵活的制造解决方案，使系统能够对消费者的需求做出快速反应。

网络控制系统一般有两种理解：

（1）网络的控制（Control of Network）。

（2）通过网络传输信息的控制（Control through Network）。这两种系统都离不开控制和网络，但侧重点不同。前者是指对网络路由、网络数据流量等的调度与控制，是对网络自身的控制，可以利用运筹学和控制理论的方法来实现；后者是指控制系统的各节点（传感器、控制器、执行器等）之间的数据不是传统的点对点式的，而是通过网络来传输的，是一种分布式控制系统，可通过建立其数学模型用控制理论的方法进行研究。

2. 传统控制与网络控制的不同结构

传统控制系统，包括智能控制系统、经典 PID 控制和近代控制系统，都采用如图 9.1 所示的原理结构。

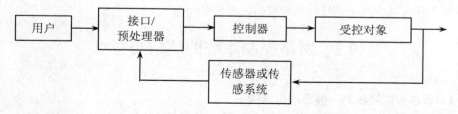

图 9.1　传统控制系统的原理结构

在这些传统控制系统中，用户与受控对象间的信息传输是比较直接的，不必通过其他装置或系统作为媒介。传统控制中的"反馈"作用也是比较直接的，一般不必传至用户端。至于各种控制系统中的"基于"什么的控制，如基于神经网络的控制、基于知识的控制等，它们指的是控制机理，即以什么原理为控制基础的。但是，本章所研究的"网络控制"并非以网络作为控制机理，而是以网络为控制媒介，用户对受控对象的控制、监控、调度和管理必须借助网络及其相关浏览器、服务器，如图 9.2 所示。无论客户端在什么地方，只要能够上网（有线或无线上网）就可以对现场设备（包括受控对象）进行控制和监控。网络控制，其控制机理可为从经典 PID 控制至各种近代控制（如自适应控制、最优控制、鲁棒控制、随机控制等）和智能控制（如模糊控制、神经控制、学习控制、专家控制、进化控制等）以及它们的集成。

图 9.3 所示为网络控制系统的一般结构。

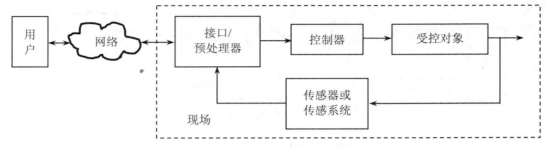

图 9.2　网络控制的原理示意图

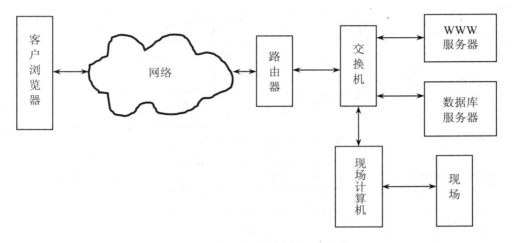

图 9.3　网络控制系统的一般结构

从图 9.3 可知，客户通过浏览器与网络连接。客户的请求通过网络与现场（服务端）连接。局域网（企业网）通过路由器和交换机（还有防火墙）接入网络。服务端的现场计算机（即上位机）通过局域网与服务器及数据库服务器实现互连。网络服务器响应客户请求，向客户端下载客户端控件。路由器还把客户端的各种连接请求映射到局域网内的不同服务器上，实现局域网服务器与客户端的连接。网络控制的客户端以网络浏览器为载体而运行，向现场服务器发出控制指令，接收现场实现受控过程的信息和视频数据流，并加以显示。

3. 网络控制系统结构的分类

网络控制系统作为控制和网络的交叉学科涉及内容相当广泛，总体来说可以从网络角度和控制角度进行研究。

在一个网络控制系统中，受控对象、传感器、控制器和驱动器可以分布在不同的物理位置，他们之间的信息交换由一个公共网络平台完成，这个网络平台可以是有线网络、无线网络或混合网络。目前常用的网络环境有 DeviceNet、Ethernet、Firewire、Internet、WLAN（Wireless Local Area Network）、WSN（Wireless Sensor Network）和 WMN（Wireless Mesh Network）等。

网络控制系统的结构有两大类：直接结构和分级结构，如图 9.4 和图 9.5 所示。

对于网络控制系统，无论哪种结构，总可以抽象表示为图 9.6 所示的结构形式。

在图 9.6 中，T 表示采样周期，箭头方向表示信号流动方向。控制器通过网络实现对被控对象的控制，网络作为系统中信息交换的通信媒体为系统所有的传感器、执行器和控制器所共享。

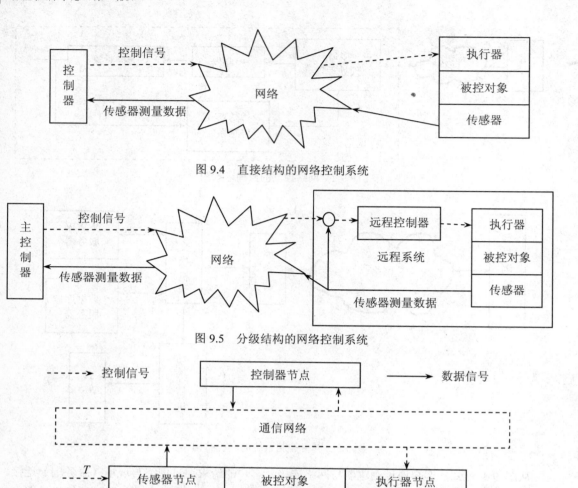

图 9.4   直接结构的网络控制系统

图 9.5   分级结构的网络控制系统

图 9.6   网络控制系统的典型结构

9.2.2   网络控制系统的特点与影响因素

1. 网络控制系统的特点

传统的计算机控制系统中，通常假设信号传输环境是理性的，信号在传输过程中不受外界影响，或者其影响可以忽略不计。网络控制系统的性质很大程度上依赖于网络结构及相关参数的选择，这里包括传输率、接入协议（MAC）、数据包长度、数据量化参数等。将计算机网络系统应用于控制系统中代替传统的点对点式的连线，具有简单、快捷、连线减少、可靠性提高、容易实现信息共享、易于维护和扩展、降低费用等优点。正因为如此，近几年来以现场总线为代表的网络控制系统得到了前所未有的快速发展和广泛应用。

与传统计算机控制系统相比，网络控制系统具有如下特点：

（1）允许对事件进行实时响应的时间驱动通信，且要求有高实时性与良好的时间确定性。

（2）要求有很高的可用性，存在电磁干扰和地电位差情况下能正常工作。

（3）要求有很高的数据完整性。

（4）控制网络的信息交换频繁，且多为短帧信息传输。

（5）具有良好的容错能力，可靠性和安全性较高。

（6）控制网络的通信协议简单、实用、工作效率高。

（7）控制网络构建模块化、结构分散化。

（8）节点设备智能化、控制分散化、功能自治性。

（9）与信息网络通信效率高，方便实现与信息网络的无缝集成。

此外，由于网络控制存在的一些固有问题，网络控制系统也存在一些相关的需要研究与解决的问题。

2. 网络控制系统的影响因素

在网络控制系统中，网络环境的影响通常是无法忽略的，其主要影响因素如下：

（1）信道带宽限制。任何通信网络单位时间内所能传输的信息量都是有限的，例如基于 IEEE 802.11a、IEEE 802.11b 和 IEEE 802.11g 协议的无线网络带宽指标分别为 11Mbps、54Mbps 和 22Mbps。在许多应用系统中，带宽的限制对整个网络控制系统的运行会有很大的影响，例如用于安全需求的无人驾驶系统、传感网络、水下控制系统、多传感－多驱动系统等。对该类系统，如何在有限带宽的限制下设计出有效的控制策略，保证整个系统的动态性能，是一个需要重点解决的问题。

（2）采样延迟。通过网络传送一个连续时间信号，首先需要对信号进行采样，经过编码处理后通过网络传送到接收端，接收端再对其进行解码。不同于传统的数字控制系统，网络控制系统中信号的采样频率通常是非周期的且时变的。因此，如果采样是周期性的，当传感器到控制器端网络处于忙状态时，势必会导致在传感器端存储大量待发信息。此时，需要根据网络的现行状态及时调整采样频率，以缓解网络传输压力，保证网络环境的良好状态。在网络控制系统中，除了控制器计算带来的延迟外，信号通过网络传输也会导致时间延迟。图 9.7 所示为具有延迟的网络控制系统的典型结构。

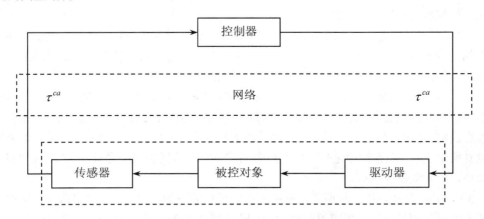

图 9.7　具有延迟的网络控制系统的典型结构

整个闭环系统中，信号从传感器到驱动器经历的时间延迟通常包括以下几个部分：

- 等待时间 τ^w，即数据在被传送出去之前的等待时间，其诱导原因是网络的拥塞现象。
- 数据的打包延迟 τ^f。
- 网络传输延迟 τ^p，由于传输速率以及传输距离的限制因素，信号通过物理媒介进行传播往往需要一定的时间。

用 τ^{sc} 表示从传感器端到控制器端的时间延迟，τ^{ca} 表示从控制器端到驱动器的时间延迟。总的网络延迟可表示为 $\tau = \tau^{sc} + \tau^{ca}$。

（3）数据丢包。在基于 TCP 协议的网络中，主要用于保证数据传输的可靠性，未到达接收端的数据往往会被多次重复发送。而对于网络控制系统，由于系统数据的实时性要求比较高，因此旧数据的重复发送对网络控制系统并不适用。在实际的网络控制系统中，当新的采样数据或控制数据到达时，未发出的旧信号将被删除。另外，由于网络拥塞或数据的破坏等原因都可能导致到达终点的数据与传送端传送的数据不吻合。这些现象都被视为网络数据的丢失，即数据丢包。

（4）单包传输与多包传输。网络中数据的传输存在两种情况，即单包传输与多包传输。单包传输需要先将数据打在一个数据包里，然后进行传输。而多包传输允许传感器数据或控制数据被分在不同的数据包内传输。传统的采样系统通常假设对象输出与控制输入同时进行传送，而该假设不适合多包传输类型的网络控制系统。对于多包传输网络，从传感器发送的数据包到达控制器端的时间是不同的，可在控制器端设置缓冲器，此时控制器开始计算时刻为最后一个分数据包到达的时刻。然而，由于数据丢包现象的存在，一组传感信息可能仅有一部分到达控制器端，其他数据包已丢失。

9.3　网络控制系统的性能评价标准

9.3.1　网络服务质量

网络资源总是有限的，只要存在抢夺网络资源的情况，就会出现服务质量的要求。服务质量是相对网络业务而言的，在保证某类业务服务质量的同时，可能就是在损害其他业务的服务质量。

网络服务质量（QoS，Quality of Service）的关键指标主要包括：可用性、吞吐量、时延、时延变化（包括抖动和漂移）和丢失。

（1）可用性。可用性是当用户需要时网络即能工作的时间百分比，主要是设备可靠性和网络存活性相结合的结果。对它起作用的还有一些其他因素，包括软件稳定性以及网络演进或升级时不中断服务的能力。

（2）吞吐量。吞吐量是在一定时间段内对网上流量（或带宽）的度量。对 IP 网而言可以从帧中继网借用一些概念。根据应用和服务类型，服务水平协议（SLA）可以规定承诺信息速率（CIR）、突发信息速率（BIR）和最大突发信号长度。承诺信息速率是应该予以严格保证的，对突发信息速率可以有所限定，以在容纳预定长度突发信号的同时容纳从话音到视像以及一般数据的各种服务。一般来说，吞吐量越大越好。

（3）时延。时延是指一项服务从网络入口到出口的平均经过时间。许多服务，特别是话音和视像等实时服务都是高度不能容忍时延的。当时延超过 200～250 毫秒时，交互式会话是非常麻烦的。为了提供高质量话音和会议电视，网络设备必须能保证低的时延。产生时延的因素有很多，包括分组时延、排队时延、交换时延和传播时延。

（4）时延变化。时延变化是指同一业务流中不同分组所呈现的时延不同。高频率的时延变化称为抖动，而低频率的时延变化称为漂移。抖动主要是由于业务流中相继分组的排队等候时间不同引起的，是对服务质量影响最大的一个问题。某些业务类型，特别是话音和视像等实时业务是极不容忍抖动的。分组到达时间的差异将在话音或视像中造成断续。漂移是任何同步传输系统都有的一个问题。在 SDH 系统中是通过严格的全网分级定时来克服漂移的。在异步系统中，漂移一般不是问题。漂移会造成基群失帧，使服务质量的要求不能满足。

（5）丢包。不管是比特丢失还是分组丢失，对分组数据业务的影响比对实时业务的影响都大。在通话期间，丢失一个比特或一个分组的信息往往用户注意不到。在视像广播期间，这在屏幕上可能造成瞬间的波形干扰，然后视像很快恢复如初。即便是用传输控制协议（TCP）传送数据也能处理丢失，因为传输控制协议允许丢失的信息重发。事实上，一种叫做随机早丢（RED）的拥塞控制机制在故意丢失分组，其目的是在流量达到设定门限时抑制 TCP 传输速率，减少拥塞，同时还使 TCP 流失去同步，以防止因速率窗口的闭合引起吞吐量摆动。但分组丢失多了，会影响传输质量。所以，要保持统计数字，当超过预定门限时就向网络管理人员告警。

9.3.2 系统控制性能

系统控制性能（QoP，Quality of Performance）包括稳定性、快速性、准确性、超调量和振荡等。

（1）稳定性。稳定性是控制系统最重要的特性之一。它表示了控制系统承受各种扰动，保持其预定工作状态的能力。不稳定的系统是无用的系统，只有稳定的系统才有可能获得实际应用。前几节讨论的控制系统动态特性、稳态特性分析计算方法都是以系统稳定为前提的。

（2）快速性。快速性是指当系统的输出量与输入量之间产生偏差时，消除这种偏差的快慢程度。快速性好的系统，它消除偏差的过渡过程时间就短，就能复现快速变化的输入信号，因而具有较好的动态性能。

（3）超调量。超调量是控制系统动态性能指标中的一个，是线性控制系统在阶跃信号输入下的响应过程曲线也就是阶跃响应曲线分析动态性能的一个指标值。

（4）偏差。偏差是指被调参数与给定值的差。对于稳定的定值调节系统来说，过渡过程的最大偏差就是被调参数第一个波峰值与给定值的差 A。随动调节系统中常采用超调量这个指标 B。

（5）振荡。在振荡过程中，如果能量不断损失，则其振荡将逐渐减小，称衰减振荡；如果能量没有损失，或由外部补充的能量恰能抵消所失能量，则其振荡将维持不变，称等幅振荡；如果外部补充的能量大于耗去的能量，则其振幅将逐渐增大，称增幅振荡。

9.4 网络控制系统的应用举例

为了探讨网络控制系统在实际生产中的应用，本节介绍一个例子：烟草包装的网络测控系统，探讨网络控制在实际生产中的结构与配置情况，以及系统的监控和连接。

目前，烟草包装的网络测控系统在卷烟厂的应用十分广泛，且是一种非常具有代表性的网络控制系统。下面就介绍一下它的工作原理和系统的功能与特点。

9.4.1 烟草包装网络测控系统的工作原理

烟草包装机是烟草行业中非常重要的生产设备。零散烟支在烟草包装机上通过装小盒、透明纸包装和装成盒三个工艺过程，最终形成在市场上销售的每条 10 盒的成品香烟。整个工艺过程比较复杂，对控制的要求很高，任何控制失误都有可能使得香烟、小盒或条盒挤压变形而导致废品出现。

　　采用 S5-135U 多处理器 PLC 和相关网络设备设计的一个烟草包装机网络测控系统的体系结构如图 9.8 所示。从图可见，该系统分成现场控制层、过程监控层和生产管理层三层。整个系统由 6 套 PROFIBUS 现场总线控制子系统 NO.1～NO.6 组成，子系统通过以太网和生产车间的生产数据服务器和要料处理服务器互连，并通过交换机实现过程监控层和厂级生产管理层管理信息系统（MIS）的信息集成。其中，每套现场总线控制子系统由 1 台监控计算机和 3 台 S5-135U 多处理器 PLC 组成，运行 PROFIBUS 总线协议实现现场控制层和过程监控层间的数据交换。在应用层上，采用 PROFIBUS-FMS 协议，能够提供广泛的应用服务，适用于制造业自动化领域。

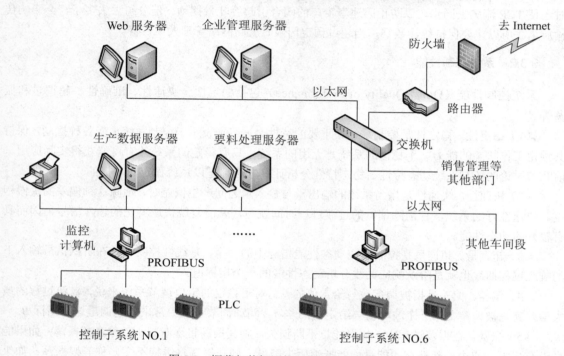

图 9.8　烟草包装机网络测控系统体系结构图

　　现场设备实时信息和操作人员的指令信息通过 PROFIBUS 总线高速传输，同时使用监控计算机将控制子系统的生产信息及时自动传送到生产数据服务器中。生产数据服务器对生产数据进行初步处理后送到 MIS 系统上，以便进行更高一级的管理和调度。在网络测控系统设计中，监测软件框架设计和 S5-135U 多处理器 PLC 的网络通信技术直接影响系统人机界面功能的发挥和系统通信的可靠性，是系统的核心技术问题。

　　（1）监测软件框架设计。

　　监控计算机属于过程监控层，它是人机交互窗口，用来监视现场设备运行情况和工艺参数控制情况，并由它实现高级控制策略。整个系统的监控程序主体框架如图 9.9 所示。

　　在功能上，监控软件要实现系统自动换班、要料处理、更改品牌、数据采集统计以及与厂级 MIS 信息集成等功能。在数据集成上，PLC 实时数据经数据采集统计模块分类统计后送往以太网上的网络数据库（生产数据服务器和要料处理服务器），同时在本地数据库中进行备份，相应的上级指令通过网络服务器传递到监控计算机和现场设备。当发生监控计算机和网络数据库服务器之间的通信中断时，监控计算机不断检测网络状况，一旦通信恢复，就从本地数据库中恢复数据并更新网络数据库，从而保证网络数据库的完整性和数据的有效性。所有监控计算机的时间由网络数据库服务器统一校正。

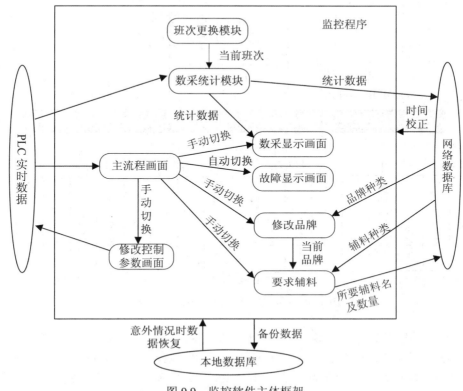

图 9.9   监控软件主体框架

（2）网络通信技术。

S5-135U 多处理器 PLC 的网络通信技术是该网络测控系统中的关键技术。和 S7 系列 PLC 的 PROFIBUS 通信相比，S5 系列 PLC 和运行 WinCC 的监控计算机之间的 PROFIBUS 总线通信连接非常复杂。尤其是 S5-135U 多处理器 PLC，多处理器及协处理器的存在使得 CPU 和通信处理器 CP 间的通信变得难以处理。

测控系统中，每个现场总线控制子系统由 3 台 PLC 和 1 台运行 WinCC 的监控计算机组成。3 台 PLC 分别用于包装机生产中的 350 小盒部分、401 透明纸部分和 408 条盒部分的控制。要实现其 PROFIBUS 总线通信连接，在运行 WinCC 的监控计算机上需要安装的软硬件有 CP5412 通信卡（内置微处理器）及其驱动和组态软件 PB FMS-5412（需要授权）、组态网络结构参数的 COM-PROFIBUS 软件、WinCC 组态软件（需要授权）；在 S5-135U 多处理器 PLC 上需要的软硬件有：CP5431 通信处理器及西门子编程器一台（安装有 Step5 软件及 CP5431 编程软件 COM5431FMS）。连接示意图如图 9.10 所示。

其中，S5-135U 多处理器 PLC 通过 CP5431 通信处理器（以下简称 CP）挂接在 PROFIBUS-FMS 总线上，从而和挂接在总线上的监控计算机进行数据通信。在这里，PLC 通过 CP 来实现现场设备的总线功能。CP 相当于在 PLC 上模拟实现了 VFD（Virtual Field Device，虚拟现场设备）功能，其本身实现了 PROFIBUS-FMS 从物理层到应用支持子层各层的功能。从整个通信网络的角度来看，每一个 CP 与它所在的 PLC 都构成了一个 VFD。由于 S5-135U 多处理器 PLC 支持多达 4 个 CPU，所以一个 VFD 包括一个 CP 和至多 4 个 CPU。

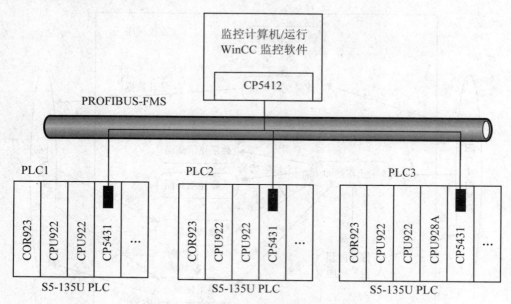

图 9.10　现场总线控制子系统连接示意图

为了完成 PLC 和监控计算机之间的 PROFIBUS 之间的通信，所要进行的组态工作有：

- PLC 一侧的组态：首先，用 COM5431FMS 软件设定网络参数，包括通信波特率、L2 站低地址、FMS 连接、L2 站高地址和 VFD 变量。设定 VFD 变量时请注意，由于是多处理器 PLC 系统，所以 SSNR 为需要和 CP5431 进行数据交换的 CPU 对应的接口号，CPU1～CPU4 对应的接口号分别是 0～3。组态完成后下装到 CP5431 通信处理器的 RAM 中，完成对 CP5431 的配置。其次，在 PLC 中编写通信程序。主要是调用功能模块 FB125 SYNCHRON，启动并同步 PLC 和 CP；FB126 SEND-A，启动 PLC 向 CP 传送数据；FB127 RECEIVE-A，启动 PLC 从 CP 接收数据。对于 S5 多处理器 PLC，含有几个 CPU 就要在 CPU1 的程序组织块 OB20、OB21 和 OB22 中几次调用 FB 125 初始化功能块，初始化 CP 与 CPU 同步。例如在图 9.10 中，对于 PLC3 则需要三次调用 FB125 功能块。由于数据发送和接收是周期连续进行的，所以 FB126 和 FB127 的调用放在 OB1（PLC 周期执行的组织块）中。控制程序修改完成后下装到 PLC，然后重新启动 PLC，达到 CP 和 CPU 的同步。
- 监控计算机一侧的组态：首先，使用 COM-PROFIBUS 软件生成网络结构图，进行 CP5412 所在的监控站和 PLC1～PLC3 站的建立与站地址的分配、网络参数和连接属性的设置，最后生成 LDB 数据库，并在 CP5412 通信卡组态时使用该数据库。其次，是 WinCC 软件中的组态。主要是 PROFIBUS-FMS 过程通道的建立、PLC 连接的建立和变量的生成。在 WinCC 中，在 Tag 变量组中首先产生 PROFIBUS-FMS 通道，在这个通道上建立一个新的连接，在此连接下设定变量。由于 WinCC 和 CP5431 的变量间通过 Index 索引号进行连接，所以在这里设定的变量其索引号和变量类型与上一项中组态 CP5431 时生成的相应 VFD 变量一定要相同。

9.4.2　烟草包装网络测控系统的功能与特色

本烟草包装机网络测控系统实现了控制网络和企业信息网络的集成。整个系统数据通信稳定可靠，实时性好，功能完备。系统主要实现了以下功能：

- 实现故障画面的自动切换和故障点的实时显示，并具有故障统计功能。
- 主要工艺参数的实时显示和控制目标的设定。
- 生产数据的日报、班报、月报、季报和年报统计。
- 可以实现故障报警的自动排序。
- 网络通信的自动恢复和网络数据库的实时刷新。

由于采用了现场总线技术，并实现了控制网络和管理网络的互连，使得该系统具有许多优良的特色：

- 该系统将传统烟草包装生产线的品牌管理和辅料管理等功能上移至网络数据库服务器，增强了系统的开放性和向上兼容性；PROFIBUS 总线技术的采用，使得系统控制功能彻底下移至现场设备，同时标准化的底层控制网络也便于实现控制系统和企业 MIS 的信息集成。
- 通过 FMS 现场总线协议同时采集 3 台带有多处理器的 PLC 数据，解决传统单机 DOS 串口采集数据系统无法完成多处理器多 PLC 的数据采集的问题。
- 管理采用分级权限管理，按照高级管理员、电气工程师、现场操作工的等级进行管理，使得系统安全、稳健。
- 与网络服务器实时通信，传送最新生产数据和故障数据。
- 系统扩展非常方便，无论在 PLC 现场控制层还是在监控计算机的过程监控层，通过 PROFIBUS 都可以轻松连入系统中，具有极好的投资保护性。

9.5　本章小结

本章讨论了网络控制系统。在传统控制系统中，用户与受控对象间的信息传输不必通过其他装置作为媒介，其"反馈"作用一般也不必传至用户端。至于各种控制系统中的"基于"什么的控制，它们指的是控制机理，是指以什么原理为控制基础的。但是，本章所研究的网络控制并非以互联网作为控制机理，而是以互联网为控制媒介，用户对受控对象的控制、监控、调度和管理必须借助网络及其相关浏览器、服务器。无论客户端在什么地方，只要能够上网就可以对现场设备（包括受控对象）进行控制和监控。

9.1 节首先介绍了计算机网络的分类与体系结构，接着简介了数据通信系统和网络通信协议，然后讨论了网络控制的一些基本问题。

9.2 节探讨了网络控制系统的结构与特点。在网络控制系统中，客户通过浏览器与网络连接，而客户的请求则通过网络与现场服务端连接。在探讨了网络控制系统的定义、结构与分类之后，就信道带宽限制、采样和延迟、数据丢包、单包传输与多包传输 4 个方面讨论了网络控制系统的特点。

9.3 节论述了网络控制系统的性能评价标准，从网络服务质量和系统控制性能两个方面分析了网络控制系统的性能评价标准。

9.4 节介绍了烟草包装网络测控系统，分析了网络控制系统在实际生产中的应用和特点。

本章仅给出网络控制的基础知识、初步框架和基本问题，希望能够起到抛砖引玉的作用。网络控制系统虽然发展迅速但仍不够成熟，仍有许多问题值得研究和需要解决。例如，需要开发某些行之有效的中间件（Middleware）来实现网络控制系统的复杂控制。

习题 9

9-1 网络控制与智能控制有什么关系？

9-2 计算机网络是如何分类的？计算机网络的体系结构是什么？

9-3 简述网络通信及通信协议与模型。

9-4 试述网络控制系统的特点及作用原理。

9-5 网络控制系统有哪些性能评价标准？

9-6 举例说明网络控制系统的实际应用与工作过程。

9-7 你对网络控制系统的研究和发展方向有何见解？

第 10 章

复合智能控制

智能控制及其系统的绚丽多彩不仅表现在各种控制系统所具有的优良性能上，而且表现在各种控制系统及控制方法的巧妙结合（或称为复合、混合、集成）上。本章在前面各章讨论单一智能控制的基础上，简要研讨复合智能控制问题。

10.1　复合智能控制概述

在许多情况下，单一控制器往往无法满足一些复杂、未知或动态系统的控制要求，需要开发某些复合的（或称为集成的、综合的、混合的）控制方法来满足现实问题提出的控制要求。复合或混合控制并非新的思想，在出现和应用智能控制之前，就存在各种复合控制，如最优控制与 PID 控制组成的复合控制、自适应控制与开关控制组成的复合控制等。严格地说，PID 也是一种复合控制，是一种复合了比例、积分和微分 3 种控制的复合控制。

智能控制的控制对象与控制目标往往与传统控制大不相同。智能控制就是力图解决传统控制无法解决的问题而出现的。复合智能控制只有在出现和应用智能控制之后才成为可能。所谓复合智能控制指的是智能控制手段（方法）与经典控制和/或现代控制手段的集成，还指不同智能控制手段的集成。由此可见，复合智能控制包含十分广泛的领域，用"丰富多彩"来形容一点也不过分。例如，智能控制 + 开关控制，智能控制 + 经典 PID 反馈控制，智能控制 + 现代控制，一种智能控制 + 另一种智能控制等。就"一种智能控制 + 另一种智能控制"而言，就有很多集成方案，如模糊神经控制、神经专家控制、进化神经控制、神经学习控制、递阶专家控制和免疫神经控制等。仅模糊控制与其他智能控制（简称模糊智能复合控制）构成的复合控制就包括模糊神经控制、模糊专家控制、模糊进化控制和模糊学习控制等。图 10.1 所示为一进化模糊控制系统原理简图。

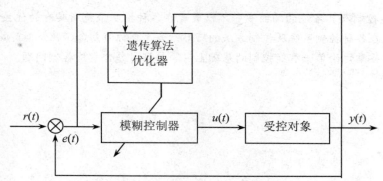

图 10.1　进化模糊控制系统原理框图

举例来说，神经专家控制（或称为神经网络专家控制）系统就是充分利用神经网络和专家系统各自的长处和避免各自的短处而建立起来的一种复合智能控制。专家系统和专家控制系统往往采用产生式规则表示专家知识和经验，比较局限。如果采用神经网络作为专家系统的一种新的知识表示和知识推理的方法，就出现了神经网络专家控制系统。与传统专家控制系统相比，两者的结构和功能都是一致的，都有知识库、推理机、解释器等，只是其控制策略和控制方式完全不同而已。基于符号的专家系统的知识表示是显式的，而基于神经网络的专家系统的符号表示是隐式的。这种复合专家控制系统的知识库是分布在大量神经元及其连接系数上的；神经网络通过训练进行学习的功能也为专家系统的知识获取提供了更强的能力和更大的方便，其知识获取方法不仅简便，而且十分有效。

限于本书的篇幅，本章主要以模糊智能复合控制为线索进行较为详细的和有代表性的讨论，所讨论的内容包括模糊神经控制和模糊专家控制等。此外，最后简介仿人控制。

智能复合控制在相当长的一段时间成为智能控制研究与发展的一种趋势，各种智能复合控制方案如雨后春笋般纷纷面世。其中，也的确不乏好方案和好示例。复合能否成功，不仅取决于结合前各方的固有特性和结合后"取长补短"或"优势互补"的效果，而且需要经受实际应用的检验。实践是检验各种智能复合控制是否成功的唯一标准，是不以人的主观愿望为转移的。

10.2　模糊神经复合控制原理

模糊控制可与神经控制原理组合起来，形成新的模糊神经复合控制系统。本节首先介绍模糊神经网络的作用原理，然后探讨模糊神经复合控制方案。

在过去的十多年中，模糊逻辑和神经网络已在理论和应用方面获得独立发展，然而，近年来，已把注意力集中到模糊逻辑与神经网络的集成上，以期克服各自的缺点。模糊神经网络综合了模糊逻辑推理的结构性知识表达能力和神经网络的自学习能力。我们已分别讨论过模糊逻辑和神经网络的特性，在此我们对它们进行比较，如表 10.1 所示。

表 10.1　模糊系统与神经网络的比较

技术	模糊系统	神经网络
知识获取	人类专家（交互）	采样数据集合（算法）
不确定性	定量与定性（决策）	定量（感知）
推理方法	启发式搜索（低速）	并行计算（高速）
适应能力	低	很高（调整连接权值）

要使一个系统能够像人类一样处理认知的不确定性，可以把模糊逻辑与神经网络集成起来，形成一个新的研究领域，即模糊神经网络（FNN）。实现这种组合的方法基本上分为两种：第一种方法在于寻求模糊推理算法与神经网络示例之间的功能映射，第二种方法却力图找到一种从模糊推理系统到一类神经网络的结构映射。下面将详细讨论模糊神经网络的概念、算法和应用方案。

1. FNN 的概念与结构

Buckely 在他的论文中提出对模糊神经网络的定义。

为简化起见，我们来考虑三层前馈神经网络 FNN3，如图 10.2 所示。

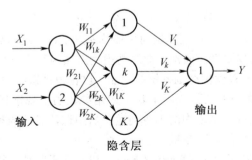

图 10.2　神经网络 FNN3

对不同类型的模糊神经网络的定义如下：

定义 10.1 一个正则模糊神经网络（RFNN）为一具有模糊信号和/或模糊权值的神经网络，即①FNN1 具有实数输入信号和模糊权值；②FNN2 具有模糊集输入信号和实数权值；③FNN3 具有模糊集输入信号和模糊权值。

定义 10.2 混合模糊神经网络（HFNN）是另一类 FNN，它组合模糊信号和神经网络权值，应用加、乘等操作获得神经网络输入。

下面较详细地叙述 FNN3 的内部计算。设 FNN3 具有同图 10.2 一样的结构。输入神经元 1 和 2 的输入分别为模糊信号 X_1 和 X_2，于是隐含神经元 k 输入为：

$$I_k = X_1 W_{1k} + X_2 W_{2k} \qquad k = 1, 2, \ldots, K \tag{10.1}$$

而第 k 个隐含神经元的输出为：

$$Z_k = f(I_k) \qquad k = 1, 2, \ldots, K \tag{10.2}$$

若 f 为一 S 形函数，则输出神经元的输入为：

$$I_0 = Z_1 V_1 + Z_2 V_2 + \ldots + Z_k V_k \tag{10.3}$$

最后输入为：

$$Y = f(I_0) \tag{10.4}$$

式中，应用了正则模糊运算。

2. FNN 的学习算法

对于正则神经网络，其学习算法主要分为两类，即需要外部教师信号的监督式（有师）学习和只靠神经网络内部信号的非监督式（无师）学习。这些学习算法可被直接推广至 FNN。FNNI（I=1, 2, 3）的最新研究工作可归纳如下：

（1）模糊反向传播算法。基于 FNN3 的模糊反向传播算法是由 Barkley 开发的。令训练集合为 (X_l, T_l)，$X_l = (X_{l1}, X_{l2})$ 为输入，而 T_l 为期望输出，$1 \leqslant l \leqslant L$。对于 X_l 的实际输出为 Y_l。假定模糊信号和权值为三角模糊集，使误差测量

$$E = \frac{1}{2} \sum_{l=1}^{L} (T_l - Y_l)^2 \tag{10.5}$$

为最小。然后，对反向传播中的标准 Δ 规则进行模糊化，并用于更新权值。由于模糊运算需要，还得出了一种用于迭代的专门终止规则。不过，这个算法的收敛问题仍然是个值得研究的课题。

（2）基于 α 分割的反向传播算法。为了改进模糊反向传播算法的特性，已做出一些努力。对一种用于 FNN3 的单独权值 α 切割反向传播算法进行讨论。通常把模糊集合 A 的 α 切割定义为：

$$A[\alpha]\{x(\mu_A(x) \geqslant \alpha \qquad 0 < \alpha \leqslant 1 \tag{10.6}$$

此外，还得出了另一种基于 α 切割的反向传播算法。不过，这些算法最突出的缺点是其输入模糊信号和模糊权值类型的局限性。通常，取这些模糊隶属函数为三角形。

（3）遗传算法。为了改善模糊控制系统的性能，已在模糊系统中广泛开发遗传算法的应用。遗传算法能够产生一个最优的参数集合用于基于初始参数的主观选择或随机选择的模糊推理模型，介绍了遗传算法在模糊神经网络中的训练问题。所用遗传算法的类型将取决于用作输入和权值的模糊集的类型以及最小化的误差测量。

（4）其他学习算法。模糊浑沌（Fuzzy Chaos）以及基于其他模糊神经元的算法将是进一步研究感兴趣的课题。

3. FNN 的逼近能力

已经证明，正则前馈多层神经网络具有高精度逐次逼近非线性函数的能力，这对非线性不定控制的应用是一种很有吸引力的能力。模糊系统好像也可作为通用近似器。现在已对 FNN 的近似器能力表现出高度兴趣。已得出结论，基于模糊运算和扩展原理的 RFNN 不可能成为通用近似器，而 HFNN 因无需以标准模糊运算为基础而能够成为通用近似器。这些结论对建立 FNN 控制器可能是有用的。

10.3　模糊神经复合控制系统举例

学习控制系统通过与环境的交互作用，具有改善系统动态特性的能力。学习控制系统的设计应保证其学习控制器具有改善闭环系统特性的能力；该系统为受控装置提供指令输入，并从该装置得到反馈信息。因此，学习控制系统，包括模糊学习控制系统、基于神经网络的学习控制系统、自学习模糊神经控制系统，近年来已在实时工业领域获得一些应用。本节将介绍一个用于弧焊过程的自学习模糊神经控制系统。首先，讨论控制系统的方案，接着叙述自学习模糊神经控制器的算法，最后说明一个用于弧焊过程的自学习模糊神经控制器的结构、建模和仿真等问题。

10.3.1　自学习模糊神经控制模型

图 10.3 给出了一个用于含有不确定性过程的自学习模糊神经控制系统的原理图，其中模糊控制器 FC 把调节偏差 $e(t)$ 映射为控制作用 $u(t)$，过程的输出信号 $y(t)$ 由测量传感器检测，基于神经网络的过程模型由 PMN 网络表示，过程输出和传感器输出用同一 $y(t)$ 表示（略去两者之间的转换系数）。

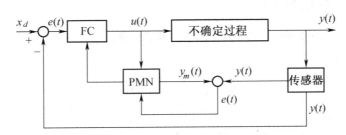

图 10.3　自学习模糊神经控制系统原理图

下面对 FC 和 PMN 模型进行分析。

模糊控制器 FC 可由解析公式（而不是通常的模糊规则表）描述如下：

$$U(t) = \sigma\left[a(t)b(t)E(t) + (1-a(t)b(t))EC(t) + (1-b(t))ER(t)\right] \tag{10.7}$$

式中，$\sigma = \pm 1$ 与受控过程特性或模糊规则有关。例如，$\sigma = 1$ 对应于 $u \propto e, ec$，而 $\sigma = -1$ 对应于 $u \propto -e, -ec$；U、E、EC 和 ER 表示与精确变量相对应的模糊变量，这些精确变量分别为控制作用 $u(t)$、误差 $e(t)$；误差变化 $ec(t) = e(t) - e(t-1)$ 以及加速度误差 $er(t) = ec(t) - ec(t-1)$，$a(t) \in [0,1]$，$b(t) \in [0,1]$。模糊变量及其对应的精确变量对它们论域的转换系数不同。与一般方法不同的是，这里所考虑的全部论域均为连续。

用于不确定过程的 PMN 模型和测量传感器可由图 10.4 所示的四层反向传播网络来实现。

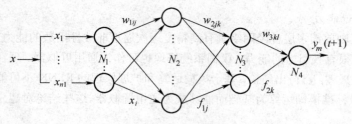

图 10.4   PMN 模型

可得该模型的映射关系为：

$$y_m(t+1) = f_m(u(t), u(t-1), \ldots, u(t-m); y_m(t), \ldots, y_m(t-n)) \tag{10.8}$$

定义：

$$x^T = [x_1, \ldots, x_{n1}]^T = [u(t), u(t-1), \ldots, u(t-m); y_m(t), \ldots, y_m(t-n)]^T$$

式中 m 和 n 表示不确定系统的级别，并可由系统经验粗略估计。

PMN 的网络函数可由下式描述：

$$f_{1j} = 1 \bigg/ \left\{ 1 + \exp\left[-\left(\sum_{i=1}^{N_1} W_{1ij} x_i + q_{1j} \right) \right] \right\} \quad j = 1, \cdots, N_2 \tag{10.9}$$

$$f_{2k} = 1 \bigg/ \left\{ 1 + \exp\left[-\left(\sum_{j=1}^{N_2} W_{2jk} f_{1j} + q_{2k} \right) \right] \right\} \quad k = 1, \cdots, N_3 \tag{10.10}$$

$$y_m(t+1) = 1 \bigg/ \left\{ 1 + \exp\left[-\left(\sum_{k=1}^{N_3} W_{3kl} f_{2k} + q_{3l} \right) \right] \right\} = f_m(f_{2k}(f_{1j}(x))) \tag{10.11}$$

10.3.2   自学习模糊神经控制算法

模糊控制器 FC 和神经网络模型 PMN 的学习算法如下：

（1）控制误差指标：

$$J_e = \sum_{t=1}^{N} [x_d - y(t+1)]^2 / 2 \tag{10.12}$$

（2）模型误差指标：

$$J_\varepsilon = \sum_{t=1}^{N} \varepsilon^2(t+1)/2 = \sum_{t=1}^{N} [y(t+1) - y_m(t+1)]^2 / 2 \tag{10.13}$$

（3）PMN 模型学习算法。可用离线学习算法和在线学习算法来修改 PMN 网络的参数。PMN 的初始权值可由采样数据对 $\{u(t), y(t+1)\}$ 得到。PMN 离线学习结果可用作实际不确定受控过程的参考模型。应用在线学习算法，PMN 的网络权可由式（10.12）所示的控制误差指标和误差梯度下降原理来修正，即：

$$\Delta W(t) \propto -\partial J_\varepsilon / \partial W(t)$$
$$W(t+1) = W(t) + \Delta W(t) \tag{10.14}$$

用于 PMN 网络的学习算法简述如下，定义：

$$v_3(t) = (y(t) - y_m(t))(1 - y_m(t)) y_m(t)$$
$$v_{2k}(t) = f_{2k}(t)(1 - f_{2k}(t)) W_{3kl}(t) v_3(t) \quad k = 1, \cdots, N_3$$

$$v_{1j}(t) = f_{1j}(t)(1 - f_{1j}(t))\sum_{k=1}^{N_3} W_{2jk}(t)v_{2k}(t) \qquad j = 1, \cdots, N_2$$

被修正的权值为：

$$\Delta W_{3kl}(t) = h_3 v_3(t) f_{2k}(t) + g_3 \Delta W_{3kl}(t-1)$$

$$W_{3kl}(t+1) = W_{3kl}(t) + \Delta W_{3kl}(t) \tag{10.15}$$

$$q_{3l}(t+1) = q_{3l}(t) + h_3 v_3(t) \tag{10.16}$$

$$\Delta W_{2jk}(t) = h_2 v_{2k}(t) f_{1j}(t) + g_2 \Delta W_{2jk}(t-1)$$

$$W_{2jk}(t+1) = W_{2jk}(t) + \Delta W_{2jk}(t) \tag{10.17}$$

$$q_{2k}(t+1) = q_{2k}(t) + h_2 v_{2k}(t) \tag{10.18}$$

$$\Delta W_{1ij}(t) = h_1 v_{1j}(t) x_i + g_1 \Delta W_{1ij}(t-1)$$

$$W_{1ij}(t+1) = W_{1ij}(t) + \Delta W_{1ij}(t) \tag{10.19}$$

$$q_{1j}(t+1) = q_{1j}(t) + h_1 v_{1j}(t) \tag{10.20}$$

式中，$h_i, g_i \in (0,1)$（$i = 1, 2, 3$）分别为学习因子和动量因子。式（10.13）至式（10.20）为用于一个控制周期内 PMN 网络的一步学习算法。

（4）FC 校正参数 $a(t)$ 和 $b(t)$ 的自适应修改。

假设 PMN 网络参数是由离线学习或最后一步学习结果得到的已知变量，可得修改模糊控制器 FC 的校正参数 $a(t)$ 和 $b(t)$ 的算法如下：

$$a(t+1) = a(t) + \Delta a(t) \tag{10.21}$$

$$b(t+1) = b(t) + \Delta b(t) \tag{10.22}$$

$$\Delta a(t) = -h_a(\partial J_e / \partial a(t)) \tag{10.23}$$

$$\Delta b(t) = -h_b(\partial J_e / \partial b(t)) \tag{10.24}$$

其中，学习因子 $h_a, h_b \in (0,1)$。

$$\partial J_e / \partial a(t) \approx [x_d - (y_m(t+1) + \varepsilon][\partial y_m(t+1) / \partial a(t)]$$

$$= [x_d - y(t+1)][\partial y_m(t+1) / \partial a(t)] \qquad (\partial \varepsilon / \partial a \text{ 略去不记}) \tag{10.25}$$

$$\partial y_m(t+1) / \partial a(t) = [\partial f_m / \partial u(t)][\partial u(t) / \partial a(t)] \tag{10.26}$$

$$\partial u(t) / \partial a(t) = \sigma b(t)[E(t) - EC(t)] \tag{10.27}$$

$$\partial J_e / \partial b(t) \approx [x_d - (y_m(t+1) + \varepsilon][\partial y_m(t+1) / \partial b(t)]$$

$$= [x_d - y(t+1)][\partial y_m(t+1) / \partial b(t)] \qquad (\partial \varepsilon / \partial b \text{ 被略去不记}) \tag{10.28}$$

$$\partial y_m(t+1) / \partial b(t) = [\partial f_m / \partial u(t)][\partial u(t) / \partial b(t)] \tag{10.29}$$

$$\partial u(t) / \partial b(t) = \sigma[a(t)E(t) + (1 - a(t)) - EC(t) - ER(t)] \tag{10.30}$$

于是有：

$$\partial f_m / \partial u(t) = \partial f_m / \partial x_1 = [\partial f_m / \partial f_{2k}][\partial f_{2k} / \partial f_{1j}][\partial f_{1j} / \partial x_1]$$

$$= -\left\{ f_m(1 - f_m)\sum_{k=1}^{N_3}\left[W_{3kl} f_{2k}(1 - f_{2k})\sum_{j=1}^{N_2}(W_{2jk} f_{1j}(1 - f_{1j})W_{1ij}) \right] \right\} \tag{10.31}$$

式中，f、w 与 PMN 的状态和权值有关。

式（10.20）至式（10.30）是在一个控制周期内校正 FC 参数 $a(t)$ 和 $b(t)$ 的一步自修改算法，它本质上意味着像操作人员实时操作一样来调整模糊控制规则。

10.3.3 弧焊过程自学习模糊神经控制系统

已经开发出一个用于弧焊过程的自学习模糊神经控制系统。下面讨论该系统的结构、建模、模拟和实验等。

1. 弧焊控制系统的结构

图 10.5 所示为脉冲 TIG（钨极惰性气体）弧焊控制系统的结构框图。

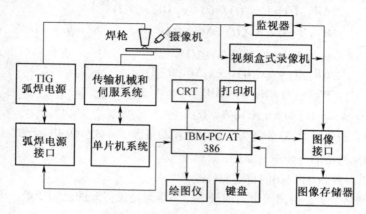

图 10.5　弧焊控制系统结构框图

本系统由一台 IBM-PC/AT386 个人计算机（用于实现自学习控制和图像处理算法）、一台摄像机（作为视觉传感器用于接收前焊槽图像）、一个图像接口、一台监视器和一台交直流脉冲弧焊电源组成。焊接电流由焊接电源接口调节，而焊接移动速度由单片计算机系统实现控制。

2. 焊接过程的建模与仿真

通过分析标准条件下脉冲 TIG 焊接工艺过程和测试数据可以知道，影响焊缝变化的主要因素是在固定的技术标准参数（如板的厚度和接合空隙等）下的焊接电流和焊接移动速度。为了简化起见而又不失实用性，建立了一个用于控制脉冲 TIG 弧焊的焊槽动力学模型。该模型的输入和输出分别为焊接电流和焊槽顶缝宽度。采用输入输出对的批测试数据和离线学习算法，一个具有节点 N_1、N_2、N_3 和 N_4 分别为 5、10、10 和 1 的神经网络模型实现下列映射：

$$y_m(t+1) = f_m(u(t), u(t-1), u(t-2), y_m(t), y_m(t-1)) \tag{10.32}$$

$y_m(t+1)$ 加上一个伪随机序列，如同图 10.3 所示的实际不确定过程的仿真模型一样，见式 (10.8)。应用前面开发的自学习算法对脉冲 TIG 弧焊的控制方案进行仿真，获得满意的结果。

3. 控制弧焊过程的试验结果

以图 10.5 所示的系统方案为基础，进行了脉冲 TIG 弧焊焊缝宽度控制的试验。试验是对厚度为 2mm 的低碳钢板进行的，采用哑铃试样模仿焊接过程中热辐射和传导的突然变化，钨电极的直径为 3mm，保护氩气的流速为 8ml/min，试验中采用恒定焊接电流为 180A，直流电弧电压为 12～30V。试验结果表明：

（1）热传递情况改变时焊接试样的控制结果显示图 10.3 的自学习模糊神经控制方案适于控制脉冲 TIG 弧焊的焊接速度与焊槽的动态过程。控制结果表明对控制系统的调节效果与熟练焊工的操作作用或智能行为相似，对不确定过程的时延补偿效果获得明显改善。

（2）控制精度主要受完成控制算法和图像处理周期的影响，并可由硬度实现神经网络的并行处理和提高计算速度来改善。

10.4　专家模糊复合控制器

我们已在前面讨论过专家系统、专家控制系统、模糊逻辑和模糊控制系统。专家模糊复合控制综合了专家系统技术和模糊逻辑推理的功能，是又一种复合智能控制方案。本节首先讨论专家模糊控制器的结构，然后举例介绍一种专家模糊控制系统。

10.4.1　专家模糊控制系统结构

模糊控制具有超调小、鲁棒性强和对系统非线性好的适应性等优点，因此模糊控制是一种有效的控制策略。不过，模糊控制也存在一些缺点。首先，由于简单的模糊信息处理，使控制系统的精度较低。要提高精度就必须提高量化程度，因而增大系统的搜索范围。第二个不足之处是模糊控制器结构和知识表示形式两方面存在单一性，因而难以处理在控制复杂系统时所需要的启发知识，也使应用领域受到限制。第三个缺点是，当系统非线性的程度比较高时，所建造的模糊控制规则会变得不完全或不确定，因而控制效果会变差。通过模糊控制和专家系统两种技术的集成建造一种新的控制系统——专家模糊控制系统，能够弥补上述不足之处。

专家模糊控制系统的结构具有不同的形式，但其控制器的主要组成部分是一样的，即专家控制器和模糊控制器。下列给出两个专家模糊控制系统结构的例子，以期对专家模糊控制系统结构有个基本了解。

1. 船舰驾驶用专家模糊复合控制器的结构

本船舰驾驶所用的控制器和控制系统如图 10.6 所示。本专家模糊控制系统为一多输入多输出控制系统，受控对象船舰的输入参量为行驶速度 u 和舵角 δ，输出参量为相对于固定轴的航向 ψ 和船舰在 xy 平面上的位置。从图 10.6 可见，本复合控制器由两层递阶结构组成。下层模糊控制器探求航向 ψ 与由上层专家控制器指定的期望给定航向 ψ_r 匹配。模糊控制器的规则采用误差 e =($\psi-\psi_r$)及其微分来选择适应的输入舵角 δ。例如，模糊控制器的规则将指出：如果误差较小又呈减少趋势，那么输入舵角应当大体上保持不变，因为船舰正在移动以校正期望航向与实际航向间的误差。另一方面，如果误差较小但其微分（变化率）较大，那么就需要对舵角进行校正以防止偏离期望路线。

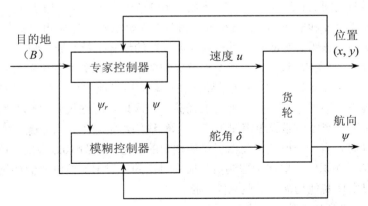

图 10.6　船舰驾驶用专家模糊复合控制器的结构

专家控制器由船舰航向 ψ、船舰在(x,y)平面上的当前位置和目标位置（给定输入）来确定以什么速度运行以及对模糊控制器规定给定航向 ψ。

2. 具有辨识能力的专家模糊控制系统的结构

图 10.7 给出了一个具有辨识能力的基于模糊控制器的专家模糊控制系统的结构图，其中专家控制器（EC）模块与模糊控制器（FC）集成，形成专家模糊控制系统。

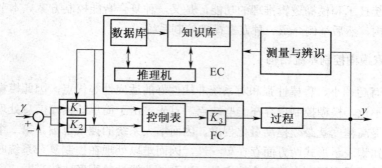

图 10.7　具有辨识能力的专家模糊控制系统的结构

在控制系统运行过程中，受控对象（过程）的动态输出性能由性能辨识模块连续监控，并把处理过的参数送至专家控制器。根据知识库内系统动态特性的当前已知知识，专家控制器进行推理与决策，修改模糊控制器的系数 K_1、K_2、K_3 和控制表的参数，直至获得满意的动态控制特性为止。

10.4.2　专家模糊控制系统示例

本示例介绍图 10.6 所示的船舰驾驶用专家模糊复合控制系统。首先解释船舰驾驶需要的智能控制问题，讨论所提出的智能控制器的作用原理；然后提供了仿真结果以说明控制系统的性能；最后突出一些闭环控制系统评价中需要检查的问题。本示例所关注的不是控制方法和设计问题本身，而在于提供一个能够阐明已学基本知识的具体的科学实例。

1. 船舰驾驶中的控制问题

假定有人想开发一个智能控制器，用于驾驶货轮往返于一些岛屿之间而无需人的干预，即实现自主驾驶。特别假定轮船按照图 10.8 所示的地图运行。轮船的初始位置由点 A 给出，终点位置为点 B。虚线表示两点间的首选路径。阴影区域表示 3 个已知岛屿。如前所述，本受控对象船舰的输入参量为行驶速度 u 和舵角 δ，输出参量为相对于固定轴的航向 ψ 和轮船在图 10.8 所示的 xy 平面上的位置，即假定该船具有能够提供对其当前位置的精确指示的导航装置。

本专家控制器对支配推理过程的规则具有优先权等级，它以岛屿的位置为基础，选择航向和速度，以使船舰能够以人类专家可能采用的路线在岛屿间适当地航行。本专家控制器仅应用 10 条规则来表征船长驾驶船舰通过这些具体岛屿的经验。一般地，这些规则说明下列这些需要：船舰转弯减速、直道加速和产生使船舰跟踪图 10.8 所示航线的给定输入。当船舰开始处于位置 A 而且接收到期望位置 B 时，有一个航线优化器提供所期望的航迹，即图 10.8 中虚线所示的航线。

这里提出的基于知识的二层递阶控制器是前面讨论的三层智能控制器的特例。也可以把第三层加入本控制器以实现其他功能，这些功能包括：

（1）对船长、船员和维护人员的友好界面。

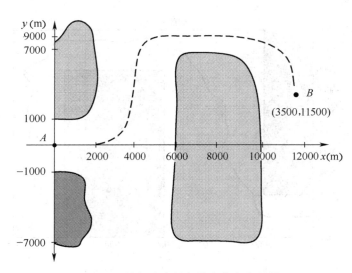

图 10.8　轮船自主导航的海岛与海域图

（2）可能用于改变驾驶目标的基于海况气象信息的界面。

（3）送货路线的高层调度。

（4）借助对以往航程的性能评估能够使系统性能与时俱增的学习能力。

（5）用于故障检测和辨识（如辨识某个故障了的传感器或废件）、使燃料消耗或航行时间为最小的其他更先进的子系统等。

　　新增子系统所实现的功能将提高控制系统的自主水平。通过指定参考航行轨迹，上层专家控制器规定下层模糊控制器将做些什么。高层的专家控制器关注系统反应较慢的问题，它只在一会儿时间内调节船舰速度，而低层的模糊控制器十分经常地更新其控制输入舵角 δ。

　　2.　系统仿真结果及其评价

　　使用专家模糊复合控制器对货轮驾驶进行的仿真结果示于图 10.9 中。仿真结果表明，对专家模糊控制器使用一类启发信息能够成功地驾驶货轮从起始点到达目的地。下面将讨论本智能控制系统性能的评价问题。

　　十分显然，技术对实现货轮驾驶智能控制器将产生重要影响。在考虑实现问题时，将会出现诸如复杂性和为船长和船员开发的用户界面一类值得关注的问题。例如，如果船舰必须对海洋中的所有可能岛屿进行导航（的复杂性）以及用户界面需要涉及人的因素等问题。此外，当出现轻微的摆动运动（见图 10.9）时，船舰穿行该航迹可能导致不必要的燃料消耗，这时重新设计就显得十分重要。

　　实际上，如何修改规则库以提高系统性能是比较清楚的，这涉及如下问题：

　　（1）何时将有足够的规则？

　　（2）增加了新规则后系统是否仍稳定？

　　（3）扰动（风、波浪和船舰负荷等）的影响是什么？

　　（4）为了减少这些扰动的影响是否需要自适应控制技术？

　　显然，保证对智能控制系统的性能有更广泛和更仔细的工程评价和再设计是必要的。

　　研究如何引入更先进的功能以期达到更高的自主驾驶水平将是自主驾驶一个富有成效的研究方向，尤其是对稳定性和满足的性能规范的数学证明。

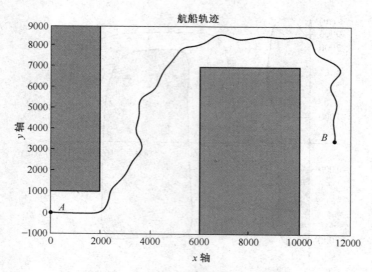

图 10.9　轮船驾驶的仿真结果

10.5　仿人控制

广义上说，智能控制就是仿生和拟人控制，模仿人和生物的控制机构、行为和功能所进行的控制就是拟人和仿生控制。本节所要研究的仿人控制虽未达到上述意义下的控制，但它综合了递阶控制、专家控制和基于模型控制的特点，实际上可以把它看作一种混合控制。

10.5.1　仿人控制的基本原理和原型算法

1. 仿人控制的基本原理

仿人控制（Human-simulated Control）的思想是周其鉴于 1983 年正式提出的，现已形成了基本理论体系和比较系统的设计方法。仿人控制的基本思想就是在模拟人的控制结构的基础上，进一步研究和模拟人的控制行为与功能，并把它用于控制系统，实现控制目标。仿人控制研究的主要目标不是被控对象，而是控制器本身如何对控制专家结构和行为的模拟。大量事实表明，由于人脑的智能优势，在许多情况下，人的手动控制效果往往是自动控制无法达到的。例如，编队飞行中的鸟群突然改变飞行路线和重新编队、成群结队前游争食的鱼群、空中格斗的战斗机的操纵、杂技演员高难度的空中表演、蝙蝠在夜间快速避碰以及生产过程的一些复杂控制，都是人类和其他生物自然控制的巧夺天工的示例。

仿人控制理论的具体研究方法是：从递阶控制系统的底层（执行级）入手，充分应用已有的各种控制理论和计算机仿真结果直接对人的控制经验、技巧和各种直觉推理能力进行分辨和总结，编制成各种实用、精度高、能实时运行的控制算法，并把它们直接应用于实际控制系统，进而建立起系统的仿人控制理论体系，最后发展成智能控制理论。这种计算机控制算法以人对控制对象的观察、记忆和决策等智能行为的模仿为基础，根据被调量、偏差和偏差变化趋势来确定控制策略。图 10.10 所示为仿人控制系统的结构框图。从图可见，该控制器由任务适应层、参数矫正层、公共数据库和检测反馈等部分组成。图中，R、Y、E 和 U 分别表示仿人控制器的输入、输出、偏差信号和控制系统的输出。

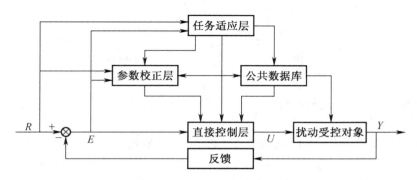

图 10.10 仿人控制系统的一般结构

仿人控制理论还认为，智能控制是对控制问题求解的二次映射的信息处理过程，即从"认知"到"判断"的定性推理过程和从"判断"到"操作"的定量控制过程。仿人控制不仅具有其他智能控制（如模糊控制、专家控制）方法那样的并行、逻辑控制和语言控制的特点，而且还具有以数学模型为基础的传统控制的解析定量的特点，总结人的控制经验，模仿人的控制行为，以产生式规则描述其在控制方面的启发与直觉推理行为。因此，仿人控制是兼顾定性综合和定量分析的混合控制。

仿人控制在结构和功能上具有以下基本特征：

（1）递阶信息处理和决策机构。

（2）在线特征辨识和特征记忆。

（3）开闭环结合和定性与定量结合的多模态控制。

（4）启发式和直觉推理问题求解。

仿人控制在结构上具有递阶的控制结构，遵循"智能增加而精度降低"的原则，不过它与萨里迪斯的递阶结构理论有些不同。仿人控制认为：其最低层（执行级）不仅仅由常规控制器构成，而且应具有一定智能，以满足实时、高速、高精度的控制要求。

2. 仿人控制的原型算法

周其鉴、李祖枢等认为，PID 调节器未能妥善地解决闭环系统的稳定性和准确性、快速性之间的矛盾；采用积分作用消除稳态偏差必然增大系统的相位滞后，削弱系统的响应速度；采用非线性控制也只能在特定条件下改善系统的动态品质，其应用范围十分有限。基于上述分析，运用"保持"特性取代积分作用有效地消除了积分作用带来的相位滞后和积分饱和问题。把线性与非线性的特点有机地融合为一体，使人为的非线性元件能适用于叠加原理，并提出了用"抑制"作用来解决控制系统的稳定性与准确性、快速性之间的矛盾。在半比例调节器的基础上，提出了一种具有极值采样保持形式的调节器，并以此为基础发展成为一种仿人控制器。仿人控制器的基本算法以熟练操作者的观察、决策等智能行为为基础，根据被调量偏差及变化趋势决定控制策略。因此，它接近于人的思维方式。当受控系统的控制误差趋于增大时，人控制器发出强烈的控制作用，抑制误差的增加；而当误差有回零趋势，开始下降时，人控制器减小控制作用，等待观察系统的变化；同时，控制器不断地记录偏差的极值，校正控制器的控制点，以适应变化的要求。仿人控制器的原型算法如下式所示：

$$u = \begin{cases} K_p e + kK_p \sum_{i=1}^{n-1} e_{m,i} & (e \cdot \dot{e} > 0 \cap e = 0 \cap \dot{e} \neq 0) \\ kK_p \sum_{i=1}^{n} e_{m,i} & (e \cdot \dot{e} > 0 \cup \dot{e} \neq 0) \end{cases}$$　　（10.33）

式中，u 为控制输出，K_p 为比例系数，k 为抑制系数，e 为误差，$\dot{e}$ 为误差变化率，$e_{m,i}$ 为误差的第 i 次峰值。

据式（10.33）可给出图 10.11 所示的误差相平面上的特征及相应的控制模态。当系统误差处于误差相平面的第一与第三象限，即 $e \cdot \dot{e} > 0$ 或 $e = 0$ 且 $\dot{e} \neq 0$ 时，仿人智能控制器工作于比例控制模态；而当误差处于误差相平面的第二与第四象限，即 $e \cdot \dot{e} < 0$ 或 $\dot{e} = 0$ 时，仿人智能控制器工作于保持控制模态。

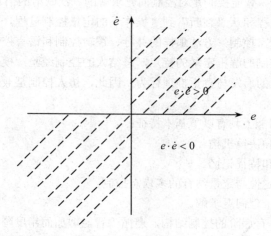

图 10.11　误差相平面上的特征和控制模态

10.5.2　仿人控制器的属性与设计依据

1. 仿人控制器的智能属性

与传统控制算法不同，仿人控制器具有下列一些与人控制器相似的智能属性：

（1）一般传统控制器的输入输出关系是一种单影射关系，而仿人控制器原型是一种双影射关系，即一种变模态控制，一种开闭环交替的控制模式。这是与人控制器在不同情况下采用不同控制策略的多模态控制方式相似的。

（2）在仿人控制原型算法中，控制策略与控制模态的选择和确定是按照误差变化趋势的特征进行的，而确定误差变化趋势特征的集合反映在误差相平面上的全部特征构成整个控制决策的依据，即特征模型。这与人控制器拥有先验知识并据之进行控制的方式相似。依据特征模型选择并确定控制模态，这种决策推理和信息处理行为与人的直觉推理过程（从认知到判断，再从判断到操作的决策过程）十分接近。

（3）仿人控制器原型在维持模态时对误差极值的记忆和利用与人的记忆方式及对记忆的利用相似，即两者具有相似的特征记忆作用。

由于仿人控制器原型具有上述这些特征，因而它具有优于传统控制器的控制性能。

2. 仿人智能控制系统的设计依据

根据受控对象（系统）性质的不同，仿人智能控制（以下简称仿人控制）可能采用不同的设计技术和方法，但设计的依据都是系统的瞬态性能指标。本节后续部分将讨论仿人控制的设计依据，研究仿人控制的设计与实现步骤和方法，并以小车－单摆的摆起倒立控制系统为例讨论仿人控制的设计与实现问题。

控制系统的性能一般从瞬态和静态两个方面加以考虑，或者说，从系统的稳定性、快速性和精确性来衡量。其中，瞬态性能指标是仿人控制系统的主要指标和设计依据。

虽然经典控制的时域性能指标和最优控制的误差泛函积分评价指标对于控制系统的设计都十分有用，但均具有一定的局限性。经典时域性能指标虽然十分直观，但只能用于设计结束后进行评价。传统的单模态控制方式在设计时也无法兼顾所有指标。最优控制的误差泛函积分评价指标虽然可直接参与设计，但只能在各经典的时域性能指标中折衷。尤其值得指出的是，传统控制（无论是经典反馈控制还是现代控制）系统的设计都离不开对象或系统精确的数学模型。

仿人控制器的设计建立在系统特征模型和特征辨识的多模态控制方式基础上，为设计受控系统的特征模型和控制模态集并设定其参数需要建立一种能够根据系统瞬态响应来判断系统当前状态与目标状态差别以及当前运行趋势的指标，并以该指标作为设计的目标函数。这就是一种能够评价系统运行瞬态品质的性能指标，它能够兼顾各经典时域的性能指标，其动态过程在误差时间相位空间中将画出一条理想的误差时相轨迹。该轨迹体现了设计和实现控制过程中的瞬态性能指标。图 10.12 所示为理想系统闭环阶跃响应的误差时相轨迹。仿人控制器特征模型与控制模态集的设计目标就是使受控系统的动态响应在理想的误差时相轨迹上滑动。

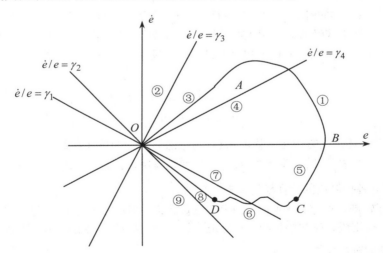

图 10.12　具有理想性能的系统误差时相轨迹

定义 10.3　一个能评价智能控制系统运行的瞬态品质并能兼顾系统的快速性、稳定性和精确性指标要求的理想误差时相轨迹称为仿人控制系统的**瞬态性能指标**。

无论是定值控制还是伺服控制，一个动态控制过程总会在 $(e-\dot{e}-t)$ 空间中画出一条轨迹。品质好的控制画出的是一条理想的轨迹，如果以这条理想轨迹作为设计智能控制器的目标，那么该轨迹上的每一点都可视为控制过程中需要实现的瞬态指标。该理想误差时相轨迹可以分别向 $(e-t)$、$(\dot{e}-t)$ 和 $(e-\dot{e})$ 三个平面投影。可以根据分析的侧重点考虑这三条投影曲线中的一条或几条作为设计用的瞬态指标，以简化设计的目标。

当受控系统不含纯滞后环节时，考虑这条轨迹在$(e-\dot{e})$相平面上的投影，设计即可在$(e-\dot{e})$相平面上进行。当系统有纯滞后环节时，考虑这条理想轨迹对$(e-t)$平面的投影，设计就可以在$(e-t)$平面上进行。当系统具有非线性环节时，一般考虑这条理想轨迹也是在$(e-\dot{e})$相平面上进行。

10.5.3 仿人智能控制器的设计与实现步骤

仿人控制在设计时要从系统的瞬态性能指标出发，确定设计目标轨迹，建立受控对象的数理模型和各控制级的特征模型，然后设计控制器的结构和控制规则，选择与确定控制模态和控制参数，最后进行仿真研究以校验设计的可行性。如果条件许可，还要在仿真研究的基础上进一步进行实时试验研究，以验证设计的正确性。

仿人控制器设计与实现的一般步骤如下：

（1）确定设计目标轨迹。

根据用户对受控对象控制性能指标（如上升时间、超调量、稳态精度等）的要求确定理想的单位阶跃响应过程，并把它变换到$(e-\dot{e}-t)$时相空间中去，构成理想的误差时相轨迹。以这条理想轨迹作为设计仿人控制器的目标轨迹。该轨迹上的每一点都可视为控制过程中的瞬态指标。这条理想轨迹可以分别向$(e-t)$、$(\dot{e}-t)$和$(e-\dot{e})$三个平面投影，根据分析的侧重点考虑这三条投影曲线中的一条或几条，作为设计仿人控制器特征模型及控制与校正模态的目标轨迹，以简化设计目标。

（2）建立对象的数理模型。

根据受控对象或系统的生产流程、机电结构、工艺特点和控制要求等，结合自动控制和相关基础理论和专业知识或经验建立相应的过程物理与数学模型，作为进一步设计与分析的数学基础。例如，对于一个有平衡能力的化工和热工过程，可采用一阶环节加纯滞后环节这样的数学模型来描述：

$$\begin{cases} G(s) = \{g_{ij}(s)e^{-\tau_{ij}s}\}_{n\times n} \\ g_{ij}(s) = K_{ij}/(T_{ij}s+1) \end{cases} \tag{10.34}$$

式中，$G(s)$为开环系统的传递函数，$g_{ij}(s)$为纯滞后环节的传递函数，$e^{-\tau_{ij}s}$为一阶惯性环节的传递函数，比例系数K_{ij}、时间常数T_{ij}和τ_{ij}要根据实验选定，$i,j=1,2,\cdots,n$。

（3）建立各控制级的特征模型或控制算法。

根据目标轨迹在误差相平面$(e-\dot{e})$上的位置或误差时间平面$(e-t)$上的位置，以及控制器的不同级别（运行控制级、参数校正级、任务适应级）确定特征基元集Q_i划分出特征状态集Φ_i，从而构成不同级别的特征模型

$$\Phi_i = P \odot Q_i \qquad i=1,2,3 \tag{10.35}$$

例如，对上述化工和热工过程，其单回路仿人控制器的误差时相轨迹如图10.13所示，其运行控制级和参数校正级的特征模型（控制算法）如下：

1）运行控制级。

特征基元集为：

$$Q_1 = \{q_{11}, q_{12}, q_{13}, q_{14}, q_{15}\} \tag{10.36}$$

其中，$q_{11} \Rightarrow |e| < \delta_1$，$q_{12} \Rightarrow |\dot{e}| < \delta_2$，$q_{13} \Rightarrow e \cdot \dot{e} > 0$，$q_{14} \Rightarrow |\dot{e}/e| < c_1\dot{e}$，$q_{15} \Rightarrow |\dot{e}/e| < c_2$。

特征模型为：

$$\varPhi_1 = \{\phi_{11}, \phi_{12}, \phi_{13}, \phi_{14}, \phi_{15}\} \tag{10.37}$$

其中，$\phi_{11} = \bar{q}_{11} \cap \bar{q}_{12} \cap q_{13}$，$\phi_{12} = \bar{q}_{11} \cap \bar{q}_{12} \cap \bar{q}_{13} \cap q_{14}$，$\phi_{13} = \bar{q}_{11} \cap \bar{q}_{12} \cap \bar{q}_{14} \cap q_{15}$，$\phi_{14} = \bar{q}_{11} \cap \bar{q}_{12} \cap \bar{q}_{13}$ $\cap \bar{q}_{15}$，$\phi_{15} = q_{11} \cap q_{12}$。

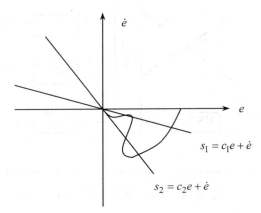

图 10.13　纯滞后多变量系统的误差时相轨迹

2）参数校正级。

特征基元集为：

$$Q_2 = \{q_{21}, q_{22}, q_{23}, q_{24}, q_{25}, q_{26}\} \tag{10.38}$$

其中，$q_{21} \Rightarrow |e| < \delta_1$，$q_{22} \Rightarrow |\dot{e}| < \delta_2$，$q_{23} \Rightarrow |e_{m,i}| > \alpha$，$q_{24} \Rightarrow |e_{m,i-1}| > \alpha$，$q_{25} \Rightarrow \Delta e_j \cdot e_j \geq 0$，$q_{26} \Rightarrow \Delta \dot{e}_j \dot{e}_j \geq 0$。

特征模型为：

$$\varPhi_2 = \{\phi_{21}, \phi_{22}, \phi_{23}, \phi_{24}, \phi_{25}\} \tag{10.39}$$

其中，$\phi_{21} = \bar{q}_{21} \cap \bar{q}_{22} \cap q_{23} \cap q_{24}$，$\phi_{22} = \bar{q}_{21} \cap \bar{q}_{22} \cap \bar{q}_{23} \cap \bar{q}_{24}$，$\phi_{23} = q_{21} \cap q_{22} \cap q_{25}$，$\phi_{24} = q_{21} \cap q_{22} \cap \bar{q}_{25}$ $\cap q_{26}$，$\phi_{25} = q_{21} \cap q_{22} \cap \bar{q}_{25} \cap \bar{q}_{26}$。

（4）设计控制器的结构。

控制器的结构是否合理将决定系统能否胜任控制任务，能否保证系统的稳妥运行。不同的受控对象，其控制器和控制系统的结构也有所不同。例如，在变截面弹簧钢轧机控制装置中，主要控制回路由两个电液位置伺服单元组成，而且两回路间存在耦合关系，构成一个多变量控制系统。电液伺服控制系统具有参数变化、交叉耦合和外干扰引起不确定性等问题。仿人智能控制在处理多变量系统耦合问题上起到很好的作用。图 10.14 所示为该控制系统的整体结构框图。图中，G_{11} 与 G_{22} 是主回路的传递函数，G_{12} 与 G_{21} 是主回路之间相互耦合的传递函数，HSIC_1 和 HSIC_2 是按单回路设计的仿人控制器，其主要作用是保证单回路的控制性能。HSIC_1 和 HSIC_2 的输出经协调算法协调以保证整个控制系统的性能。每个 HSIC 的算法结构可根据电液伺服系统的特点和控制要求设置成递阶控制结构，即直接运行控制级 MC、自校正级 ST 和任务适应级 TA。

又如，对于比较复杂的小车－单摆或小车－二级摆系统的摆起倒立控制，可应用问题归约法把它们化简为一些比较简单的子问题，构成主从控制或协同控制结构。

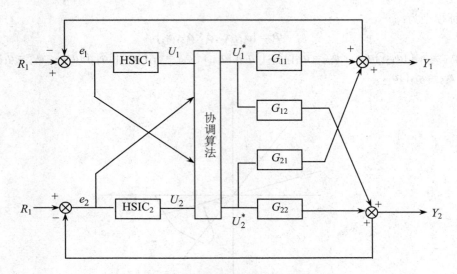

图 10.14　某轧钢机控制系统整体结构框图

（5）设计控制模态集与控制规则。

针对系统运动状态处于特征模型中某特征状态时与瞬态指标（理想轨迹）之间的差距，以及理想轨迹的运动趋势，模仿人的控制决策行为，设计控制规则或校正模态，并设计出模态中的具体参数。

纯滞后多变量系统的运动控制级和参数校正级的控制模态集与控制规则如下：

1）运行控制级。

运行控制模态集为：

$$\Psi_1 = \{\psi_{11}, \psi_{12}, \psi_{13}, \psi_{14}, \psi_{15}\} \tag{10.40}$$

式中，$\psi_{11} = K_p e + k K_p \sum_{i=1}^{n} e_{m,i}$，$\psi_{12} = (1-k) K_p e + k K_p \sum_{i=1}^{n} e_{m,i}$，$\psi_{13} = k K_p \sum_{i=1}^{n} e_{m,i}$

$\psi_{14} = -K_p' e + k K_p \sum_{i=1}^{n} e_{m,i}$，$\psi_{15} = k K_p \sum_{i=1}^{n} e_{m,i} + K_I \int e(t) \mathrm{d}t$。

推理规则集为：

$$\Omega_1 = \{w_{11}, w_{12}, w_{13}, w_{14}, w_{15}\} \tag{10.41}$$

式中，$w_{11} \Rightarrow \phi_{11} \rightarrow \psi_{11}$，$w_{12} \Rightarrow \phi_{12} \rightarrow \psi_{12}$，$w_{13} \Rightarrow \phi_{13} \rightarrow \psi_{13}$，$w_{14} \Rightarrow \phi_{14} \rightarrow \psi_{14}$，$w_{15} \Rightarrow \phi_{15} \rightarrow \psi_{15}$。

2）参数校正级。

参考校正模态集为：

$$\Psi_2 = \{\psi_{21}, \psi_{22}, \psi_{23}, \psi_{24}, \psi_{25}\} \tag{10.42}$$

式中，$\psi_{21} \Rightarrow K_p = \left(1 + w_1 \dfrac{e_{m,i}}{e_{m,i-1}}\right) K_p$，$\psi_{22} \Rightarrow K_p' = \left(1 - w_1 \dfrac{e_{m,i}}{e_{m,i-1}}\right) K_p'$，$\psi_{23} \Rightarrow K_I = w_2$，

$\psi_{24} \Rightarrow K_I = -w_2$，$\psi_{25} = K_I = 0$。

其中，w_1 和 w_2 为正的校正系数。

推理规则集为：

$$\Omega_2 = \{w_{21}, w_{22}, w_{23}, w_{24}, w_{25}\} \tag{10.43}$$

式中，$w_{21} \Rightarrow \phi_{21} \rightarrow \psi_{21}$，$w_{22} \Rightarrow \phi_{22} \rightarrow \psi_{22}$，$w_{23} \Rightarrow \phi_{23} \rightarrow \psi_{23}$，$w_{24} \Rightarrow \phi_{24} \rightarrow \psi_{24}$，$w_{25} \Rightarrow \phi_{25} \rightarrow \psi_{25}$。

此外，还有其他模糊复合控制器，如 PID 模糊控制器、自组织模糊控制器、自校正模糊控制器、自学习模糊控制器等。

10.6　本章小结

本章讨论复合智能控制问题。所谓复合智能控制是指采用智能控制手段（方法）与经典控制和/或现代控制手段的集成，还指不同智能控制手段的集成，但不包括智能控制手段与非智能控制手段的集成。由此可见，复合智能控制包含十分广泛的领域。就"一种智能控制 + 另一种智能控制"而言，就有很多集成方案，如模糊神经控制、神经专家控制、进化神经控制、神经学习控制、递阶专家控制和免疫神经控制等。仅模糊控制与其他智能控制（简称模糊智能复合控制）构成的复合控制就包括模糊神经控制、模糊专家控制、模糊进化控制和模糊学习控制等。本章主要以模糊智能复合控制为线索进行较为详细的和有代表性的讨论，包括模糊神经控制和模糊专家控制等。

模糊控制可与神经控制原理组合起来，形成新的模糊神经复合控制系统。10.2 节首先介绍了模糊神经网络的作用原理，然后探讨了模糊神经复合控制的各种方案。作为模糊神经控制系统的一个示例，在 10.3 节中介绍了一个用于弧焊过程的自学习模糊神经控制系统，讨论了该控制系统的方案，叙述了该自学习模糊神经控制器的算法，说明了该自学习模糊神经控制器的结构、建模和仿真等问题。

专家模糊复合控制综合了专家系统技术和模糊逻辑推理的功能，是又一种复合智能控制方案。10.4 节讨论了专家模糊控制器的结构，举例介绍了一种专家模糊控制系统。该示例介绍一种船舰驾驶用专家模糊复合控制系统，解释船舰驾驶需要的智能控制问题，讨论所提出的智能控制器的作用原理；然后提供了仿真结果以说明控制系统的性能；最后突出一些闭环控制系统评价中需要检查的问题。

10.5 节介绍了仿人控制，它是在模拟人的控制结构的基础上，研究模拟人的控制行为与功能，实现控制目标。仿人控制是从递阶控制系统的执行级入手，充分应用已有各种控制理论和计算机仿真结果直接对人的控制经验、技巧和直觉推理能力进行辨识和总结，编制出控制算法，用于控制系统。仿人控制系统兼顾定性综合和定量分析，是一种复合控制。也就是说，仿人控制是一种专家控制、递阶控制和模型控制的复合控制。仿人控制器的设计依赖于控制算法模型、设计技术和技巧。设计内容包括确定设计目标轨迹、建立对象的数理模型和各控制级的特征模型或控制算法、设计控制器的结构、设计控制规则与控制模态集以及进行仿真与试验研究等。

复合智能控制已获得越来越广泛的应用。除了一些比较简单的智能控制系统外，对用于复杂系统的智能控制往往采用复合智能控制策略与方案。

习题 10

10-1　什么是复合智能控制？为什么要采用复合智能控制？

10-2　试述模糊神经网络原理。模糊逻辑与神经网络的集成有哪些优点？

10-3　模糊神经复合控制有哪些方案？其作用原理是什么？

10-4 自学习模糊神经控制系统是基于学习机理、模糊逻辑和神经网络的集成。举例介绍自学习模糊神经控制模型，并分析其控制算法。

10-5 举例分析专家模糊控制系统的结构和控制仿真结果。

10-6 举一个例子讨论其他模糊复合控制器的工作原理。

10-7 什么是仿人控制？其实质是什么？

10-8 试介绍仿人控制系统的结构和工作原理。

10-9 举例说明仿人控制系统的设计与实现步骤。

附录　各章教学重点、难点和要求

第 1 章　概述

教学重点

1．介绍智能控制的产生和发展过程。

2．对智能控制及其相关概念进行定义。

3．人工智能学派理论与计算方法及其对智能控制的影响。

4．简介智能控制的特点与分类。

5．讨论智能控制的学科结构理论。

教学难点

1．如何理解智能控制的定义。

2．了解智能控制与传统自动控制间的关系。

3．深入掌握智能控制的学科结构理论，特别是智能控制四元交集结构理论的内涵。

教学要求

着重掌握智能控制的定义，初步了解智能控制的主要系统，重点掌握智能控制学科结构理论。

第 2 章　递阶控制

教学重点

1．介绍递阶智能机器及其三个级别的一般结构。

2．讨论递阶控制各级的作用。

3．举例介绍智能控制的应用。

教学难点

1．理解递阶控制的结构及各级的分工协作关系。

2．了解汽车自主驾驶系统的递阶结构和控制算法。

教学要求

着重掌握递阶控制的作用机制，举例分析递阶控制系统的结构与控制算法。

第 3 章　专家控制

教学重点

1．专家系统的定义、主要类型与结构。

2．专家系统的建造步骤。

3．专家控制系统的控制要求与设计原则。

4．专家控制系统的结构与类型。

5．专家控制系统的应用举例。

教学难点

1．从概念上理解专家系统的定义。

2．专家系统的建造步骤及专家控制系统的设计原则。

3．专家控制系统的结构与类型。

教学要求

掌握专家系统的定义和建造步骤，理解专家控制系统的设计原则，初步掌握专家控制系统的设计方法，一般了解专家控制系统的典型实例。

第 4 章　模糊控制

教学重点

1．模糊数学基本知识。

2．模糊控制和模糊控制系统的原理与结构。

3．模糊控制器的设计内容与原则及控制规则形式。

4．模糊控制系统的设计方法。

5．模糊控制器的设计与应用举例，包括 Matlab 工具的应用。

教学难点

1．从概念上理解模糊控制的工作原理。

2．模糊控制器的设计内容、原则与方法。

3．剖析模糊控制系统的应用实例。

教学要求

掌握模糊控制的作用原理，理解模糊控制器的设计原则和设计方法，了解并分析模糊控制系统的应用实例。

第 5 章　神经控制

教学重点

1．人工神经网络的基本知识，包括神经元及其特性、神经网络的固有特性、人工神经网络的基本类型和学习算法、人工神经网络的典型模型等。

2．基于神经网络的知识表示与推理。

3．神经控制的典型结构方案。

4．神经控制器的设计举例。

5．Matlab 神经网络工具箱图形用户界面设计和基于 Simulink 的神经网络控制仿真。

教学难点

1．从概念上理解神经元原理及其特性。

2．人工神经网络的学习算法。

3．基于神经网络的知识表示与推理方法。

4．神经控制的结构原理。

教学要求

掌握人工神经元和神经控制的作用原理，了解神经控制的结构和设计实例。

第6章 学习控制

教学重点

1．学习控制的定义及学习控制与自适应控制的关系。

2．学习控制的主要方案及其学习机制。

3．学习控制系统的应用举例。

教学难点

1．从概念上理解学习控制与自适应控制的关系。

2．各种学习控制的原理。

教学要求

掌握基于模式识别的学习控制、迭代学习控制及基于神经网络的学习控制的工作原理，了解并分析学习控制系统的应用实例。

第7章 进化控制与免疫控制

教学重点

1．遗传算法的基本原理和求解步骤。

2．进化控制原理与系统结构。

3．进化控制的形式化描述。

4．免疫系统的概念、免疫算法的定义和步骤。

5．免疫控制系统的结构。

6．进化控制系统和免疫控制系统示例。

教学难点

1．从本质上理解遗传算法和免疫算法。

2．进化控制系统和免疫控制系统的结构。

3．进化控制的形式化描述。

教学要求

深入理解遗传算法和免疫算法的基本原理，掌握进化控制系统和免疫控制系统的结构，一般了解并分析进化控制系统和免疫控制系统的应用实例。

第8章 多真体控制

教学重点

1．分布式人工智能与真体（Agent）的基本概念。

2．真体（Agent）的要素、特性和结构。

3. 多真体（MAS）控制系统的工作原理。

教学难点

1. 真体的结构和特点。

2. 多真体控制系统的原理与结构。

教学要求

掌握多真体控制系统的原理和结构。

第 9 章 网络控制

教学重点

1. 计算机网络的分类与体系结构，数据通信系统和网络通信协议。

2. 网络控制的基本问题。

3. 网络控制系统的定义、分类、结构与特点。

4. 网络控制系统的性能评价标准。

5. 网络控制系统应用实例。

教学难点

1. 从概念上理解网络控制与其他控制的区别。

2. 理解网络控制的基本问题和性能评价问题。

3. 网络控制系统的分类与结构。

教学要求

理解网络控制系统的各种固有问题，掌握网络控制系统的工作原理与结构，分析网络控制系统的应用实例。

第 10 章 复合智能控制

教学重点

1. 复合智能控制的概念与方案。

2. 模糊神经复合控制原理。

3. 模糊神经复合控制系统举例。

4. 专家模糊控制系统的结构与实例。

5. 仿人控制的基本原理和原型算法。

6. 仿人控制器的属性、设计与实现步骤。

教学难点

1. 从本质上理解采用复合智能控制的缘由。

2. 模糊神经控制的模型和控制算法。

3. 专家模糊控制系统的原理与实例。

4. 从本质上理解仿人控制的原理和仿人控制器的设计。

教学要求

深入理解复合智能控制的基本原理及仿人控制的原理与设计步骤，掌握复合智能控制的典型系统结构，一般了解并分析复合智能控制的应用实例。

参考文献

[1] Åström K J, Anton J J, Arzen K E. Expert Control. Automatica, 1986, 22:277.

[2] Åström K J, Mcavoy J J. Intelligent control. *J. Process Control*. 1992, 2:115.

[3] Albus J S,Meystel A M. Intelligent Systems: Architecture, Design, Control. Wiley-Interscience, 2001.

[4] Al-Qayedi A, EI-Khazati R, Zahro A, A-Shamsi S. Secure centralized mobile and web-based control system using GPRS with J2ME. Proceedings of the 10th IEEE International Conference on Electronics, Circuits and Systems, Volume 2, pp.667-670 Vol.2, 14-17, Dec.2003.

[5] Ayman Aly El-Naggar. Intelligent Control. LAP Lambert Acad. Pub, 2010.

[6] Behera L and Kar I. Intelligent Systems and Control Principles and Applications. Oxford University Press,USA,2010.

[7] Bemporad A, Mikael M H. Networked Control Systems. Springer-Verlag, 2010.

[8] Cai Z X. Intelligent Control: Principles, Techniques and Applications. Singapore: World Scientific, 1998.

[9] Cai Zixing, Gong Tao. Natural Computation Architecture of Immune Control Based on Normal Model. Proc. 2006 IEEE Int. Symposium on Intelligent Control, pp.1231-1236,Munich, Germany, Oct.4-6, 2006.

[10] Cai Zixing, Peng Z. Cooperative coevolutionary adaptive genetic algorithm in path planning of cooperative multi-mobile robot system. J. Intelligent and Robotic Systems: Theories and Applications, 2002, 33(1): 61-71.

[11] Cai Zixing, Tang S X. Controllability and robustness of T-fuzzy system under directional disturbance. Fuzzy Sets and Systems, 2000, 11(2): 279-285.

[12] Cai Zixing, Gong T. Analysis on robustness of intelligent systems based on immunological mechanisms. Proceedings of the First China-Japan International Workshop on Internet Technology and Control Applications, 56-61, 2001.

[13] Cai Zixing, Gong Tao. Natural Computation Architecture of Immune Control Based on Normal Model. Proceedings of the 2006 IEEE International Symposium on Intelligent Control. Munich, Germany, 2006: 1231-1236.

[14] Cai Zixing, Gu Mingqin, Yi Li. Real-time Arrow Traffic Light Recognition System for Intelligent Vehicle. The 16th International Conference on Image Processing, Computer Vision, & Pattern Recognition.2012:848-854.

[15] Cai Zixing, He H-G, Timofeev A V. Navigation control of mobile robots in unknown environment: A survey. Proc. 10th Saint Petersburg Intl Conf on Integrated Navigation Systems, Saint Petersburg, Russia, 2003, 156-163.

[16] Cai Zixing, Liu Xingbao, Ren Xiaoping. CSAIE Novel Clonal Selection Algorithm with

Information Exchange for High Dimensional Global Optimization Problems. Lecture Notes in Computer Science,2012,7597:218-231.

[17] Cai Zixing, Wang Yong. A multiobjective optimization based evolutionary algorithm for constrained optimization. IEEE Transactions on Evolutionary Computation. 2006.10(6):658-675.

[18] Cai Zixing, Zhou Xiang, Li Meiyi. A novel intelligent control method-evolutionary control. Proceedings of the 3rd World Congress on Intellignt Control and Automation, Vol.1, pp.387-390, June 28 - July 2,2000.

[19] Cai Zixing. A new structural theory on intelligent control. High Technology Letters. 1996, 2: 45.

[20] Cai Zixing. Intelligence Science: disciplinary frame and general features.Proc.2003 IEEE Int. Conf. on Robotics, Intelligent Systems and Signal Processing (RISSP),393-398,2003.

[21] Cai Zi-Xing. Prospect for development of intelligent control. IEEE International Conference on Intelligent Processing Systems, Oct 28-31,1997,(1):625-629.

[22] Cai Zixing. Research on navigation control and cooperation of mobile robots (Plenary Lecture 1). 2010 Chinese Control and Decision Conference, New Century Grand Hotel, Xuzhou, China, May 26 - 28, 2010.

[23] Chang W F, Wu Y C, Chiu C W. Development of a web-based remote load supervision and control system. Electrical Power and Energy Systems, 2006,28(2): 401-407.

[24] Chiang Cheng-Hsiung. Soft Computing Based Intelligent Control Systems and Applications:The Lifelong Learning Control Systems. LAP LAMBERT Academic Publishing, 2011.

[25] Craenen B G W,Eiben A E and Van Hemert J I. Comparing evolutionary algorithms on binary constraint satisfaction problems. Evolutionary Computation, 2003,7(5):424-444.

[26] De Castro L N. Artificial Immune Systems: A New Computational Intelligence. London; New York: Springer,2002.

[27] Du J, Quo W, Tu X. A multi-mobile agent based information management system. 2005 IEEE Proceedings on Networking, Sensing and Control, 19-22 March 2005, page(s):71-73.

[28] Engelbrecht A P. Computational Intelligence:An Introduction. England: John Wiley & Sons, Ltd, 2002.

[29] El-Nagga A A. Intelligent Control. LAP LAMBERT Academic Publishing, 2010.

[30] Franklewis O K and Horvat K. Intelligent Control of Industrial and Power Systems: Adaptive Neural Network and Fuzzy Systems. LAP LAMBERT Academic Publishing, 2012.

[31] Fu K S. Learning control systems and intelligent control systems: an intersection of artificial intelligence and automatic control. IEEE Trans. AC. 1971, 16(1): 70-72.

[32] Furuya M, Kato H, Sekozawa T. Secure Web-base monitoring and control system. Proc. of IEEE Annual Confjerence on Industrial Electronics, Volume:4,pp.2443-2448, 2000.

[33] Gen M, Cheng R. Genetic Algorithms and Engineering Optimization. Wiley-Interscience Publication, 2000.

[34] Gong T and Cai Z X. A coding and control mechanism of natural computation. Proceedings of IEEE International Symposium on Intelligent Control, , pp. 727-732, Madison: OMNI Press, 2003.

[35] Gong T, Cai Z X. Anti-Worm Immunization of Web System Based on Normal model and BP Neural

Network. Proc. of International Symposium on Neural Networks 2006, Part III, Lecture Notes in Computer Science, vol. 3973, pp. 267-272, 2006.

[36] Gong T, Cai Zixing. Parallel evolutionary computing and 3-tier load balance of remote mining robot. Trans. Nonferrous Met. Soc. China, 2003, 13(4): 948-952.

[37] Gong Tao, Cai Zixing. Mobile immune-robot model. Proc. of the 2003 IEEE International Conference on Robotics, Intelligent Systems and Signal Processing, pp.1091-1096, Changsha, China, 2003.

[38] Gupta M M, Rao D H. On the principles of fuzzy neural networks. Fuzzy Sets and Systems, 1991, 61: 1-18.

[39] Hangos K M, Lakner R, Gerzson M, et al. Intelligent Control Systems: An Introduction with Examples. Kluwer Academic Publishers, 2002.

[40] Harris C J, Moore C G, Brown M. Intelligent Control: Aspects of Fuzzy Logic and Neural Nets. World Scientific, Singapore, 1993, 113-130.

[41] Hopfield J J. Artificial neural networks. IEEE Circuit and Devices Magazine, 1988.

[42] Hunt J, Sbarbaro D, Zbikowshi R, Gawthrop P J. Neural networks for control systems — A survey. Automatica, 1992, 28(6):1083-1112.

[43] Iaccarino C, Sigel M A, Taylor R E Jr, et al. Honey WEB: embedded web-based control applications. Proceedings of the 20th IEEE Real-Time Systems Symposium, pp.214-217,1999.

[44] Jelena Jovanovic, Dragan Gasevic, Vladan Devedzic. A GUI for Jess. Expert Systems with Applications, 2004, 26(4): 625-637.

[45] Jennings N R and Bussmann S. Agent-Based Control Systems: Why Are They Suited to Engineering Complex Systems. IEEE Cotrol Systems Magazine, pp.61-73, June 2003.

[46] Jiao L，Wang L. Novel genetic algorithm based on immunity. IEEE Transactions on Systems, Man, and Cybernetics Part A: Systems and Humans，2000，30(5):552-561.

[47] John Durkin. Expert System Design and Development. New York: Macmillan Publishing Company, 1994.

[48] Kaitwanidvilai S. Online Evolutionary Control Using A Hybrid Genetic Based Controller. Proceedings of the 2004 IEEE Conference on Robotics, Automation and Mechatronics, Vol.1, pp.461-466, Singapore, 2004.

[49] Katic D, Vukobratovic M. Intelligent Control of Robotic Systems. Springer, 2010.

[50] Katic D. Intelligent Control of Robotic Systems. Dordrecht; Boston : Kluwer Academic Publishers, 2003.

[51] Kim D H, Cho J H. Robust tuning for disturbance rejection of PID controller using evolutionary algorithm, Proc. IEEE, pp.248-253, 2004.

[52] Kuljaca O, Lewis F, Horvat K. Intelligent control of industrial and power systems: Adaptive Neural Network and Fuzzy Systems. LAP LAMBERT Academic Publishing, 2012.

[53] Lau H Y K, Ng A K S. Immunology-based control framework for multi-jointed redundant manipulators. Proc. of IEEE 2004 Conference on Robotics and Mechatronics, pp.318-323, Singapore, December 2004.

[54] Lee Yong-Jin, Suh Jin-Ho, Lee Jin-Woo, Lee . AGV steering controller using NN identifier and cell mediated immune algorithm. Proc. of 2004 American Control Conference, pp.5778-5783, Boston,MA, June 2004.

[55] Leondes C T(ed).Expert Systems, The Technology of Knowledge Management and Decision Making for the 21st Century,Vol.1.Academic Press,2002.

[56] Li Jun, Yan Hui, Tang Guoqing, Jiang Ping, Bo Buimei. Simulation study of the series active power filter based on nonlinear immune control theory. Proc. of 2004 International Conference on Electric Utility Deregulation, Restructing and Power Technologies, pp.758-762,Hong Kong, April 2004.

[57] Li Meiyi, Cai Zixing. Immune evolutionary path planning with instance-learning for mobile robot under changing environment. Proc. of Fifth World Congress on Intelligent Control and Automation, Vol.6, pp.4851-4854, June 15-19, 2004.

[58] Li Z S, Chen Q C, Li X M et al. Human Simulating Intelligent Control and Its Application to Swinging-up of Cart-Pendulum. Proc. of 6th IEEE on Robot and Human Communication, 218-223, Sendai,Japan,1997.

[59] Li Z S,Zhou Q J,Xu M. Characteristic Identification, Characteristic Memory and Intelligent Controller. Proc. of Ident'88 IFAC Symposium, 1686-1690, Beijing, 1988.

[60] Lightbody G, Irwin G W. Direct neural model reference adaptive control. IEE Proc. Control Theory Applications, 1995, 142(1):31-43.

[61] Lin C T, Lee C S G. Neural network based fuzzy logic control and decision system. *IEEE Trans. Computer*, 1991, 40: 1320-1336.

[62] Liu Hui, Cai Zixing, and Wang Yong. Hybridizing particle swarm optimization with differential evolution for constrained numerical and engineering optimization. Applied Soft Computing, 2010,10(2): 629-640.

[63] Luger G F. Artificial Intelligence: Structures and Strategies for Complex Problem Solving, Fourth Edition. Pearson Education Ltd., 2002.

[64] Meystel A M and Albus J S. Intelligent Systems: Architecture, Design and Control. John Wiley & Sons,2002.

[65] Meytel A. Intelligent control: issues and perspectives. Proc. IEEE Symp. on Intelligent Control, 1985: 1-15.

[66] Michalewics Z. Genetic Algorithms + Data Structure = Evolution Programs. Berlin: Springer-Verlag, 1994.

[67] Miller III W T, Sutton R S, Werbos P J, eds. Neural Network for Control. MIT Press, Cambridge, MA, 1990.

[68] Mohammadian M, Sarker R A , Yao X. Computational Intelligence in Control. Hershey, PA: Idea Group Pub,2003.

[69] Moore G, Harris C J. Indirect adaptive fuzzy control. *Int. J. of Control*, 1992, 56: 441.

[70] Moore K L,Dahleh M and Bhattacharyya S P. Iterative Learning Control: A Survey and New Results. Journal of Robotic Systems, 1992,9(5): 563-594.

[71] Nguyen H T, Prasad N R, Walker C, et al. A First Course in Fuzzy and Neural Control. CRC Press,

2003.

[72] Nicosia Giuseppe. Artificial Immune Systems: Third International Conference. Berlin; New York: Springer-Verlag,2004.

[73] Nilsson N J. Artificial Intelligence: A New Synthesis. Morgan Kaufmann, 1998.

[74] Pan I. Intelligent Fractional Order Systems and Control: An Introduction (Studies in Computational Intelligence). Springer, 2013.

[75] Ramakrishnan V, Zhuang Y, Hu S Y, *et al*. Development of a web-based control experiment for a coupled tank apparatus. Proceedings of the American Control Conference, Volume 6, pp.4409-4413, 2000.

[76] Saridis G N, Valavanis K P. Analytical design of intelligent machines. Automatica. 1988, 24: 123.

[77] Saridis G N. Architectures for Intelligent Control, In: Gupta M M, Sinha N K.(Eds.) Intelligent Control Systems: Theory and Applications, pp.127-148. Piscataway, NJ:IEEE Press, 1996.

[78] Saridis G N. Intelligent robotic control. IEEE Trans, AC. 1983, 28: 547.

[79] Schalkoff R J. Intelligent Systems: Principles, Paradigms and Pragmatics. Jones and Bartlett Publishers, 2011.

[80] Thrishantha Nanayakkara, Ferat Sahin, Mo Jamshidi. Intelligent Control Systems with an Introduction to System of Systems Engineering. Taylor & Francis, 2010.

[81] Tolle, H. Neurocontrol: Learning Control Systems Inspired by Neural Architectures and Human Problem Solving Strategies. Berlin; New York: Springer-Verlag,1992.

[82] Turing A A. Computing machinery and intelligence. Mind, 1950,59:433-460.

[83] Wang B, Wang S A, Zhuang J. A distributed immune algorithm for learning experience in complex industrial process control. Proc. of the Second International Conference on Machine Learning and Cybernetics, pp.2138-2141, Xi'an, 2003.

[84] Wang F-Y and Wang C-H. Agent-Based Control Systems for Operation and Management of Intelligent Network-Enabled Devices. Proceedings of IEEE International Conference on Systems, Man and Cybernetics, pp.5028-5033,2003.

[85] Wang J, Cai Zixing. Direct fuzzy neurocontrol for train traveling process. *Trans. of Chinese Non-Ferrous Metals*, 1997, 4: 36.

[86] Wang Y N, Tong T S, Cai Zixing. A real-time expert intelligent control system REICS. Algorithms and Architectures of IFAC, Pergaman Press, 1992, 51(2): 307-312.

[87] Wang Yong and Cai Zixing. Combining multiobjective optimization with differential evolution to solve constrained optimization problems. IEEE Transactions on Evolutionary Computation, vol. 16, no. 1, pp. 117-134, 2012.

[88] Wang Yong, Cai Zixing, and Qingfu Zhang. Enhancing the search ability of differential evolution through orthogonal crossover. Information Sciences, vol. 185, no. 1, pp. 153-177, 2012.

[89] Wang Yong, Cai Zixing, Zhang Qingfu. Differential evolution with composite trial vector generation strategies and control parameters. IEEE Transactions on Evolutionary Computation, 2011,15(1):55-66.

[90] Wang Yong, Cai Zixing. A dynamic hybrid framework for constrained evolutionary optimization.

IEEE Transactions on Systems, Man, and Cybernetics, Part B: Cybernetics, vol. 42, no. 1, pp. 203-217, 2012.

[91] Wiener N. Cybernetics, or Control and Communication in the Animal and the Machine. Cambridge, MA: MIT Press, 1948.

[92] Wooldridge M. An Introduction to Multi-Agent Systems. John Wiley & Sons, 2002.

[93] Yang Xiaoli, Petriu D C, Whalen T E, Petriu E M. A Web-based 3D virtual robot remote control system. Proc. 2004.Canadian Conference on Electrical and Computer Engineering, Vol.2, pp.955-958, 2004.

[94] Yüksel S and Basar T. Stochastic Networked Control Systems: Stabilization and Optimization under Information Constraints. Brikhäuser, 2013.

[95] Yu Qingcang, Chen Bo, Cheng H H. Web based control system design and analysis.,IEEE Control Systems Magazine, 24(3):45-57, 2004.

[96] Zadeh L A. A rationale for fuzzy control. Trans. ASME. J. Dynamic Systems, Measurement and Control, 1972, 94: 3-4.

[97] Zadeh L A. Fuzzy sets. Information and Control, 1965, 8: 338-353.

[98] Zadeh L A. Making Computers Think Like People. IEEE Spectrum, 1984.

[99] Zhang Z L. Agent-based Hybrid Intelligent Systems: An Agent-based Framework for Complex Problem Solving. Berlin; New York: Springer,2004.

[100] Zhou Q J. The Robustness of an intelligent controller and Its Performance. Proc. of IEEE International Conference---Control'85, 429-433,1985.

[101] Zhu J M, Wang Z Y, Xia X T. On the Development of On-line Monitoring and Intelligent Control System of the Total Alkalinity of Boiler Water. Proceedings of Fifth World Congress on Intelligent Control and Automation,.Vol.4, pp.15-19, 2004.

[102] Zilouchian A, Jamshidi M (eds.). Intelligent Control Systems Using Soft Computing Methodologies. Roca Raton:CRC Press，2001.

[103] Zou Xiaobing, Cai Zixing. Evolutionary path-painaing method for mobile robot based on approximate voronoi boundary network. Proceedings of The 2002 International Conference on Control and Automation. Pp.135-136, June 16-19, 2002.

[104] 蔡自兴，徐光祐．人工智能及其应用（第四版）．北京：清华大学出版社，2010.

[105] 蔡自兴，姚莉．人工智能及其在决策系统中的应用．长沙：国防科技大学出版社，2006.

[106] 蔡自兴，张钟俊．人工智能与自动化．自动化，1987，（5）：45-51.

[107] 蔡自兴，郑金华．面向 Agent 的并行遗传算法．湘潭矿业学院学报，2002，17（3）：41-44.

[108] 蔡自兴，周翔，李枚毅．一种新的智能控制方法——进化控制. Proceedings of the Third World Congress on Intelligent Control and Automation，Vol.1, pp.387-390，Hefei，China，June 28-July 2，2000.

[109] 蔡自兴，John Durkin，龚涛．高级专家系统：原理、设计及应用．北京：科学出版社，2005.

[110] 蔡自兴，陈海燕，魏世勇．智能控制工程研究的进展．控制工程，2003，10（1）：1-5.

[111] 蔡自兴，龚涛．免疫算法研究进展．控制与决策，2004，19（2）：131-135.

[112] 蔡自兴，贺汉根．智能科学发展若干问题．中国自动化领域发展战略高层学术研讨会报告，

自动化学报，2002，28（S）：142-150.

[113] 蔡自兴，刘巧光. 智能控制研究的进展（大会报告）. CAAI-7 论文集，西安：1992. 507-514.

[114] 蔡自兴，文敦伟. 基于 FAM 的模糊神经控制器的研究. 控制理论与应用，2003，20（4）：599-602.

[115] 蔡自兴，张钟俊. 智能控制的若干问题. 模式识别与人工智能，1988，No.2：45-51.

[116] 蔡自兴，张钟俊. 智能控制的机遇与挑战. 智能控制与智能自动化，上卷，北京：科学出版社，1993. 245-252.

[117] 蔡自兴、贺汉根、陈虹等著. 未知环境中移动机器人导航控制理论与方法. 北京：科学出版社，2008.

[118] 蔡自兴. 艾真体——分布式人工智能研究的新课题. 计算机科学，2002，29（12）：123-126.

[119] 蔡自兴. 关于 Agent 译法的建议. 中国人工智能学会第七届学术年会论文集，上卷：140-142，2003.

[120] 蔡自兴. 机器人学（第 2 版）. 北京：清华大学出版社，2009.

[121] 蔡自兴. 人工智能控制. 北京：化学工业出版社，2005.

[122] 蔡自兴. 智能控制（全国统编教材）. 北京：电子工业出版社，1990.

[123] 蔡自兴. 智能控制（第二版）. 北京：电子工业出版社，2004.

[124] 蔡自兴. 智能控制——基础与应用. 北京：国防工业出版社，1998.

[125] 蔡自兴. 智能控制的结构理论. 中国人工智能学会首届计算机视觉与智能控制学术年会论文集，1989，29-32，重庆.

[126] 蔡自兴. 智能控制的四元结构. 第二届中国计算机视觉与智能控制学术会议论文集. 武汉：1991. 299-304.

[127] 达尔文[英]著，舒德干等译. 物种起源（The Origin of Species）. 北京：北京大学出版社，2005.

[128] 董红斌，孙羽. 多 Agent 系统的现状与进展. 计算机应用研究，2001，（1）：54-56.

[129] 方建安，唐漾，苗清影等. 复杂网络控制系统动力学及其应用. 北京：科学出版社，2011.

[130] 冯天瑾. 智能学简史. 北京：科学出版社，2007.

[131] 葛红，毛宗源. 免疫算法. Proc. of the 4th World Congress on Intelligent Control and Automation, pp. 1784-1788，Shanghai，China，2002.

[132] 龚涛，蔡自兴著. 基于正常模型的人工免疫系统及其应用. 北京：清华大学出版社，2011.

[133] 关守平，周玮，尤富强. 网络控制系统与应用. 北京：电子工业出版社，2008.

[134] 海金（Haykin S）著. 神经网络原理. 叶世民，史忠植译. 北京：机械工业出版社，2004.

[135] 韩力群主编. 智能控制理论及应用. 北京：机械工业出版社，2007.

[136] 胡朝晖，陈奇，俞瑞钊. 移动 Agent 系统综述. 计算机应用研究，2002，（10）：1-3.

[137] 胡德文，王正志等. 神经网络自适应控制. 长沙：国防科技大学出版社，2006.

[138] 焦李成，杜海峰，刘芳等. 免疫优化计算、学习与识别. 北京：科学出版社，2006.

[139] 焦李成. 神经网络系统理论. 西安：西安电子科技大学出版社，1990.

[140] 李人厚. 智能控制理论和方法. 西安：西安电子科技大学出版社，1999.

[141] 李少远，王景成. 智能控制（第二版）. 北京：机械工业出版社，2009.

[142] 李士勇. 智能控制. 哈尔滨：哈尔滨工业大学出版社，2011.

[143] 李祖枢，涂亚庆. 仿人智能控制. 北京：国防工业出版社，2003.

[144] 李祖枢，徐鸣，周其鉴. 一种新型的仿人智能控制器. 自动化学报，1990，16（6）：503-509.

[145] 李祖枢. 仿人智能控制理论与多级摆的摆起控制. 北京：科学出版社，2006.

[146] 刘大有，杨鲲，陈建中. Agent 研究现状与发展趋势. 软件学报，2000，11（3）：315-321.

[147] 刘洪发，刘雪涛编著，樊月华主编. Web 技术应用基础. 北京：清华大学出版社，2006.

[148] 刘金琨. 智能控制（第 2 版）. 北京：电子工业出版社，2012.

[149] 刘山，吴铁军，刘玉文，王治国. 无缝钢管张减过程平均壁厚控制的迭代自学习方法. 钢铁，2002，37（4）：28-37.

[150] 刘山. 迭代学习控制系统设计及应用. 浙江大学博士学位论文，2002.

[151] 刘星宝，蔡自兴，王勇等. 应用于高维优化问题的免疫进化算法. 控制与决策，2011，26（1）：60-64.

[152] 罗兵，甘俊英，张建民. 智能控制技术. 北京：清华大学出版社，2011.

[153] 毛杰明，王万良，刘锋光等. 基于 Web 的伺服平台远程监控系统设计与实现. 浙江工业大学学报，2006，34(1)：105-109.

[154] 莫宏伟. 人工免疫系统原理与应用. 哈尔滨：哈尔滨工业大学出版社，2003.

[155] 潜立标，杨马英，俞立. 基于 Web 的控制系统实验室研究. 实验室研究与探索，2005，24（4）：354-360.

[156] 邱占芝，张庆灵，杨春雨. 网络控制系统分析与控制. 北京：科学出版社，2009.

[157] 史忠植. 智能主体及其应用. 北京：科学出版社，2000.

[158] 帅典勋，顾静. 多 Agent 系统分布式问题求解的代数模型方法（I）：社会行为、社会局势和社会动力学. 计算机学报，2002，25（2）：130-137.

[159] 帅典勋，顾静. 多 Agent 系统分布式问题求解的代数模型方法（II）：群体智能和社会动力学. 计算机学报，2002，25（2）：138-147.

[160] 宋健. 智能控制——超越世纪的目标，中国工程学报，1999，1（1）：1-5；IFAC 第 14 届世界大会报告，1999.

[161] 孙富春，孙增圻，张钹. 机械手神经网络稳定自适应控制的理论与方法. 北京：高等教育出版社，2005.

[162] 孙增圻，张再兴，邓志东. 智能控制理论与技术. 北京：清华大学出版社，南宁：广西科技出版社，1997.

[163] 唐少先，蔡自兴. 定向干扰下的一类模糊控制系统的鲁棒性. 智能控制与智能自动化. 北京：科学出版社，1993：918-923.

[164] 涂序彦，王枞，刘建毅. 智能控制论. 北京：科学出版社，2010.

[165] 涂亚庆，李祖枢. 一种新型的仿人智能控制器的设计方法. 自动化学报，1994，20（5）：616-621.

[166] 王晶，贾利民，蔡自兴. 基于神经网络的高速列车运行分级智能控制系统的研究. 中国有色金属学报，1995（5）：380-385.

[167] 王磊，潘进，焦李成. 免疫算法. 电子学报，2000，28（7）：75-78.

[168] 王荣波，周昌乐. 移动 Agent 研究综述. 计算机应用研究，2001，（6）：9-11.

[169] 王顺晃，舒迪前. 智能控制系统及其应用，（第二版）. 北京：机械工业出版社，2005.

[170] 王万良，蒋一波，李祖欣等．网络控制与调度方法及其应用．北京：科学出版社，2009．

[171] 王正志，薄涛．进化计算．北京：国防科技大学出版社，2000．

[172] 文敦伟．面向多智能体和神经网络的智能控制研究．中南大学博士学位论文，2001．

[173] 吴锋，李成铁，何风行等．基于 Web 的远程监控系统研究．仪器仪表学报，2005，26（8）：241-243．

[174] 吴文俊．计算机时代的脑力劳动机械化与科学技术现代化．北京：清华大学出版社，2004．

[175] 武波，马玉祥．专家系统（修订版）．北京：北京理工大学出版社，2001．

[176] 肖人彬，王磊．人工免疫系统：原理、模型、分析及展望．计算机学报，2002，25（12）：1281-1293．

[177] 谢昊飞，李勇，王平等．网络控制技术．机械工业出版社，2009．

[178] 谢胜利，田森平，谢振东．选代学习控制的理论与应用．北京：科学出版社，2005．

[179] 徐丽娜．神经网络控制．北京：电子工业出版社，2003．

[180] 杨汝清．智能控制工程．上海：上海交通大学出版社，2001．

[181] 尹朝庆，尹皓．人工智能与专家系统．北京：中国水利水电出版社，2002．

[182] 于少娟，齐向东，吴聚华．选代学习控制理论及其应用．北京：机械工业出版社，2005．

[183] 张国忠主编．智能控制系统及应用．北京：中国电力出版社，2007．

[184] 张化光．智能控制基础理论及应用．北京：机械工业出版社，2005．

[185] 张铭钧主编．智能控制技术．哈尔滨：哈尔滨工业大学出版社，2008．

[186] 张庆灵，邱占芝．网络控制系统．北京：科学出版社，2007．

[187] 张文修，梁怡．遗传算法的数学基础．西安：西安交通大学出版社，2000．

[188] 张钟俊，蔡自兴．智能控制和智能控制系统．信息与控制．1989 年，18（5）：30-39．

[189] 张钟俊，蔡自兴．智能控制．中国大百科全书，自动控制与系统工程（宋健主编），北京-上海：中国大百科全书出版社，1991，587-588．

[190] 赵明旺，王杰主编．智能控制．武汉：华中科技大学出版社，2010．

[191] 郑丽敏主编．人工智能专家系统原理及其应用．北京：中国农业大学出版社，2004．

[192] 周德俭，吴斌．智能控制．重庆：重庆大学出版社，2005．

[193] 周其鉴，李祖枢，陈民铀．智能控制及其展望（综述）．信息与控制，1987，16（2）：38-45．

[194] 周其鉴．仿人智能控制器．中国仪器仪表，1993，（2）：5-9．

[195] 周翔．移动机器人自主导航的进化控制理论及其系统平台开发与应用研究．中南工业大学博士学位论文，1999．